Susana Monsó

DAS SCHWEIGEN DER SCHIMPANSEN

Wie Tiere den Tod verstehen

Aus dem Spanischen
von Thomas Brovot

Insel Verlag

Die Originalausgabe erschien 2021 unter dem Titel *La zarigüeya de Schrödinger* bei Plaza y Valdés Editores, Madrid.

2. Auflage 2025

Erste Auflage 2025
Deutsche Erstausgabe

Umschlaggestaltung: Rothfos & Gabler, Hamburg
Umschlagabbildungen: Bridgeman Images, Berlin: Opossum (Karl Joseph Brodtmann / Purix Verlag Volker Christen); mauritius images, Mittenwald: Orca (Varvara Larionova / Alamy); Shutterstock, Berlin: Elefant (Gringoann.art), Delfin (Mai Chiem Thang)
Satz: Dörlemann Satz, Lemförde
Druck: GGP Media GmbH, Pößneck
Printed in Germany
ISBN 978-3-458-64553-5

Insel Verlag Anton Kippenberg GmbH & Co. KG
Torstraße 44, 10119 Berlin
info@insel-verlag.de
www.insel-verlag.de

Für Tote, dem ich so viel
von dem verdanke, was ich heute bin

Der Tod ist banal,
und verspüren wir das Bedürfnis,
über ihn zu theoretisieren,
sollten wir uns im Banalen üben.

Bob Plant

INHALT

»Nimmermehr« – sprach der titelgebende Rabe in Edgar Allan Poes Gedicht. Um zu verstehen, dass jemand gestorben ist, muss man, könnte man meinen, verstehen, dass die Person *nimmermehr* zurückkommt. *Nimmermehr* wird man ihr Gesicht sehen. *Nimmermehr* ihre Stimme hören. *Nimmermehr* mit ihr zusammen sein. Zumindest nicht auf dieser Daseinsebene.

Aber *nimmermehr* ist ein komplexer Begriff. Nimmermehr läuft auf die Ewigkeit hinaus. Niemals, bis ans Ende aller Zeiten, wird dieser tote Mensch noch einmal bei uns sein. Nimmermehr bedeutet für immer, und für immer ist nur eine andere Bezeichnung für die Ewigkeit. Aber müssen wir, um den Tod zu verstehen, wirklich die Ewigkeit verstehen? Wer von uns versteht die Ewigkeit schon wirklich? Ewigkeit ist ein unendlicher Zeitraum – eine unendliche Spanne Zeit, in der die Verstorbenen von ihren Angehörigen und ihren Liebsten getrennt sind. Und versteht irgendwer von uns das Unendliche? Vielleicht niemand. Nicht einmal in der Mathematik ist man sich einig, ob es so etwas gibt.

Soll das nun heißen, dass niemand von uns – abgesehen vielleicht von einigen der hellsten Köpfe, die es je gegeben hat – den Tod versteht? Das wäre eine seltsame Schlussfolgerung. Wir alle wissen, was der Tod ist. Wir mögen nicht gern an ihn denken. Und tatsächlich sagen uns manche Philosophinnen und Philosophen, dass wir, existenziell betrachtet, vor ihm fliehen. Wir weigern uns, ihn zu akzeptieren. Versuchen, nicht an ihn zu denken. Sehen unseren eigenen Tod als bloßes entferntes Ereignis in einer noch unbestimmten Zukunft. Aber wenn wir vor unserem eigenen Tod fliehen, sagen ebendiese Philosophen, dann nur, weil wir den Tod in unserem tiefsten Inneren sehr wohl verstehen.

Wir Menschen sind vielschichtige Lebewesen. Viel zu kompliziert, könnte man sagen. Zweifellos neigen wir dazu, Dinge übermäßig zu verkomplizieren. In dieser Hinsicht treiben es die Philosophen am ärgsten. Bei manchen von ihnen wird die Philosophie zur Kunst des Verkomplizierens. Nichts ist so einfach, dass Philosophen es nicht so lange kneten könnten, bis es in die Form einer unglaublichen, unnötigen und letztlich unplausiblen Komplexität gebracht ist. In dem Punkt täten sie gut daran, ein wenig intellektuelle Zurückhaltung zu üben. Eine Möglichkeit, sich eine solche Zurückhaltung anzugewöhnen, besteht darin, etwas von Individuen zu lernen, die nicht unseren Hang zum Verkomplizieren haben. Solche Individuen kennen wir als Tiere.

Susana Monsó bietet mit ihrem Buch ein passendes Gegenmittel gegen die unselige Neigung der Philosophie zur Verkomplizierung. Können Tiere den Tod verstehen? Schwer vorstellbar, dass sie es nicht könnten. Jedes Tier, das den Tod nicht versteht, hätte im darwinschen Überlebenskampf einen schweren Nachteil. Aber vermutlich verstehen Tiere die Ewigkeit, das Unendliche, kaum besser als wir. Was also verstehen Tiere, wenn sie den Tod verstehen? Und kann es uns etwas darüber sagen, was wir – menschliche Tiere – vom Tod verstehen?

Das vorliegende Buch ist eine überzeugende Darstellung dessen, was wir – und andere Tiere – verstehen, wenn wir den Tod verstehen. Und wollen wir uns selbst verstehen, halten wir uns dann an die Philosophie oder an die Tierwelt? Susana Monsó – eine Philosophin, und eine überaus begabte, keine Frage – liefert uns triftige Argumente, dass wir uns am besten an beide halten.

Mark Rowlands

1

Einführung
DAS SCHWEIGEN DER SCHIMPANSEN

Im November 2009 veröffentlichte die Zeitschrift *National Geographic* ein Foto, das Laien wie Fachleute gleichermaßen in seinen Bann schlug. Es zeigt Dorothy, eine etwas über vierzigjährige Schimpansin, die in einer Schubkarre liegt, befördert von zwei Menschen. Im Hintergrund drängt sich eine Gruppe von sechzehn Schimpansen hinter einem Zaun, sie alle starren, ein jeder von ihnen, auf ihre Gefährtin. Der Grund, warum das Foto so viele faszinierte, war die Tatsache, dass Dorothy gestorben war und ihre Artgenossen, mit denen sie die letzten acht Jahre in der Schimpansen-Rettungsstation Sanaga-Yong in Kamerun zusammengelebt hatte, sich offenbar versammelten, um von ihr Abschied zu nehmen.

Monica Szczupider, die Fotografin, die den Moment festhielt, beschrieb ihn so: »Schimpansen sind nicht still. Sie leben in Gruppen, sind gesellig, laut, echte Schreihälse, ihre Aufmerksamkeitsspanne ist normalerweise relativ kurz. Aber sie konnten den Blick nicht von Dorothy wenden, und ihr Schweigen sprach Bände, mehr als alles andere.«[1] Aber was genau besagte es? Kann es sein, dass die Schimpansen etwas Ähnliches empfanden wie wir, wenn wir den Tod eines geliebten Menschen betrauern? Konnten sie verstehen, was mit Dorothy geschehen war? Wussten sie vielleicht, dass es früher oder später auch ihnen selbst passiert?

Das Foto fand ein so breites Echo, dass nicht wenige Wissenschaftler beschlossen, ähnliche Fälle, die sie im Laufe der Jahre beobachtet und in ihren Schubladen hatten, zu veröffentlichen; andere schenkten nun dem Verhalten der von ihnen untersuchten

Abbildung 1: »Die trauernden Schimpansen« (The grieving chimps), Foto von Monica Szczupider.

Tiere, sobald der Tod ins Spiel kam, eine sehr viel größere Aufmerksamkeit. Es war die Geburtsstunde einer neuen Disziplin, der *vergleichenden Thanatologie*, die sich vornimmt zu erforschen, wie Tiere auf verstorbene oder dem Tod nahe Individuen reagieren, welche physiologischen Prozesse ihren Reaktionen zugrunde liegen und was ihr Verhalten uns über die geistigen Zustände der Tiere sagt. Zwar lag der Fokus ursprünglich auf den Primaten, aber in den letzten Jahren ist die Zahl der Publikationen explosionsartig gestiegen, und es erscheinen immer mehr Artikel, in denen es um Spezies geht, die weit entfernt sind von Affen und Menschenaffen, um Elefanten etwa, Wale, Pferde, Krähen und sogar Insekten.

Das Interesse an der Frage, wie Tiere mit dem Tod umgehen, ist Teil eines wachsenden wissenschaftlichen Trends, um herauszufinden, inwieweit andere Tiere über Fähigkeiten verfügen, die man traditionell einzig und allein dem Menschen zuschreibt. Immer zahlreichere Studien lassen den Schluss zu, dass viele Tierarten zumindest in rudimentärer Form aufweisen, was bisher als Garant galt für die menschliche Einzigartigkeit, eine Fähigkeit zur Unterscheidung von Mengen ebenso wie Rationalität, Moral, Sprache oder Kultur.[2] Der Gedanke, der Mensch sei eine gesonderte, weit über das Tier hinausreichende Spezies, wird von Tag zu Tag weniger plausibel. Und so wird auch die Frage, ob Tiere eine Vorstellung von der Sterblichkeit haben, immer bedeutsamer, denn über Jahrhunderte hat sich der Mensch als die einzige Spezies begriffen, die – Segen oder Fluch – mit einem Verständnis vom Tod aufwarten kann.

Die vergleichende Thanatologie – die Untersuchung der Beziehung der Tiere zum Tod – ist eine Fachrichtung an der Schnittstelle zwischen *Ethologie* und *vergleichender Psychologie*. Die Ethologie ist der Zweig der Biologie, der sich der Erforschung des Verhaltens von Tieren widmet, und mit der vergleichenden Thanatologie teilt er eine Vorliebe für Feldstudien in mehr oder weniger natürlicher Umgebung. Die vergleichende Psychologie wiederum versucht, in Experimenten den geistigen Fähigkeiten von Tieren auf den Grund zu kommen, und vergleicht hierzu, wie verschiedene Spezies mit ähnlichen Problemen umgehen und welche kognitiven Mechanismen sie zu deren Lösung einsetzen. Die vergleichende Thanatologie teilt mit diesem Fach das Interesse an der Psychologie der Tiere, auch schöpft sie aus vielen ihrer Studien, um die Diskussion darüber zu bereichern, wie Tiere Sterblichkeit erleben und verstehen.

Allerdings hat das vorliegende Buch keine Ethologin geschrieben und auch keine Psychologin, sondern eine Philosophin. Das mag meine Leser und Leserinnen überraschen, wenn ihr Bild vom Philosophen dem eines älteren, bärtigen und pfeiferauchenden Mannes entspricht, der in seinem Sessel sitzt und über den Sinn des Lebens nachdenkt. Ich will nicht leugnen, dass eine solche

Beschreibung auf einige von uns zutrifft, in Wahrheit aber ist die Philosophie eine sehr heterogene Disziplin, und Philosophen unterscheiden sich nicht nur erheblich in Alter, Geschlecht und Herkunft, viele von uns verwenden ihre Zeit auch auf Themen – ob Klimawandel, Terrorismus, Videospiele, Medizin oder Pornos –, die nicht zu dem gängigen Bild dessen passen, worüber ein Philosoph so grübelt.

In der Vielfalt der Themen, mit denen die Philosophie sich befasst, spiegeln sich einige Besonderheiten, die dieses Fach von anderen unterscheiden. Im Gegensatz zu anderen Zweigen der Natur- und der Geisteswissenschaften gibt es hier keinen festgelegten Untersuchungsgegenstand. Philosophieren lässt sich über alles Mögliche, denn die Philosophie ist eine Methode, eine Art, die Welt zu betrachten und über sie nachzudenken, nicht das Studium dieses oder jenes konkreten Phänomens. Was es Philosophen erlaubt, in einen ständigen Dialog mit anderen Wissensgebieten zu treten, sich locker von einer Disziplin in eine andere zu bewegen, nichts als gegeben anzusehen, jede Annahme infrage zu stellen und innovative und belebende Sichtweisen zu eröffnen, die als Katalysator dienen können für jegliche Debatte.

Mein Buch fügt sich ein in einen relativ jungen Zweig der Philosophie, die *Tierphilosophie* mit ihren Fragen nach den geistigen Fähigkeiten von Tieren. Zwar reicht die Philosophie des Geistes bis ins antike Griechenland zurück, wenn nicht noch weiter, doch im Laufe der Geschichte hat sie sich fast ausschließlich auf den menschlichen Geist bezogen. Die Tierphilosophie nimmt für sich in Anspruch, den Geist der Tiere nicht nur zu studieren, um uns selbst besser zu verstehen, sondern auch als ein Ziel an sich, da sie davon ausgeht, dass die Psychologie anderer Spezies auch unabhängig von dem, was sie uns über unsere eigene lehren kann, von Interesse ist. Zugleich steht diese Disziplin im Dialog mit den Naturwissenschaften, reflektiert die Methoden, mit denen wir das

Verhalten und die Kognition anderer Spezies untersuchen, zeigt mögliche Voreingenommenheiten auf, die unsere Sicht verzerren, und nimmt sich vor, größere begriffliche Klarheit zu schaffen.

Die vergleichende Thanatologie, als eigenes Fachgebiet kaum zehn Jahre alt, bedarf dringend eines philosophischen Blicks, um verborgene Annahmen, die sich nachteilig auf die Forschung auswirken, zu identifizieren und die Bedeutung von Schlüsselkonzepten zu klären. Konkret soll es in diesem Buch darum gehen, jene anthropozentrischen Vorurteile zu erkennen und auszuräumen, die der Erforschung des Verhältnisses von Tieren zur Sterblichkeit im Weg stehen. Das Schlüsselkonzept, auf das ich mich dabei konzentriere, gleichsam das Rückgrat meiner Argumentation, ist das Konzept vom Tod. Was genau bedeutet es, den Tod zu verstehen, ihn zu begreifen? Ist die Vorstellung, der Begriff, das Konzept vom Tod etwas Binäres, ein Alles-oder-nichts, oder können wir es als ein Spektrum auffassen, als etwas, was einen höheren oder geringeren Grad an Komplexität zulässt? Wäre es sinnvoll, von verschiedenen Konzepten vom Tod zu sprechen, in denen die Perspektiven verschiedener Spezies ihren Platz haben?

Zu einem nicht unwesentlichen Teil geht es mir in diesem Buch daher um eine begriffliche Analyse. Was nicht heißen soll, dass eine bloß sprachliche Klärung das Ziel wäre, denn durch eine solche Analyse lassen sich Schlussfolgerungen über die Welt ziehen. Wollen wir zum Beispiel herausfinden, ob Experimente, die ein altruistisches Verhalten bei Tieren zeigen, ein Beleg dafür sind, dass Tiere eine Moral haben, müssen wir von einer klaren Definition dessen ausgehen, was es bedeutet, moralisch zu sein. Das Gleiche gilt auch hier. Durch eine Analyse dessen, was es bedeutet, ein Konzept vom Tod zu haben, können wir mit anderen Augen auf das uns vorliegende Material schauen. Mehr noch, die Analyse wird es uns ermöglichen, die *kognitiven Voraussetzungen* für ein Verständnis vom Tod klar zu umreißen, das heißt die psychologische Architektur, die ein Tier aufweisen muss, um ein Bewusstsein von der Sterblichkeit zu entwickeln. Wenn wir das wissen, können wir über die vergleichende Thanatologie hinausblicken und uns ansehen, was andere Bereiche wie etwa die Evolutionsbiologie uns sagen können zu der Frage, mit welcher Verbreitung dieser Fähigkeit in der Natur zu rechnen ist.

Verstehen Tiere den Tod? Im Buch verwende ich die konzeptionellen und argumentativen Instrumente der Philosophie, um die empirischen Daten, die sich auf dem Gebiet der vergleichenden Thanatologie im letzten Jahrzehnt haben sammeln lassen, zu analysieren und eine Antwort zu geben. Wie wir noch sehen werden, ist diese Disziplin seit ihren Anfängen gekennzeichnet von manch anthropozentrischer Verzerrung, die Thanatologen dazu verleitet hat, den Begriff vom Tod allzu intellektuell anzugehen und die Trauer als emotionale Reaktion auf das Ableben anderer in den Vordergrund zu rücken. Sind diese schiefen Wahrnehmungen erst aufgespürt und ausgeräumt, werden wir sehen, dass das Konzept vom Tod nur eine geringe kognitive Komplexität erfordert und dass es vielfältige Arten und Weisen gibt, wie Tiere emotional auf den Tod reagieren und etwas über ihn lernen können. Treffen meine Argumente zu, ist ein Konzept vom Tod sehr viel einfacher zu erlangen als bisher vermutet und im Tierreich weit verbreitet.

All das mag befremdlich klingen, wenn man es nicht gewohnt ist, bei Tieren von Vorstellungen, Begriffen, Konzepten zu hören oder von Emotionen. Sollte das der Fall sein, bitte ich um einen Vertrauensvorschuss, denn ich habe das Buch für interessierte Laien geschrieben, es setzt keine Kenntnisse in Tierpsychologie voraus. Aber vielleicht gehört der eine oder die andere ja auch zu der Gruppe von Personen, die bezweifeln, dass Tiere überhaupt Geist und Verstand haben. In dem Fall wartet eine Überraschung, denn ich werde hier nicht nur von der Beziehung der Tiere zum Tod sprechen, sondern ebenso auf die philosophischen Argumente eingehen wie auch auf viele der empirischen Belege, die den Gedanken stützen, dass der Mensch bei weitem nicht das einzige Tier mit mentalen Eigenschaften ist. Skeptiker sollten in meinem Buch also zumindest einen Denkanstoß finden.

Auf den folgenden Seiten beginnen wir mit der Philosophie und dringen sodann weiter vor in die vergleichende Thanatologie und ihre anverwandten empirischen Wissenschaften. Ich habe versucht, fachliche Abgrenzungen auf ein Minimum zu beschränken, und wo es nicht anders ging, habe ich mich bemüht, sie mit viel Liebe und möglichst auch einer Prise Humor zu erklären – auch wenn ich Heiterkeit nicht garantieren kann. Ich bitte all jene, denen die Philosophie doch ein wenig schwerfällt, um Geduld. Und verspreche all denen, die sich auf Tiergeschichten freuen, dass es sie geben wird. Bleibt mir nur noch, Dank zu sagen, liebe Leserin, lieber Leser, für das Interesse an diesem Buch. Ich hoffe von ganzem Herzen, dass alle es mit Vergnügen lesen und etwas darüber lernen, wie Tiere den Tod verstehen – und vielleicht auch ein wenig darüber, wie wir ihn verstehen.

2
DIE AMEISE, DIE IHRER EIGENEN BEERDIGUNG BEIWOHNTE

Als ich acht Jahre alt war, bekam ich vom Weihnachtsmann ein Mikroskop. Ich hatte mir eins gewünscht, nachdem ich es in der Fernsehwerbung gesehen hatte, da untersuchten Kinder mit großen Schutzbrillen und weißen Kitteln alle möglichen Alltagsgegenstände, die bei Vergrößerung unendlich spannend wurden. Ich versprach mir wer weiß was von dem Geschenk.

Als ich dann mit meiner neuen Errungenschaft spielte, merkte ich bald, dass es sehr viel langweiliger war, als die Werbung mir weisgemacht hatte. In dem Mikroskop-Set waren zwar ein paar Proben zum Untersuchen, aber viel zu wenige, und sie waren bei weitem nicht so faszinierend wie versprochen. Und die Sachen, die sich mir zu Hause anboten, waren zu groß, zu trübe oder zu öde, um sie unterm Mikroskop zu erforschen. Nein, ich brauchte etwas Reizvolleres.

Da kam mir die Idee, eine Ameise unter die Lupe zu nehmen – wer hat nicht schon mal gestaunt über das außerirdische Gesicht dieser Insekten, ihre riesigen Augen, die grimmigen Kiefer, die bedrohlichen Antennen? Das war genau die aufregende Erfahrung, nach der ich suchte.

Mein Plan hatte nur einen kleinen Haken: Die Ameise musste tot sein. Sie würde sonst die ganze Zeit herumwuseln, und es wäre unmöglich, sie gründlich zu untersuchen. Die einzige mir bekannte Methode zum Ameisentöten – das klassische Zertreten – hätte fabelhaft funktioniert, wenn ich mir Gliederfüßerbrei hätte anschauen wollen, aber ich war mehr an einem unversehrten Exemplar interessiert.

Also nahm ich eines Morgens eins der Röhrchen, die dem Mikroskop beilagen, und fing eine Ameise darin ein, dort wollte ich sie so lange eingesperrt lassen, bis ihr der Sauerstoff ausging. Ich schäme mich, es zuzugeben, aber ich habe das Röhrchen den ganzen Tag in meiner Hosentasche behalten und es ab und zu herausgeholt, um zu sehen, ob die Ameise endlich zum Fortschritt der Wissenschaft beitragen wollte und die Liebenswürdigkeit besaß, den Löffel (die Antennen) abzugeben. Aber nein, sie krabbelte immer noch. War lebendig. Überaus lebendig. Weder sie noch ich wussten es damals, aber diese nervige Beharrlichkeit, nicht aufzugeben, rettete ihr schließlich das Leben.

Später am Nachmittag – mein Schnurrbart von den Resten des Kakaotrunks war längst eingetrocknet – wurde ich mir meines Tuns vollends bewusst. Aus irgendeinem Grund versetzte ich mich in die Lage der Ameise, und mich überkam eine unendliche Traurigkeit (Neugier war das eine, aber herzlos war ich nicht). Wie konnte ich zulassen, dass die Ameise starb? Wer war ich, einem unschuldigen Wesen das Leben zu nehmen? Auf einmal erschien mir das von einer nicht hinnehmbaren Grausamkeit.

Ich weiß noch, wie ich zu einem prachtvollen Rosenstrauch in unserer Wohnanlage ging, das Röhrchen vorsichtig öffnete und die Ameise, endlich frei, auf ein Blatt hinauskrabbeln ließ. Gut möglich, dass die Ärmste, die dort verwirrt herausschlich, als fragte sie sich, warum man sie auf diese sonderbare Weise entführt hatte, kurz darauf gestorben ist, aber in dem Moment war mir, als hätte ich sie gerettet. Als hätte ich alles richtig gemacht. Na ja, als wäre ich so etwas wie eine eins zwanzig große Miss Captain Marvel.

Dieser Moment der Verbundenheit und der Empathie mit der Ameise ist mir so lebhaft in Erinnerung geblieben, dass er sicherlich dazu beigetragen hat, den Menschen zu formen, der ich heute bin. Schließlich habe ich mich, auch wenn ich damals eigentlich Malerin werden wollte, am Ende der Tierethik zugewandt.

Auf den folgenden Seiten wird uns die Ethik als konstanter Hintergrund begleiten, aber nicht deshalb habe ich die kleine Geschichte erzählt. Im Buch werde ich davon sprechen, wie Tiere den Tod erfahren und verstehen. Natürlich sind auch wir Menschen Tiere, und so wird unser Konzept vom Tod stets präsent sein. Tatsächlich dient er als Kontrapunkt und Leitfaden für meine Überlegungen zu der Frage, was es heißt, Sterblichkeit zu verstehen.

Die Anekdote mit der Ameise ist hier insofern von Belang, als sie meinen damaligen Begriff vom Tod widerspiegelt. Ich wusste, dass die Ameise zu den Dingen gehörte, die sterben können (anders als zum Beispiel ein Stein, der nicht lebendig ist, aber auch nicht stirbt). Ich konnte vorhersagen, dass die Ameise sich, war sie erst gestorben, nicht mehr bewegen würde, sodass ich sie unterm Mikroskop hätte untersuchen können. Ebenso verfügte ich über gewisse Kenntnisse darüber, was bei einer Ameise zum Tod führen kann (auch wenn ich angesichts meiner höchst ineffizienten Methode zugeben muss, dass es keine allzu ausgeprägten Kenntnisse waren). Außerdem war ich in der Lage festzustellen, dass die Ameise noch lebte, und hätte ihren Tod erkennen können. Schließlich war ich imstande, mich in die Ameise einzufühlen und ihren Tod als Tragödie zu empfinden, als etwas Negatives, was es zu vermeiden galt. All das zeugt von einem recht komplexen Konzept vom Tod.

Ameisen und der Tod

Wir können durchaus einige Ähnlichkeiten erkennen zwischen meiner Anekdote und der Art, wie Ameisen selbst auf den Tod einer Gefährtin reagieren. Zum einen sind auch Ameisen bereit einzugreifen, wenn eine ihrer Schwestern in Lebensgefahr ist.

Vor einigen Jahren wurde in einem Experiment[1] eine Ameise mit einem Nylonfaden an einem Stück Papier befestigt und halb im Sand vergraben, um eine Situation zu simulieren, die sich in der Natur häufig ergibt, wenn diese Insekten unter Trümmern feststecken. Bei dem Experiment konnte beobachtet werden, wie die anderen Ameisen alles daransetzten, sie zu befreien. Zuerst gruben sie im Sand und zogen an den Gliedmaßen der Ameise, um sie herauszuziehen. Als ihnen das nicht gelang, konzentrierten sie sich auf die Schlinge und bissen so lange auf den Nylonfaden, bis sie ihn durchtrennt hatten und ihre Gefährtin retten konnten.

Zum anderen sind Ameisen ebenfalls in der Lage zu unterscheiden, ob eine von ihnen gestorben ist oder nicht. Stirbt eine Ameise im Inneren einer Kolonie, machen sich die anderen emsig daran, das tote Tier aus dem Nest hinauszubefördern, ein als *Nekrophorese* bekanntes Verhalten.

Trotz dieser Ähnlichkeiten können wir mit einiger Sicherheit sagen, dass Ameisen keinen Begriff vom Tod haben. Die Ameise, die ihre gefangene Gefährtin rettet, hat nicht deren Tod vor Augen und versucht auch nicht, ihn zu verhindern; sie reagiert auf einen chemischen Hilferuf, den die gefährdete Ameise aussendet. Tatsächlich würden die anderen die gefangene Ameise, hätten wir sie betäubt, nicht retten. Sie benötigen dieses chemische Signal zur Einleitung ihres Verhaltens.

Für die Nekrophorese gilt das Gleiche. Nicht dass die Ameisen verstanden hätten, dass sie es mit einer toten Ameise zu tun haben, es ist vielmehr eine bloße vorprogrammierte Reaktion auf einen chemischen Reiz. Die Nekrophorese wird ausgelöst durch den Duft von Ölsäure, den die Leichen dieser Insekten verströmen. Nehmen die anderen Ameisen ihn wahr, reagieren sie sofort auf die tote Ameise als »Müll, der aus dem Nest zu entfernen ist«. Aufgrund dieses starren Mechanismus wäre es einfach, sie zu täuschen. Nähmen wir eine lebendige Ameise und tupften ihr ein Tröpfchen Ölsäure auf den Hinterleib, würden die anderen Ameisen sie behandeln, als wäre sie tot. Mit anderen Worten, sie würden sie im Nu packen und aus dem Nest transportieren.[2] Sie wären nicht imstande, zu dem Schluss zu gelangen, dass sie nicht tot ist, sosehr die »Leiche« auch zappelt und versucht, ihren Entführerinnen zu entkommen.

Wie auch immer, die Tatsache, dass ein solches Verhalten durch das Erkennen chemischer Stoffe gesteuert wird, muss nicht heißen, dass jede Flexibilität ausgeschlossen wäre. Ameisen, die ihre in einer Nylonschlinge steckende Artgenossin retten, zeigen ein gewisses Verständnis für die Situation; geht ihre Strategie nicht auf, können sie die Taktik ändern, denn sie haben verstanden, dass das Problem in der Falle selbst liegt, auch wenn ein Nylonfaden nichts ist, was sie in der Natur vorfinden würden.

Bei der Nekrophorese passiert Ähnliches. Obwohl es sich um ein Verhalten handelt, das auf einem Reiz-Reaktions-Mechanismus beruht, ist es nicht so einfach, wie man es üblicherweise darstellt.[3] Ölsäure ist nämlich nicht der einzige Reiz, der eine Nekrophorese auslösen kann. Auch andere chemische Stoffe, die bei der Verwesung entstehen, können sie bewirken. Einige Ameisenarten reagieren schon, noch ehe der Verwesungsprozess einsetzt, sodass auch das Fehlen eines chemischen Lebenszeichens (wie bestimmter Pheromone) auszureichen scheint. Manche Spezies unterscheiden zwischen neuen und alten Leichen, und während sie die einen vergraben, entfernen sie die anderen aus dem Nest.[4] Die jeweilige Situation scheint ebenfalls von Bedeutung zu sein: Wird bei der Nahrungssuche eine verwesende Ameise gefunden, löst dies keine Nekrophorese aus, es sei denn, die Leiche befindet sich nahe dem Nest. Und lässt sich ein toter Körper aufgrund von Umweltfaktoren wie Frost oder Überschwemmung nicht aus der Kolonie abtransportieren, können die Ameisen zu anderen Methoden greifen, um ihn zu beseitigen, sei es durch Vergraben oder gar in Form von Kannibalismus.[5]

Angesichts einer solchen Flexibilität im Verhalten stellt sich die Frage, wie wir überhaupt sicher sein können, dass Ameisen kein Konzept vom Tod haben. Um das zu beantworten, müssen wir eine klare Vorstellung davon haben, was ein Konzept ist.[6] Konzepte können wir uns denken als die Grundbestandteile vieler unserer Gedanken. Der Gedanke »der Tisch wackelt« zum Beispiel ist dann zusammengesetzt aus den Konzepten *Tisch* und *wackeln*. Zwar erfordert, wie wir noch sehen werden, nicht jede Art des Denkens Konzepte, doch ein Lebewesen, das nicht in der Lage wäre zu denken, könnte niemals über Konzepte verfügen. Bevor wir uns also eingehender mit der Frage beschäftigen, ob Tiere Konzepte haben, müssen wir einen kleinen philosophischen Umweg machen und uns einer allgemeineren Frage zuwenden: Haben Tiere geistige Fähigkeiten?

Die philosophische Debatte über die geistigen Fähigkeiten von Tieren

1982 veröffentlichte der Philosoph Donald Davidson einen berühmten Vortrag, in dem er die Frage, ob Tiere geistige Kräfte haben und denkende Vernunftwesen sind, verneinte.[7] Davidson fordert uns auf, uns einen Hund vorzustellen, der die Katze des Nachbarn durch den Garten jagt. Die Katze läuft direkt auf eine Eiche zu, doch im letzten Moment schwenkt sie ab und klettert auf einen anderen Baum, einen Ahorn. Der Hund sieht das Manöver der Katze nicht und rennt stur auf die Eiche zu. Er bleibt davor stehen, stützt sich mit den Vorderpfoten am Stamm ab und bellt in die Baumkrone hinauf. Wären wir Zeugen dieser Szene, würden wir wohl sagen: »Der Hund glaubt, die Katze ist auf der Eiche!«[8] Mit anderen Worten, wir würden das Verhalten des Hundes erklären, indem wir ihm eine *Überzeugung* zuschreiben, eine Art des Denkens also. Gleichwohl sieht Davidson in solchen Zuschreibungen zwei große Probleme.

Das eine hat mit den Grenzen unseres Wissens zu tun. Wir können schlicht nicht die Perspektive des Hundes einnehmen, was uns einen direkten Zugang zum Weltverständnis des Hundes verwehrt. Ein solcher Zugang ist jedoch fundamental, wollen wir einem Individuum Überzeugungen zuschreiben. So können wir etwa der Reporterin Lois Lane die Überzeugung zuschreiben, dass sie mit Clark Kent zusammenarbeitet, nicht aber die Überzeugung, sie arbeite mit Superman zusammen, auch wenn Clark Kent und Superman dieselbe Person sind. Aber Lois Lane weiß nun mal nicht, dass Clark Kent und Superman dieselbe Person sind, und so verwenden wir auch den Namen »Clark Kent«, wenn wir davon sprechen, wie sie ihren Arbeitskollegen wahrnimmt.

Das uns hier beschäftigende Problem ist nun, dass wir unmöglich wissen können, wie sich die Überzeugung des Hundes genau ausnehmen würde. Woher sollten wir auch wissen, ob der Hund glaubt, die Katze sei auf »den ältesten Baum im Garten« geklettert, auf »den Baum, der am besten riecht« oder »den Baum, den die Katze das letzte Mal hinaufgeklettert ist«. Wollten wir dem Hund konkrete Überzeugungen zuschreiben, würden wir an diesem unüberwindlichen Hindernis scheitern.

Andererseits sind für Davidson Überzeugungen niemals isoliert zu haben, eine jede bedarf, wenn sie einen Sinn ergeben soll, zusätzlicher, mit ihr verbundener Überzeugungen. Ein Hund kann nicht glauben, dass etwas ein Baum ist, wenn er nicht zugleich eine ganze Reihe allgemeiner Überzeugungen im Hinblick auf Bäume hat: dass sie wachsen; dass sie Blätter haben, Äste, Wurzeln; dass sie Wasser und Licht brauchen et cetera. In Bezug auf die Katze gilt das Gleiche: Zu glauben, es sei eine Katze, impliziert auch die Überzeugung, dass sie ein Säugetier ist, dass sie vier Beine hat, dass sie miaut und so weiter. Zwar gibt es keine starre Liste allgemeiner Überzeugungen, die man haben muss, um zu glauben, dass etwas ein Baum ist oder eine Katze, doch ohne die Zuschreibung zumindest einiger dieser allgemeinen Überzeugungen, so Davidson, hat es keinen Sinn, dem Hund die Überzeugung zuzuschreiben, die Katze sei auf dem Baum. Aber noch einmal, wir können nicht wissen, welche dieser Überzeugungen der Hund hat, wenn überhaupt eine.

Nur wenige Philosophen mochten Davidsons Argument gelten lassen.[9] Einerseits wurde darauf verwiesen, dass uns die Problematik, Tieren konkrete Überzeugungen zuzuschreiben, in nicht ganz so ausdrücklicher, aber doch ähnlicher Form begegnet, wenn wir anderen Menschen Überzeugungen zuschreiben. Wir können einfach nicht genau wissen, was ihnen durch den Kopf geht, und ebenso wenig können wir im Vorhinein und in allen Einzelheiten wissen, wie sie die Welt begreifen. Was uns nicht daran hindert, ungefähre Zuschreibungen vorzunehmen, etwa auf Grundlage dessen, was wir über ihre Persönlichkeit oder ihre Lebensgeschichte wissen. Vielleicht denkt Lois Lane an ihren Kollegen als den »Tollpatsch mit der Brille« und nicht als »Clark Kent«, aber es ist immer noch angemessen, ihn so zu nennen statt »Superman«, schließlich wissen wir, dass sie den Braten noch nicht gerochen hat.

Zugleich wurde argumentiert, Davidson sei allzu pessimistisch, wenn es um die Beschreibung dessen gehe, was wir über Tiere wissen können. Denn beobachten wir ihr Verhalten unter sehr kontrollierten Bedingungen, erfahren wir recht gut, wie sie die Welt verstehen, sodass wir ihre Überzeugungen auch eingrenzen können, sehr viel stärker jedenfalls, als Davidson meint.

Vorgebracht wurde auch, dass die Überzeugungen der Tiere keineswegs, wie von Davidson angenommen, aus Konzepten bestehen müssten. Genauso könnte es etwa sein, dass der Hund die Katze nicht als vierbeiniges, miauendes Säugetier begreift, sondern im Hinblick auf mögliche auszuführende Handlungen: als etwas Jagdbares oder Verzehrbares zum Beispiel.

Schließlich wurde betont, dass Davidsons Argument, wenn wir ihm denn folgen wollten, nur den Schluss zulasse, dass wir nicht wissen, *welche* Überzeugungen Tiere haben, es stütze jedenfalls nicht die Annahme, sie hätten gar keine. Die Frage, was den Tieren genau durch den Kopf gehe, sei eine andere als die, ob sie über geistige Fähigkeiten verfügten.

Für Davidson geht es jedoch nicht nur darum, dass wir unmöglich wissen können, *welche* Überzeugungen Tiere haben, für ihn ist allein die Vorstellung problematisch, Tiere seien denkende Wesen. Sein Argument ist das folgende: Ein Lebewesen, das Überzeugungen hat, muss überrascht sein können, denn überrascht zu sein heißt, zu registrieren, dass die Wirklichkeit nicht so ist, wie man *glaubte*, dass sie ist. Überrascht mich zum Beispiel, dass mein Bankkonto im Minus ist, dann bin ich imstande, mir den Gegensatz zwischen dem Geld, das ich zu haben *glaubte*, und dem Geld, das ich in Wahrheit habe, bewusstzumachen. Damit ein Lebewesen die Fähigkeit besitzt, überrascht zu sein und also Überzeugungen zu haben, so Davidson, muss es über den *Begriff von Überzeugung* verfügen; es muss in der Lage sein zu verstehen, dass etwas das ist, was es selbst glaubt, dass es ist, und etwas ganz anderes, wie die Welt sich darstellt. Überrascht mich der Anblick meines Bankkontos, zeige ich damit, dass ich den Unterschied zwischen dem Fantasiegebilde in meinen Kopf und der harten Realität verstehe.

Nun denn, für Davidson muss man, um den Begriff von Überzeugung zu haben, eine Sprache können. Sprache ermöglicht es, das von uns Geglaubte mit dem, was andere glauben, zu vergleichen und so die Vorstellung von einer objektiven Realität zu konstruieren, die unabhängig ist von all unseren subjektiven Überzeugungen. Da nur die Menschen über eine Sprache verfügen – oder zumindest über eine, die für diese Aufgabe hinreichend entwickelt ist –, können auch nur Menschen den Begriff von Überzeugung haben und somit Überzeugungen. Und da für Davidson Überzeugungen grundlegend und wesentlich sind für alles Denken, haben auch nur Menschen Gedanken.

Auch damit mochten sich nur wenige Philosophen anfreunden. So warf man Davidson etwa vor, er zäume das Pferd beim Schwanz auf. Selbst wenn es einen Zusammenhang gäbe zwischen der Fähigkeit, Überzeugungen zu haben, einem Begriff von Überzeugung und Sprache, sei es doch höchstwahrscheinlich genau andersherum. Das heißt, um Sprache und einen Begriff von Überzeugung zu entwickeln, sei es notwendig, erst einmal Überzeugungen zu haben, nicht umgekehrt. Auch impliziere die Annahme, Überzeugungen erforderten sowohl Sprache als auch einen Begriff von Überzeugung, dass vorsprachliche Kinder keine Überzeugungen hätten. Womit sich wiederum äußerst schwer erklären lasse, wie sie Sprache erwerben könnten. Ohne Überzeugungen, mit einem von Gedanken völlig freien Kopf, lässt sich tatsächlich kaum erklären, wie wir uns all die Namen der Dinge angeeignet und gelernt haben könnten, Gedankliches auszudrücken.

Davidsons Argumente sind also nicht sonderlich überzeugend. Aber fürs Erste haben wir nur aufgezeigt, dass speziell dieser Philosoph falschlag. Welche positiven Argumente können wir für die Existenz geistiger Fähigkeiten bei Tieren anführen? Im Allgemeinen unterscheidet man hier zwischen drei Hauptstrategien: dem Analogieschluss, dem Schluss auf die beste Erklärung und der Erklärung nach dem Sparsamkeitsprinzip.[10]

Der *Analogieschluss* legt den Fokus auf eine Eigenschaft X, von der wir wissen, dass sie mit den geistigen Anlagen des Menschen zusammenhängt, und versucht, durch Analogie zu dem Schluss zu gelangen, dass Tiere, die diese Eigenschaft X aufweisen, auch Geist haben müssen. Die Fähigkeit etwa, Probleme zu lösen, oder ein flexibles Verhalten sind Eigenschaften, die beim Menschen abhängig sind von seinen mentalen Fähigkeiten. Durch Analogie können wir schlussfolgern, dass jene Tiere, die in der Lage sind, Probleme zu lösen, oder ein flexibles Verhalten zeigen, ebenfalls Geist besitzen. In der Tat gibt es eine enorme und weiter zunehmende Anzahl von Studien in vergleichender Psychologie, die darauf hindeuten, dass viele nichtmenschliche Spezies fähig sind, Schlussfolgerungen zu ziehen, sich an Vergangenes zu erinnern, Zukünftiges vorherzusehen, zu planen, innovativ zu sein, sich an veränderte Umstände anzupassen und vieles mehr, was bei uns eine Form des Denkens erfordert.

Der *Schluss auf die beste Erklärung* beruht auf der Vorstellung, dass sich, gestehen wir Tieren Geist zu, bestimmte beobachtete Verhalten am besten erklären lassen, solche etwa, die allem Anschein nach falsch sind oder nicht mit der Realität übereinstimmen. Da sich die Katze nun mal nicht wirklich auf der Eiche versteckt, sondern auf dem Ahorn, ist die beste Erklärung für das Verhalten des Hundes, dass er *glaubt*, die Katze sei auf der Eiche. Hinter diesem Argument steht auch der Gedanke, dass wir bestimmte Verhalten nicht nur besser *erklären* können, wenn wir mentale Zustände zuschreiben, sondern dass wir, basierend auf ebendiesen mentalen Zuständen, auch *Vorhersagen* treffen können. Gehen wir zum Beispiel davon aus, dass der Hund den *Wunsch* hat, die Katze zu jagen, und die *Überzeugung*, dass die Katze auf der Eiche sitzt, können wir vorhersagen, dass er, sobald er merkt, dass die Katze in Wirklichkeit auf dem Ahorn sitzt, erst einmal überrascht reagiert und sofort dorthin läuft, wo nun, wie ihm soeben klar geworden ist, die Katze ist. Wenn unsere Vorhersagen zutreffen, deutet die beste Erklärung für diesen Erfolg auch hier darauf hin, dass Tiere tatsächlich über Geist verfügen.

Die *Erklärung nach dem Sparsamkeitsprinzip* schließlich basiert auf unserem Wissen über die biologische Evolution und die natürliche Selektion. Alle Spezies sind miteinander verwandt. Wir können zwei beliebige herausnehmen, und egal wie unterschiedlich sie sind, haben sie doch immer einen gemeinsamen Vorfahren. Je enger die Verwandtschaft, desto ähnlicher sind sie sich. Was auch für die geistigen Fähigkeiten gilt. Jene Spezies, die im Baum des Lebens nah beieinander sind, haben diese Fähigkeiten mit großer Wahrscheinlichkeit gemeinsam. Beobachten wir bei Spezies, die uns nahestehen, ein Verhalten, von dem wir wissen, dass unsere geistigen Fähigkeiten dazugehören, können wir annehmen, dass diese Spezies auch Geist besitzen. Das wäre die einfachste, die »sparsamste« Erklärung. Genauso bedeutet es: je enger die Verwandtschaft anderer Spezies mit der unseren – oder mit solchen, deren Psychologie hinreichend belegt ist –, desto größer die Wahrscheinlichkeit, dass sie Geist besitzen.[11]

Konzepte in der Tierwelt

Nehmen wir also an, dass zumindest einige Tiere in der Lage sind zu denken, auch wenn sie nicht über eine Sprache verfügen. Das muss nicht zwangsläufig heißen, dass sie Konzepte hätten, sich also von etwas einen Begriff machten, da manche Formen des Denkens durchaus unbegrifflich sein können. Stellen wir uns ein Eichhörnchen vor, das plant, wie es von dem Ast, auf dem es hockt, zu einem Ast des Baums gegenüber kommt. Dazu braucht es im Grunde weder ein Konzept von einem Ast noch ein Konzept von einem Baum. Genügen würde ihm zum Beispiel die Fähigkeit, in Bildern zu denken, sich im Kopf eine Karte des Baums auszumalen und mögliche Routen durchzuspielen. Was wiederum nicht bedeutet, dass Eichhörnchen keine Konzepte hätten, nur würden sie die für diese konkrete Form des Denkens nicht benötigen. Um sagen zu können, dass ein Tier Konzepte hat, müssen wir nicht nur zeigen, dass es denken kann, es muss auch über einige spezifische Fähigkeiten verfügen.

Erstens wird ein Tier mit einem Konzept die Einheiten, auf die dieses Konzept zutrifft, mit einem gewissen Grad an Zuverlässigkeit als solche erkennen können. Hat Carla zum Beispiel das Konzept Hund, sollte Carla imstande sein, einen Hund von Dingen wie einem Schuh oder einem Regenschirm und von anderen Lebewesen wie einem Frosch oder einer Fledermaus zu unterscheiden. Vielleicht ist Carla nicht gänzlich unfehlbar, wenn es darum geht, Hunde als Hunde zu erkennen. Sind alle Hunde, die sie in ihrem Leben gesehen hat, Pyrenäenberghunde, mag sie bei der ersten Begegnung mit einem Chihuahua denken, dass es ein anderes Tier ist, was aber nicht heißt, dass ihr ein Konzept vom Hund fehlt. Ein Konzept zu haben bedeutet also nicht, frei zu sein von jedem Irrtum, sobald eine Einordnung vorzunehmen ist, sehr wohl aber sollte es mit der Fähigkeit einhergehen, eigene Konzepte zu erlernen und zu verbessern. Würden wir Carla erklären, dass Chihuahuas ebenfalls Hunde sind, sollte sie imstande sein, diese aus der Schublade »mögliche Nagetiere« herauszunehmen und in die Schublade »Hunde« zu stecken, dann könnte sie ein solches Tier bei der nächsten Begegnung auch richtig einordnen.

Zweitens meint der Besitz eines Konzepts nicht nur die Fähigkeit, die Einheiten, auf die dieses Konzept zutrifft, als solche zu erkennen, es impliziert auch ein gewisses Verständnis für das, was in der Philosophie der »semantische Gehalt« eines Konzepts genannt wird, seine Bedeutung. Um bei Carla zu bleiben, so wird sie nicht nur Hunde von anderen Einheiten unterscheiden können, sie wird auch eine gewisse Kenntnis darüber haben, was es heißt, ein Hund zu sein. Sie wird zum Beispiel wissen, dass Hunde Säugetiere sind, dass sie vier Beine haben, dass sie bellen, dass sie ein Fell tragen oder dass sie verrückt danach sind, einem Ball hinterherzujagen. Was, wie schon bei Davidson anklang, darauf hinausläuft, dass jedes Konzept mit anderen Konzepten in einer Art semantischem Netz verbunden ist. Das Konzept vom Hund ist verbunden mit Konzepten wie dem vom Säugetier oder vom Bellen.

Zugleich ist der Gehalt eines jeden Konzepts weder statisch noch von Dauer. Im Gegenteil, er variiert je nach Zeitpunkt, Kultur und der betreffenden Person. So ist unser heutiges Konzept vom Hund ein gänzlich anderes als das vor zweitausend Jahren, als die wissenschaftlichen Erkenntnisse noch nicht so weit gediehen waren. Und das Konzept vom Hund, das wir in Europa haben, wo Hunde in erster Linie Haustiere sind, wird sich von dem Konzept in anderen Gesellschaften unterscheiden, in denen sie als kulinarische Delikatesse gelten mögen. Schließlich wird mein heutiges Konzept vom Hund – nachdem ich sechzehn Jahre mit einem zusammengelebt habe – ein anderes sein als zu der Zeit, als ich noch ein Kind war und schreckliche Angst vor Hunden hatte. Auch wird mein Konzept vom Hund ein anderes sein als das meiner Cousine Almudena, die Tierärztin ist und alles Mögliche weiß über die Anatomie und die Physiologie von Hunden, Fakten, die mir völlig unbekannt sind.

Drittens können wir, wenn wir den semantischen Gehalt eines Konzepts kennen, mit diesem auch Schlussfolgerungen ziehen. Stellen wir uns zum Beispiel vor, wir wollen Carla täuschen und ihr weismachen, dass unser Kater Winifred ein Foxterrier ist, wozu wir ihn herausputzen und ihm ein so hundeähnliches Aussehen wie möglich verleihen. Carla ließe sich vielleicht zunächst täuschen – vorausgesetzt, wir beherrschen die Kunst der

Maskierung und Carla ist nicht die hellste Kerze auf der Torte –, aber wenn ihr Konzept ein robustes ist, würde sie bald merken, dass die Art, wie Winifred sich fortbewegt oder den Schwanz schwenkt, nicht ganz dem entspricht, was von einem Hund zu erwarten ist. Kaum würde Winifred miauen oder seine scharfen Krallen ausfahren, wäre der Bann endgültig gebrochen, und Carla würde daraus schließen, dass Winifred in Wirklichkeit kein Hund ist. Und vielleicht auch, dass wir ganz schön fies sind, weil wir versucht haben, sie auszutricksen.

Viertens sind Konzepte nicht an einen bestimmten Sinnesreiz gebunden. Carlas Konzept vom Hund bezieht sich nicht nur auf Hunde einer spezifischen Rasse oder mit einem Fell dieser oder jener Farbe, sie kann vielmehr Tiere sehr unterschiedlichen Aussehens als Hunde erkennen. Ihr Konzept ist auch nicht zwangsläufig an visuelle Reize gebunden, sie könnte einen Hund auch mit anderen Sinnen erkennen. Hört sie zum Beispiel Bellen oder Winseln, weiß sie, dass in der Nähe ein Hund ist. Geht sie in ein Haus und riecht einen Hund, schließt sie daraus, dass die Besitzer ein Haustier haben. Spürt sie nachts, wie eine feuchte kleine Nase an ihr Vorderbein stupst, weiß sie, dass der Hund sie wecken will. Tatsächlich benötigt Carla nicht einmal den von einem Hund ausgelösten Sinnesreiz, um an einen Hund zu denken. Sie kann Gedanken haben wie »Ich würde gern noch einen Hund aufnehmen« oder »Was wohl der Hund meiner Großmutter gerade macht?«, ohne dass sie einen Hund vor sich haben muss. Ihr Konzept ist demnach recht unabhängig von sensorischen Reizen.

Schließlich rufen Konzepte keine starre Verhaltensreaktion hervor. Wie Carla auf einen Hund reagiert, hängt von der Komplexität ihres Konzepts ab, von ihrer Stimmung, ihrer Persönlichkeit, ihren Vorlieben, ihrer Lebensgeschichte und einer ganzen Reihe von Überzeugungen und Wünschen, die sie gerade hat. Vielleicht geht sie eines Tages, wenn sie im Park einem Hund begegnet, auf ihn zu und kuschelt sich an ihn, weil sie aus Erfahrung weiß, dass Hunde für diese Art von Interaktion normalerweise offen sind. Reagiert der Hund jedoch mit fletschenden Zähnen, wird sie es sich bei der nächsten Begegnung vielleicht zweimal überlegen, ob sie auf ihn zugeht, oder darauf achten, so wenig bedrohlich wie möglich zu wirken. Auch werden Carlas Reaktionen andere sein als die von Menschen, die ihr eigenes Konzept vom Hund haben. Vielleicht wird sich Lidia, die als Kind eine traumatische Erfahrung mit einem Schäferhund gemacht hat, nie wieder an einen herantrauen, und Bea, die eine schlimme Allergie auf Hundehaare hat, wird Hunde ebenfalls tunlichst meiden.

Konzepte haben daher sechs wesentliche Merkmale: 1) Sie erlauben es, die Einheiten, auf die sie sich beziehen, mit einem gewissen Grad an Zuverlässigkeit zu erkennen; 2) sie gehen einher mit einer gewissen Kenntnis des semantischen Gehalts des betreffenden Konzepts; 3) sie variieren je nach Individuum, Kultur und historischem Zeitpunkt; 4) sie erlauben es, Schlussfolgerungen zu ziehen; 5) sie sind nicht an einen bestimmten Sinnesreiz gebunden; und 6) sie rufen keine starre Verhaltensreaktion hervor. Weist ein Tier diese Merkmale in seinen Fähigkeiten und seinem Verhalten nicht auf, hat es auch keine Konzepte.

Stereotype und kognitive Reaktionen auf den Tod

Nachdem wir uns angeschaut haben, was für den Besitz eines Konzepts erforderlich ist, können wir zurückkommen zu unseren Ameisen und sehen, warum wir ziemlich sicher sein können, dass sie nicht mit einem Konzept vom Tod agieren. Ihr Verhalten ist hier ein Beleg für *stereotype* mehr denn für *kognitive* Reaktionen. Um den Unterschied zwischen den beiden Reaktionen auf den Tod zu erklären, will ich noch einmal das Beispiel der Nekrophorese in den Blick nehmen – die Neigung der Ameisen, ihre toten Gefährtinnen aus dem Nest zu entfernen –, denn sie liefert einen sehr viel direkteren Hinweis auf ein mögliches Konzept vom Tod bei diesen Insekten.

Wie oben aufgezeigt, müssten Ameisen, um ein Konzept vom Tod zu besitzen, in der Lage sein, die Einheiten, die unter dieses Konzept fallen, mit einiger Zuverlässigkeit als solche zu erkennen. Mit anderen Worten, sie müssten recht gut darin sein, tote Ameisen von lebenden Ameisen zu unterscheiden. Wir haben bereits gesehen, dass sie das können, dank dem Vorhandensein oder Nichtvorhandensein von chemischen Markern für Tod oder Leben wie etwa Ölsäure. Allerdings ist ihr Unterscheidungsvermögen völlig abhängig von diesen chemischen Markern. Weshalb es auch so einfach ist, sie zu täuschen und dazu zu bringen, eine lebende Ameise zu behandeln, als wäre sie tot. Soweit wir wissen, bemerken sie nicht, wenn ihnen dabei ein Fehler unterläuft. Die Ameise, die perplex ihrer eigenen »Beerdigung« beiwohnt, hat keine Möglichkeit, den anderen mitzuteilen, dass sie sich geirrt haben, dass sie in Wirklichkeit nicht tot ist.

Zwar ist das Verhalten der Ameisen nicht so simpel, wie es manchmal dargestellt wird, aber es weist auch nichts darauf hin, dass diese Insekten verstehen, *was es bedeutet, tot zu sein*. Die Tiere verfügen über eine »Gebrauchsanweisung«, die bei Erfassen sensorischer Reize im Zusammenhang mit dem Tod und mit anderen Umweltbedingungen zum Zuge kommt. Nicht aber sind sie in der Lage, aus widersprechenden Signalen zu schließen, dass die Ameise noch lebt, und ebenso wenig können sie lernen, ihr Unterscheidungsvermögen in Bezug auf den Tod zu verbessern. Auch gibt es keinen Grund zu der Annahme, dass sie zu irgendeinem Gedanken über tote Ameisen imstande wären, schon gar nicht ohne einen bestimmten Sinnesreiz.

Mithilfe des Beispiels der Nekrophorese bei Ameisen, dazu der

Anekdote zu Beginn dieses Kapitels, lassen sich zwei im Tierreich zu beobachtende Kategorien von Reaktionen auf den Tod unterscheiden: die stereotypen und die kognitiven.

Stereotype Reaktionen auf den Tod	**Kognitive Reaktionen auf den Tod**
Angeboren	Erlernt
Starr	Flexibel
Automatisch	Unter kognitiver Kontrolle
Gebunden an bestimmte Sinnesreize	Nicht gebunden an bestimmte Sinnesreize
Ein Individuum, eine Reaktion	Ein Individuum, verschiedene Reaktionen
Verschiedene Individuen, eine Reaktion	Verschiedene Individuen, verschiedene Reaktionen
Eindeutig adaptiv	Nicht unbedingt adaptiv

Tabelle 1: Wesentliche Unterschiede zwischen stereotypen und kognitiven Reaktionen.

Ameisen stehen für die Gruppe der *stereotypen* Reaktionen: Verhaltensweisen, die automatisch ausgelöst werden, sobald ein mit dem Tod verbundener Reiz wahrgenommen wird. Sie sind genetisch vererbt und bedürfen keines Erlernens, da das Tier bereits mit einer solchen Veranlagung geboren wird. Die häufigsten stereotypen Reaktionen auf den Tod sind zum einen die *Nekrophorese* (die, wie wir gesehen haben, darin besteht, Individuen, die nach Tod riechen, aus der Kolonie hinauszutransportieren) und zum anderen die *Nekrophobie* (eine Aversion gegen Leichen, die körperlich gemieden werden). Beide Reaktionen beginnen in der Regel mit der sensorischen Wahrnehmung von Markern für den Tod und ermöglichen es Lebewesen, das Risiko von Krankheiten, das mit einem gestorbenen Individuum verbunden ist, zu verringern. Sie haben also eine eindeutige Funktion und dienen nicht zuletzt der Vorbeugung gegen Infektionen.

Wenn sich dergleichen stereotype Verhalten nach einem so starren Muster entwickelt haben, dann weil eine solche Schutzfunktion in der Welt, in der die Spezies lebt, einen klaren evolutionären Vorteil bietet. Dass sie wenig Kognition erfordern, ist meist unproblematisch. Der Lebensraum der Ameisen kennt normalerweise keine bösartigen Menschen, die auf die Idee kommen, lebendige Ameisen mit Ölsäure zu betupfen. In der natürlichen Umgebung der Ameisen ist Ölsäure ein zuverlässiger Marker für den Tod. So kann die Adaptation ihre Funktion erfüllen, ohne dass die Ameisen die Fähigkeit besitzen müssten, über den Tod nachzudenken. Allerdings hat es auch den Nachteil, dass die Insekten in den seltenen Fällen, in denen sehr wohl ein bösartiger Mensch mit nichts Besserem im Kopf in der Nähe ist, nicht imstande sind, daraus zu schließen, dass die Ameise, die nach Tod riecht, sich aber bewegt, in Wirklichkeit nicht tot ist.

Die Anekdote von dem kleinen Mädchen, das eine Ameise durch ein Mikroskop betrachten wollte, steht für die zweite Kategorie von Reaktionen auf den Tod: für Reaktionen, die wir *kognitiv* nennen können. Anders als die stereotypen werden kognitive Reaktionen nicht genetisch vererbt, sie sind vielmehr abhängig von der Lebenserfahrung und den Lernprozessen eines jeden Individuums. Menschenkinder haben nicht von Geburt an die Veranlagung, Ameisen in Röhrchen zu stecken, um sie dann vergrößert anzusehen. Zwar war mein Verhalten nicht ohne Einfluss meiner Gene, aber es ergab sich auch aus dem Umfeld, in dem ich aufgewachsen bin, und meinen bisherigen Erfahrungen. Wäre ich in einem anderen Umfeld aufgewachsen, wäre ich vielleicht nicht auf eine so absonderliche Idee gekommen und hätte die Zeit lieber mit anderen meiner liebsten Beschäftigungen verbracht, ich hätte Videospiele gespielt oder meinen jüngeren Bruder geärgert.

Kognitive Reaktionen sind auch nicht an einen bestimmten Sinnesreiz gebunden. Tatsächlich braucht es das gar nicht, und es muss auch kein totes Wesen in der Nähe sein, um kognitiv auf den Tod zu reagieren. In meiner Geschichte ist die Ameise nicht gestorben, es gab also auch keine Tierleiche, die mein Verhalten hätte auslösen können. Und trotzdem konnte ich den Tod der Ameise gedanklich vorwegnehmen, konnte erst überlegen, wie er sich herbeiführen ließe, und dann, wie er zu verhindern wäre.

Kognitive Reaktionen auf den Tod haben ihre Ausprägung nicht unmittelbar durch natürliche Selektion erfahren, weshalb sie auch keine eindeutige Funktion haben und nicht zwangsläufig einen evolutionären Vorteil bieten. Mittelbar können sie aber das Resultat von Anpassungen sein, die sehr wohl eine wichtige Funktion haben. Meine Entscheidung zum Beispiel, die Ameise freizulassen, beruht auf einer dem Menschen angeborenen Neigung zu Empathie, und man vermutet, dass ihre Funktion darin besteht, die elterliche Fürsorge sowie die Kooperation und das Leben in der Gruppe zu erleichtern.[12] Nicht bei allen Menschen mag sich die Empathie auf Ameisen erstrecken, aber die meisten von uns kommen doch mit der Fähigkeit zur Empathie auf die Welt.

Da kognitive Reaktionen auf den Tod nicht an bestimmte Reize gebunden sind und keine starke genetische Grundlage haben, sind sie auch gekennzeichnet durch eine hohe interindividuelle Variabilität. Die Susana von damals hätte eine tote Ameise als Gelegenheit gesehen, ihr neues Mikroskop auszuprobieren, während sie für jemand anderes vielleicht etwas Wegzufegendes gewesen wäre oder etwas, was nicht die geringste Aufmerksamkeit verdient. Selbst bei ein und demselben Individuum begegnen uns, je nach Zeitpunkt und Situation, sehr unterschiedliche kognitive Reaktionen. Was der morgendlichen Susana wie eine brillante Idee erschien, darüber war die nachmittägliche Susana entsetzt – dabei war sie noch dasselbe Kind!

So wichtig die Unterscheidung zwischen kognitiven und stereotypen Reaktionen auch ist, dürfen wir sie doch nicht als strikte

Dichotomie verstehen. Bei manchen Tieren wie den Ameisen sehen wir, dass stereotype Reaktionen auf den Tod überwiegen, bei anderen dagegen beobachten wir eine Mischung aus beidem. Eine Ratte zum Beispiel wird, trifft sie auf den verwesenden Leichnam einer anderen Ratte, diesen vergraben. Es ist ein stereotypes Verhalten, ausgelöst durch die olfaktorische Wahrnehmung von Cadaverin und Putrescin, zwei chemischen Substanzen, die beim Verwesungsprozess entstehen. Das Verhalten hängt, wie wir wissen, von der Geruchserkennung dieser Marker für den Tod ab, denn Ratten vergraben auch gern Holzstücke, die mit Cadaverin und Putrescin präpariert sind, und Ratten, die keinen Geruchssinn haben, zeigen ein solches Verhalten erst gar nicht.[13] Allerdings ist es kein so starres Verhalten wie bei Ameisen. Damit eine Ratte ansetzt, eine andere Ratte lebendig zu vergraben, reicht es offenbar nicht aus, sie mit diesen chemischen Stoffen zu besprühen – das Opfer muss auch betäubt sein. Was darauf hindeutet, dass die von dem Todesgeruch ausgelöste Reaktion nicht so stark ist, dass sie die eindeutigen Anzeichen dafür, dass die Ratte noch quicklebendig ist, kompensieren könnte.[14]

Stereotype Reaktionen auf den Tod lassen sich wahrscheinlich bei den meisten Spezies beobachten, zumindest bis zu einem gewissen Grad. Tatsächlich wissen wir, dass Nekrophobie in der Natur weit verbreitet ist, was daran liegt, dass verwesende Kadaver ein Paradies für Krankheitserreger sind.[15] Ein verrottender Kadaver ist für viele Tiere etwas, was stinkt, Ekel erregt und sie antreibt, sich möglichst davon fernzuhalten.

Nekrophobie gibt es auch bei unserer Spezies. Unerschrockene mögen einmal »Verwesung« oder »Fäulnis« googeln und versuchen, sich von den Bildern, die ihnen entgegenspringen, nicht sofort abgestoßen zu fühlen. Der Ekel, den wir empfinden, ist ein wichtiger Mechanismus, er dient uns als Schutz vor möglichen Krankheiten, und er ist so zuverlässig, dass ein bloßes Bild ausreicht, um dieses Gefühl hervorzurufen, selbst wenn das Ekelerregende in dem Moment für uns keine wirkliche Gefahr darstellt. Die Reaktion wird hier durch einen visuellen Reiz ausgelöst, aber wir kennen auch stereotype Reaktionen in Verbindung mit Geruchsmarkern für den Tod. In einer Reihe von Experimenten wurde festgestellt, dass der Geruch von Putrescin für uns nicht nur abstoßend ist, sondern auch unsere Reaktionszeit verkürzt, uns anhält, schneller zu laufen, und die Wahrscheinlichkeit erhöht, dass unsere Gedanken um Gefühle von Gefahr oder Bedrohung kreisen wie auch von Feindseligkeit gegenüber Personen, die nicht zu unserer sozialen Gruppe gehören.[16] Der Geruch von Putrescin wirkt also wie ein Alarmsignal und aktiviert automatisch unsere Kampf-oder-Flucht-Mechanismen. Und das nicht nur, weil Leichen eine Quelle von Krankheitserregern sind, sie sind auch ein Hinweis, dass uns womöglich Gefahr für Leib und Leben droht.

Wenn es solche stereotypen Reaktionen auch bei uns gibt, den Champions der kognitiven Reaktionen auf den Tod, dann ist klar, dass wir es hier nicht mit einer strikten Dichotomie zu tun haben. Das dürfen wir nicht vergessen, denn wenn ein Tier eine stereotype Reaktion auf einen Leichnam zeigt, muss das nicht heißen, dass es nicht in der Lage wäre, ein Konzept vom Tod zu entwickeln. Dennoch wollen wir uns hier auf die kognitiven Reaktionen konzentrieren, da sie ein möglicher Hinweis sind auf die Fähigkeit, etwas über die Sterblichkeit zu lernen und somit ein Konzept vom Tod auszubilden. Die Spezies, auf die wir besonders schauen müssen, sind also jene, die eine hohe Variabilität und Flexibilität in ihren Interaktionen mit Tieren zeigen, welche in Lebensgefahr sind oder bereits tot, denn es wäre ein Anzeichen dafür, dass ihr Verhalten nicht wie bei den stereotypen Reaktionen von starren Reiz-Reaktions-Mechanismen gesteuert wird.

In den letzten Jahrzehnten hat die Wissenschaft die Reaktionen vieler nichtmenschlicher Tiere auf den Tod ihrer Artgenossen dokumentiert, und bei nicht wenigen Spezies haben wir Belege für eine solche Variabilität und Flexibilität. In einem der bekanntesten Beispiele wurde eine Gruppe von Schimpansen, die in einer Auffangstation leben, dabei beobachtet, wie sie auf den Leichnam eines jugendlichen Mitglieds der Gruppe reagierte.[17] Die Reaktionen waren sehr unterschiedlich. Einige Schimpansen untersuchten den Leichnam mit offensichtlichem Interesse. Andere saßen einfach um ihn herum und betrachteten ihn schweigend. Einige stießen Alarmrufe aus. Andere reagierten aggressiv, zeigten ein dominantes Gebaren und attackierten gar die sterblichen Überreste. Nach einer Weile riefen die Tierpfleger die Schimpansen an die Stelle, wo sie Futter bekommen, und die meisten verließen den Ort, mit Ausnahme von zwei Schimpansinnen, Mutter und Tochter, die bei dem Toten blieben. Die Mutter, die eine besonders enge Beziehung zu dem Verstorbenen hatte, untersuchte eingehend sein Gesicht, und dann nahm sie einen kleinen Zweig und machte sich vorsichtig daran, ihm die Zähne zu reinigen. Mehrere Minuten widmete sie sich dieser Tätigkeit, die ganze Zeit unter den aufmerksamen Blicken ihrer Tochter.

In diesem Beispiel zeigten die Schimpansen eindeutig kognitive Reaktionen auf den Tod, Reaktionen also, denen kognitive und emotionale Mechanismen ebenso zugrunde liegen wie ihre Persönlichkeit oder ihre früheren Erfahrungen. Was das ungleiche Verhalten erklärt, auch wenn es sich um Angehörige ein und derselben Spezies handelt. Eine kognitive Reaktion ist aber nicht dasselbe wie ein Konzept vom Tod. Die Schimpansen haben den Leichnam womöglich als ein schlafendes Mitglied gedeutet oder als etwas, was sie verwirrt oder ihre Neugier weckt. Woraus sich die folgenden Fragen ergeben: Wussten die Schimpansen, was ihrem Gefährten passiert ist? Haben Schimpansen ein Konzept vom Tod? Mit diesem Buch möchte ich meine Leserinnen und Leser davon überzeugen, dass die Antwort auf beide Fragen nur ein Ja

Abbildung 2: Schimpansen reagieren unterschiedlich auf den Leichnam eines Mitglieds ihrer Gruppe.

sein kann. Mehr noch, mir geht es darum, aufzuzeigen, dass wir uns gar nicht an kognitiv so komplexe Tiere wie Schimpansen halten müssen, um in der Natur ein Konzept vom Tod zu finden.

In diesem Kapitel habe ich die Grundlagen beschrieben für ein Argument, das ich auf den folgenden Seiten noch ausführen werde. Zum einen habe ich den Unterschied zwischen stereotypen und kognitiven Verhalten skizziert. Auch wenn viele Tiere stereotype Reaktionen auf den Tod zeigen, möchte ich in den übrigen Kapiteln den Fokus auf die kognitiven Reaktionen legen, möchte, genauer gesagt, auf die Frage eingehen, ob Tiere zu bestimmten kognitiven Reaktionen auf den Tod imstande sind: Reaktionen, die auf einem Konzept vom Tod beruhen. Zum anderen habe ich dargelegt, was Konzepte sind, etwas ganz Entscheidendes, denn mich interessiert hier gerade das *Konzept* vom Tod. Im Folgenden werde ich herausarbeiten, was ein Tier verstehen können muss, damit sein Konzept nicht nur als solches zählt, sondern auch wirklich ein Konzept *vom Tod* ist. Doch zuvor müssen wir einige verzerrte Wahrnehmungen identifizieren, die uns dabei womöglich in die Quere kommen und unser Verständnis trüben.

3

DIE WALMUTTER, DIE IHR BABY UM DIE HALBE WELT TRUG

Im Sommer 2018 machte ein Orca-Weibchen, genannt Tahlequah, weltweit Schlagzeilen als Protagonistin einer offensichtlichen Tragödie. Nach einer siebzehnmonatigen Schwangerschaft hatte Tahlequah ein Kalb zur Welt gebracht, das allerdings nur eine halbe Stunde überlebte. Es war eine traurige Nachricht für Tahlequahs Gruppe, die obendrein zu einer vom Aussterben bedrohten Population gehört und in der seit drei Jahren kein Jungtier die Geburt überlebt hatte. Die Mutter schien es nicht akzeptieren zu können, und sie wurde gesichtet, wie sie das tote Baby, damit es nicht unterging, beim Schwimmen auf der Schnauze balancierte. Dieses Verhalten, das durchaus als Trauerverhalten gedeutet werden konnte, zog sich über unvorstellbare siebzehn Tage hin, in denen Tahlequah ihrer Familie mehr als tausend Meilen folgte, das tote Junge immer huckepack. Ein solches Verhalten ist umso bemerkenswerter, wenn man bedenkt, dass Orcas keine Hände haben, dass ein Neugeborenes fast zweihundert Kilo wiegt und dass diese Tiere zum Atmen regelmäßig an die Oberfläche auftauchen müssen. Nur schiere Sturheit konnte der Grund sein für ihre Weigerung, das Baby loszulassen. Die Wissenschaftler, die sie beobachteten, fürchteten sogar um ihre Gesundheit, denn Tahlequah war so besessen davon, den kleinen Körper nicht loszulassen, dass sie kaum genug Nahrung zu sich nahm, um sich von der Geburt zu erholen.

Tahlequahs Geschichte hat nicht nur mich tief berührt. Sie hat zu Gedichten angeregt, Aufsätzen und Hunderten von Diskussionen in sozialen Netzwerken. Medien wie die *Washington Post*,

CNN oder der *Guardian* berichteten über ihre traurige Odyssee.[1] Sie blieben sogar noch weiter dran, und als Tahlequah ein paar Jahre später ein gesundes Jungtier zur Welt brachte, war das eine Meldung, als wäre eine Celebrity gerade Mutter geworden.[2]

Warum hat dieser Fall vielen Menschen keine Ruhe gelassen? Abgesehen von der Faszination für Wale im Allgemeinen hat uns Tahlequahs Geschichte nicht nur gefesselt, weil sie uns überrascht hat, sondern auch, weil wir sie begreiflich fanden. Wir glaubten, genau zu verstehen, was die Walmutter durchmachte; in ihrem Verhalten spiegelten sich unsere eigenen schmerzlichen Erfahrungen angesichts des Verlusts eines geliebten Menschen. Es bot uns Gelegenheit, Empathie zu zeigen, und so konnten wir uns für einen Moment mit der Tierwelt verbunden fühlen.

Dennoch gab es Stimmen, die zur Vorsicht gemahnten, sie fürchteten, wir würden Tahlequahs Verhalten womöglich anthropomorphisieren, vermenschlichen.[3] Wie konnten wir sicher sein, dass die Orca-Mutter verstanden hatte, dass ihr Junges gestorben war? Vielleicht trug sie es ja nur, weil sie dachte, es würde noch leben, und nicht wollte, dass es zurückblieb. Und woher wollten wir wissen, dass ihre Gefühlsregung dem ähnelte, was wir Trauer nennen? Tatsächlich war es ja denkbar, dass wir lediglich das selbst Erlebte auf sie projizierten, unsere Sicht eines Homo sapiens auf die Welt. Indem wir Tahlequah mit menschlichen Begriffen beschrieben, respektierten wir sie vielleicht nicht in ihrer *Orcaheit*.

Dass wir beim Deuten des Verhaltens von Tieren schon mal in Anthropomorphismus verfallen, ist der gesamten vergleichenden Psychologie und der Ethologie Anlass zu großer Sorge, da man dort im Allgemeinen sehr darauf bedacht ist, Tieren nicht mehr zuzuschreiben, als zur Erklärung ihres Verhaltens unbedingt erforderlich ist – schon gar nicht etwas, was nicht empirisch belegt ist. Statt von moralischem Verhalten bei Tieren spricht man lieber von ihrer »Prosozialität«; statt ihnen Sprache zuzuschreiben, ist die Rede von »Kommunikation«; statt Freundschaft heißt es »affiliative Beziehungen«. Auf diese Weise schützt man das eigene Fach vor der fast unvermeidlichen Tendenz, jedes Verhalten von Tieren in menschlichen Begriffen zu interpretieren.

Als Teilgebiet der Ethologie und der vergleichenden Psychologie kennt auch die vergleichende Thanatologie von Beginn an die Angst vor dem Anthropomorphismus. Hier ist die Gefahr gar noch offenkundiger, was schlicht an ihrem Untersuchungsgegenstand liegt. Können andere Disziplinen methodische Vorsichtsmaßnahmen gegen Anthropomorphismus ergreifen, sieht sich die vergleichende Thanatologie, die den Fokus auf Reaktionen von Tieren auf den Tod legt, mit ethischen Beschränkungen konfrontiert, und die erschweren solche Absicherungen.

Um das besser zu verstehen, müssen wir ein weiteres Mal einen kleinen Umweg einschlagen und uns vertraut machen mit den Methoden zur Erforschung des Verhaltens von Tieren und ihrer geistigen Fähigkeiten. Vereinfacht gesagt, gibt es drei methodische Ansätze, um zu sehen, wie sich eine bestimmte Tierart verhält und welche kognitiven und emotionalen Mechanismen diesem Verhalten zugrunde liegen. Die drei Methoden sind die experimentelle, die beobachtende und die anekdotische.

Methoden zur Erforschung der geistigen Fähigkeiten von Tieren

Die *experimentelle* Methode besteht darin, ein Tier bestimmten Bedingungen auszusetzen – normalerweise in einem Labor –, unter denen sich seine Reaktion auf verschiedene Situationen testen lässt. Die Methode hat den Vorteil, dass wir die einzelnen Faktoren, die das Verhalten eines Tieres beeinflussen können, recht gut unter Kontrolle haben, und so gibt sie uns die Möglichkeit, verschiedene Hypothesen darauf zu überprüfen, wie sein Verstand wohl funktioniert.

So wollten in den 1990er Jahren zum Beispiel Daniel Povinelli und Timothy Eddy in einer Reihe von Experimenten feststellen, ob Schimpansen über eine Fähigkeit verfügen, die als *theory of mind* bekannt ist, als Theorie des Geistes oder des Mentalen, womit gemeint ist, dass erkannt und verstanden wird, dass andere Individuen Gedanken haben, Überzeugungen, Wünsche, Wahrnehmungen, Empfindungen und so weiter. Konkret untersuchten sie, ob die Primaten in der Lage sind zu verstehen, wann jemand sie sehen kann und wann nicht, was ein Beispiel wäre für die Fähigkeit, anderen *Wahrnehmungen* zuzuschreiben.[4] Hierzu postierten sie die Schimpansen jeweils vor zwei Personen, um herauszufinden, wen von ihnen sie um Futter bitten würden, was sie mit einem Handzeichen tun – der menschlichen Geste für »bitten« im Übrigen sehr ähnlich –, die Handfläche nach oben und die Finger ausgestreckt. Das Entscheidende dabei war, dass eine der beiden Personen dem Schimpansen den Rücken zukehrte, sodass nur die andere ihn sehen und folglich seine Geste erkennen konnte. Unter diesen Bedingungen zeigte sich, dass die Schimpansen nur von der Person Futter haben wollten, von der sie auch gesehen werden konnten.

Mit diesem Ergebnis war aber noch nicht gesagt, dass die Schimpansen verstanden hätten, dass nur die ihnen zugewandte Person sie *sehen* konnte, vielleicht hatten sie ja auch die Regel gelernt, wonach »meine Geste am besten funktioniert, wenn man sich mir zuwendet«. Um die erste Hypothese – die »mentalistische« – abzugrenzen von der zweiten – der »behavioristischen« –, wurden die Schimpansen mit unterschiedlichen Bedingungen konfrontiert, bei denen die beiden Personen sich ihnen zwar zuwandten, aber nur eine von ihnen sie sehen konnte, da die andere entweder

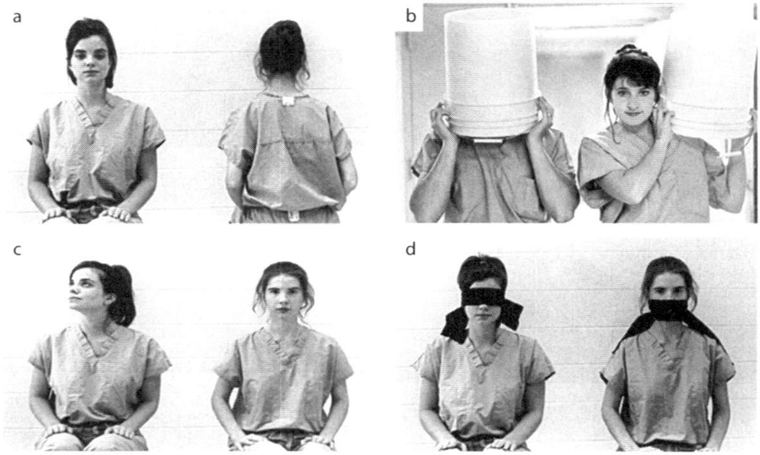

Abbildung 3: Einige der Versuchsanordnungen in dem Experiment von Povinelli und Eddy.

wegschaute, eine Augenbinde trug oder sich einen Eimer über den Kopf hielt. In dem Fall zeigte sich, dass die Schimpansen beide Personen gleichermaßen um Futter baten. Indem Povinelli und Eddy die Versuchsanordnung änderten, konnten sie die »mentalistische« von der »behavioristischen« Hypothese abgrenzen, und sie schlossen daraus, dass das Verhalten der Schimpansen bestimmt wurde von einer Verhaltensregel und nicht von einem Verständnis dafür, wann andere sie sehen konnten.

Die experimentelle Methode ermöglicht es uns, Variablen zu kontrollieren und Hypothesen zu überprüfen, aber sie hat auch einige Nachteile im Hinblick auf ihre *ökologische Validität*. Damit ist gemeint, dass die Bedingungen bei diesen Experimenten oft sehr künstlich sind und wenig mit der natürlichen Umgebung eines Tieres zu tun haben. So haben sich die Schimpansen aus unserem Beispiel nicht in einer Umgebung entwickelt und sind auch nicht in einer solchen aufgewachsen, wo es Augenbinden und Plastikeimer gibt, womit zu erwarten wäre, dass es einen Einfluss hätte auf ihre Fähigkeit, den Effekt dieser Gegenstände auf das Sehenkönnen zu erkennen. Das Experiment von Povinelli und Eddy wurde denn auch heftig kritisiert, zumal Schimpansen in ihren natürlichen Interaktionen nur selten Nahrung miteinander teilen, sodass dergleichen Versuchsbedingungen nicht unbedingt die Art von sozialer Intelligenz aufrufen, wie sie charakteristisch ist für diese Primaten.[5]

In späteren Experimenten hat man sich für kompetitive statt kooperative Muster entschieden, da sie der Ökologie und dem sozialen Leben der Schimpansen mehr entsprechen. In einem der bekanntesten[6] erhielten zwei Schimpansen mit unterschiedlichem Rang in der Gruppenhierarchie von gegenüberliegenden Seiten aus Zugang zu einem Raum, in dem sich irgendwo eine Banane befand. Unter manchen Bedingungen konnten beide Primaten die Stelle, wo die Banane lag, einsehen, bei anderen Anordnungen konnte nur der rangniedere Schimpanse sehen, wo sich die Frucht befand. Bei dem Experiment stellte sich heraus, dass der rangniedere Schimpanse sich sehr wohl die Informationen über das, was der andere Schimpanse sehen konnte und was nicht, zunutze machte, denn er ging nur auf die Banane zu, wenn der dominante Schimpanse sie nicht gesehen hatte (womit er sich eine Tracht Prügel ersparte). Indem die Bedingungen an die Ökologie der Schimpansen angepasst wurden, erzielte man Ergebnisse, die darauf hindeuten, dass diese Tiere tatsächlich eine Theory of Mind haben.

(Manche Wissenschaftler, darunter Povinelli selbst, waren von den Ergebnissen des Experiments nicht überzeugt, ihrer Meinung nach ließen sie sich auch ohne Berufung auf ein mentalistisches Verständnis der Affen erklären, aber das ist eine andere Geschichte.)

Mir geht es hier darum, aufzuzeigen, dass ein Tier, auch wenn Psychologen stets versuchen, die Versuchsanordnungen an die

Ökologie und die Fähigkeiten der jeweiligen Spezies anzupassen, bei einem Test versagen kann, und das aus Gründen, die unabhängig davon sind, wie klug dieses Tier ist. Das Experiment von Povinelli und Eddy zeigt uns, dass die Bedingungen für das Tier unter Umständen nicht optimal sind, um sich der Fähigkeiten zu bedienen, die man testen will. Genauso kann es sein, dass die Probanden nicht verstanden haben, was bei dem Experiment von ihnen verlangt wird, schließlich kommen die Versuche nicht mit einer Gebrauchsanleitung für sie daher, auch haben wir keine Möglichkeit, ihnen präzise zu vermitteln, was wir von den Versuchen erwarten. Ebenso kann es sein, dass die Situation für ein Tier einfach nicht interessant genug ist, um sich darauf einzulassen. Es weiß ja nicht einmal, dass es einen Beitrag zum Fortschritt der Wissenschaft leistet (und selbst wenn, vielleicht wäre es ihm völlig schnuppe).

Eine alternative Methode ist die *beobachtende*. Sie zeichnet sich aus durch eine systematische und langfristige Überwachung und Untersuchung einer Population von Tieren, die normalerweise in Freiheit lebt. Durch solche Beobachtungen lassen sich Daten über bestimmte Verhalten in dieser Population sammeln sowie über ihre Häufigkeit und die Zusammenhänge, in denen sie auftreten. Beobachtungsstudien sind näher an der Beschreibung des natürlichen Verhaltens von Tieren und führen nicht selten zu unerwarteten Entdeckungen. So dachte man etwa, dass der natürliche Gebrauch von Werkzeugen einzigartig für den Menschen sei, bis Jane Goodall in den 1960er Jahren bei ihrer Erforschung der Schimpansen von Gombe herausfand, dass diese Gemeinschaften über eine ebensolche Fähigkeit verfügen.[7] Seither haben Beobachtungsstudien den Gebrauch von Werkzeugen bei vielen Mitgliedern des Tierreichs dokumentiert, von Primaten über Delfine, Fische und Oktopusse bis hin zu Insekten.[8]

Die Studien haben in der Regel eine hohe ökologische Validität, da die Tiere zumeist in ihrer natürlichen Umgebung untersucht werden oder bei spontanen Interaktionen mit Artgenossen. Allerdings stoßen sie, so viel sie uns auch über das natürliche Verhalten von Tieren sagen können, an deutliche Grenzen, wenn die Fähigkeiten, die diesen Verhaltensweisen zugrunde liegen, spezifiziert werden sollen, denn je geringer die Kontrolle über die Umgebung, desto größer ist die Wahrscheinlichkeit, dass unbekannte Faktoren das Verhalten der Tiere beeinflussen.

Daher wird die Beobachtungsmethode häufig ergänzt durch Experimente im Lebensraum der Tiere selbst. In einem der bekanntesten wollten Robert Seyfarth und Dorothy Cheney die Alarmrufe testen, die sie bei Grünen Meerkatzen beobachtet hatten, da sie vermuteten, dass sie je nach dem natürlichen Feind, auf den sie sich bezogen, variierten: Leoparden, Adler oder Schlangen. Zusammen mit Peter Marler führten sie ein Experiment durch, bei dem sie Lautsprecher in der Umgebung der Affen versteckten, um systematisch zu untersuchen, wie sie auf das Abspielen verschiedener dieser Rufe reagierten, ohne dass irgendeiner der Räuber in der Nähe war.[9] Ihre Hypothese ließ sich damit bestätigen, denn jeder Ruf löste ein anderes Verhalten aus, eine Verteidigungsstrategie, um sich vor dem jeweilige Fressfeind zu schützen: Ertönte Leoparden-Alarm, kletterten die Affen auf den nächsten Baum; bei Adler-Alarm schauten sie nach oben und suchten sich einen Busch, wo sie sich verstecken konnten; deutete das Signal auf Schlangen, suchten sie den Boden ab. Das Experiment bestätigte, dass die Rufe dieser Affen einen bestimmten semantischen Gehalt haben – sie beziehen sich auf etwas in der Welt und sind nicht lediglich Ausdruck eines emotionalen Zustands.

Beobachtungsstudien sind umso nützlicher und zuverlässiger, je größer der Stichprobenumfang ist, das heißt die Anzahl der untersuchten Individuen, die Anzahl der dokumentierten Verhalten und die Gesamtzeit der Erforschung einer Population. Trotzdem kommt es vor, dass Ethologen den einzelnen Fall eines besonders auffälligen, seltenen oder ungewöhnlichen Verhaltens beobachten und beschließen, ihn zu dokumentieren und in einer Fachzeitschrift zu veröffentlichen. Damit kommt, können wir sagen, die dritte Methode zur Erforschung der geistigen Fähigkeiten von Tieren zur Anwendung: die *anekdotische*.

Die anekdotische Methode besteht in der opportunistischen Beschreibung eines spontan beobachteten Verhaltens bei einem Tier oder einer Gruppe von Tieren. Der beobachtenden Methode ähnelt sie insofern, als sie nicht auf Manipulation der Umwelt beruht, sondern auf bloßer Beobachtung. Doch steckt hier nicht die Absicht dahinter, ein bestimmtes Phänomen in einer Population zu untersuchen, es geht vielmehr darum, ein zufällig beobachtetes Verhalten publik zu machen.

Wie man sich leicht vorstellen kann, ist es in Bezug auf den Geist von Tieren die am wenigsten zuverlässige Methode, denn sie bietet keinerlei Kontrolle über die Faktoren, die das beobachtete Verhalten beeinflussen könnten, außerdem birgt sie die Gefahr, dass ein Verhalten gründlich missverstanden wird, zumal wenn es noch nie zuvor beobachtet wurde. Trotzdem ist es eine wichtige Methode, denn womöglich eröffnet sie der Forschung neue Wege oder ist Anlass, das bisher über eine bestimmte Spezies Bekannte kritisch zu hinterfragen.

Die Psychologen Lucy Bates und Richard Byrne haben eine Reihe von Kriterien vorgeschlagen, um solchen Studien eine größere Glaubwürdigkeit zu verleihen. Entscheidend sei zunächst, dass das beschriebene Verhalten von Sachkundigen beobachtet wurde. Nie war das offensichtlicher als heute, in Zeiten des Internets, wo Videos von Tieren, die seltsame Dinge tun, viral gehen, Dinge, die von einem Laienpublikum immer wieder falsch interpretiert werden.

Ein Beispiel hierfür ist das Video von einem Belugawal, der in einem Aquarium mit Kindern vor der Glasscheibe interagiert. Der Wal schwimmt ein ums andere Mal auf sie zu und reißt das Maul auf, als wollte er sie necken, worauf die Kinder mit Gelächter reagieren.[10] Die Person, die das Video auf YouTube hochgeladen hat, hat das Verhalten des Wals ebenso wie die meisten Zuschauer genauso interpretiert wie die Kinder, nämlich als würde der Wal mit ihnen spielen. Die Walexpertin Lori Marino wies jedoch darauf hin, dass der Belugawal sich aggressiv verhielt, und was aussehen mochte wie ein Spiel, war in Wirklichkeit ein Drohverhalten gegenüber den Kindern, getrieben wahrscheinlich von dem Wunsch, ihr ständiges Geschrei und das Schlagen gegen die Scheibe zu beenden.[11] Es liegt also auf der Hand, dass es sehr viel besser ist, wenn die Anekdoten von Fachleuten für das betreffende Tier stammen und nicht von irgendeiner WhatsApp-Schülergruppe.

Zweitens ist es, so Bates und Byrne, von entscheidender Bedeutung, dass das Verhalten des Tieres fotografiert oder anderweitig aufgezeichnet wird. Ist das nicht möglich, sollte das Verhalten unmittelbar nach der Beobachtung schriftlich festgehalten werden, in einer tunlichst objektiven Sprache und ohne etwas hinzuzufügen, was man nicht tatsächlich gesehen hat. Auch sollte in die entsprechende Publikation der Anekdote nichts einfließen, was in den ursprünglichen Aufzeichnungen nicht erwähnt wird. Dahinter steht der Gedanke, dass das menschliche Gedächtnis fehlbar ist und dazu neigt, Dinge zu erfinden (so unglaublich es klingen mag, aber das meiste, woran wir uns erinnern, ist nicht genau so passiert). Dieses Gebot ist auch deshalb so wichtig, weil Anekdoten oft ein völlig unerwartetes Verhalten betreffen, sodass Forscherinnen und Forscher sich erst recht davor hüten sollten, auf ihr Gedächtnis zu vertrauen.

Schließlich muss das beobachtete Verhalten, argumentieren Bates und Byrne, zur Validierung bei verschiedenen Gelegenheiten von verschiedenen Seiten bestätigt werden. Die Beobachtung eines einzelnen Ethologen ist unzuverlässig und auch nur schwer zu interpretieren, dagegen erhöht ein wiederholtes Verhalten, wird es von mehreren Personen und zu unterschiedlichen Zeiten beobachtet, die Validität der Entdeckung und verschafft uns auch mehr Daten, die hilfreich sein können bei der Interpretation des Verhaltens. Tatsächlich werden anekdotische Studien oft als eine Kompilation von Beobachtungen verschiedener Personen veröffentlicht.

In einer der bekanntesten legten Andrew Whiten und Richard Byrne eine Sammlung von Anekdoten vor, die darauf hindeuteten, dass Primaten es schaffen, andere absichtlich zu täuschen.[12] Eine dieser Anekdoten berichtet von einem männlichen Schimpansen, der ein weibliches Mitglied der Gruppe umwarb und, als plötzlich ein dominanter Artgenosse erschien, seine Erektion mit den Händen verbarg; eine andere von einem Gorillaweibchen, das mit ihrer Familie unterwegs war und, als sie an einem Baum eine köstliche Ranke erblickte, stehen blieb und so tat, als würde sie ihr Fell pflegen, bis alle anderen vorbeigezogen waren und sie die Ranke für sich hatte; oder von einem Pavian, der von einer Gruppe Artgenossen gejagt wurde, die ihn verprügeln wollten, und sich plötzlich aufrichtete und gespannt in die Ferne schaute, als lauerte dort eine Gefahr – auch wenn dort gar nichts lauerte –, womit es ihm gelang, die Aggressoren abzulenken, die gleich vergaßen, was sie vorgehabt hatten.

Ein kräftiger Applaus an dieser Stelle für unseren Pavian!

Lucy Bates und Mitwirkende haben auch sämtliche verfügbaren Anekdoten analysiert und eingeordnet, die nahelegen, dass afrikanische Elefanten sich in andere einfühlen und altruistisch verhalten können.[13] Unter den im Laufe der Jahre gesammelten Anekdoten fanden sie siebzehn Fälle von Koalitionen, bei denen sich zwei oder mehr Individuen gegen einen fremden Elefanten verbündeten; neunundzwanzig Fälle von Schutzverhalten gegenüber jungen oder verletzten Tieren, in einigen davon verscheuchten Elefanten ein Raubtier, griffen in einen Kampf zwischen Jungtieren ein, um ihn zu beenden, oder hinderten sie daran, in gefährliche Gebiete einzudringen; einhundertneunundzwanzig Fälle von tröstendem Verhalten gegenüber einem leidenden Individuum; einundzwanzig Fälle von fürsorglichem Verhalten gegenüber einem von der Mutter getrennten Kalb; zweiundzwanzig Fälle, in denen ein Jungtier, das sich verirrt hatte, zu seiner Familie zurückbegleitet wurde; achtundzwanzig Fälle von helfendem Verhalten gegenüber einem Kalb, das sich nur schwer bewegen konnte; und drei Fälle, in denen einem Artgenossen geholfen wurde, mit einem Fremdkörper fertigzuwerden: Im ersten zog ein männlicher Elefant einem anderen einen Betäubungspfeil heraus, im zweiten untersuchte ein heranwachsender Elefant einen Speer, der einem anderen Elefanten im Rücken steckte, im dritten entfernte eine Mutter pflanzlichen Müll aus dem Maul ihres Kalbs. Gerade diese Beobachtung ist umso überraschender, als den Elefanten häufig Pflanzen am Körper haften und sie noch nie dabei beobachtet wurden, wie sie einander von bloßem Grünzeug befreiten.

Mit solchen Sammlungen von Anekdoten erhielt der Gedanke, dass weder Täuschung noch Altruismus allein dem Menschen eigen sind, eine größere Glaubhaftigkeit. Auch zog die Wissenschaft nun ernsthafter in Betracht, dass dergleichen Verhaltensweisen bei Tieren durchaus möglich sind, weshalb man begann, sie unter Versuchsbedingungen systematischer zu studieren.

Nach diesem kurzen Überblick über die Methoden zur Erforschung der geistigen Fähigkeiten und des Verhaltens von Tieren verstehen wir allmählich, warum für die vergleichende Thanatologie gerade der Anthropomorphismus eine besondere Gefahr darstellt.

Vergleichende Thanatologie und die Gefahr durch den Anthropomorphismus

Da das Interesse der vergleichenden Thanatologie vornehmlich den Reaktionen der Tiere auf den Tod gilt, ist sie zwangsläufig opportunistisch. In der Natur lässt sich der Tod von Tieren normalerweise nicht vorhersagen, und sowohl ethische wie auch Umweltbedenken verwehren es uns, ihn absichtlich herbeizuführen, um zu sehen, wie andere Individuen der Gruppe reagieren. Deshalb sind die meisten Artikel, die auf diesem Gebiet veröffentlicht werden, Berichte von anekdotischen, zufällig beobachteten Fällen: ein Tier, das von einem Baum fällt und stirbt, eine Mutter, die ihr totes Junges trägt, eine Kindstötung und so weiter.

Einige wenige experimentelle Studien hat es auf diesem Gebiet gegeben, für ein paar weitere wurden Designs vorgelegt, aber sie werfen doch ernsthafte ethische Fragen auf. So machten etwa Colin Allen und Marc Hauser, ausgehend von der starken emotionalen Bindung weiblicher Grüner Meerkatzen zu ihrem Nachwuchs und von ihrer Fähigkeit, Individuen akustisch zu erkennen, den Vorschlag, die Rufe von Babys, die gestorben waren, aus versteckten Lautsprechern ertönen zu lassen, um die Reaktionen der Mütter zu untersuchen.[14] Man muss sich nur ein entsprechendes Experiment mit Menschen vorstellen, und es wird klar, wie grausam so etwas ist. André Gonçalves und Dora Biro schlugen ihrerseits eine Reihe von Experimenten vor, in denen Tiere mit ausgestopften Exemplaren konfrontiert werden sollten, Individuen, die zweideutige Signale aussenden, Zeichen von Leben und von Tod. Mit Tieren zum Beispiel, die sich bewegen, obwohl sie nach Putrescin riechen oder enthauptet sind.[15] Abgesehen davon, dass das ein recht gruseliges Setting ist, lassen sich die psychischen Auswirkungen solcher Experimente auf die Versuchstiere nur schwer abschätzen.

Beobachtungsstudien zu den Reaktionen von Tieren auf den

Tod sind auch deshalb schwierig, weil das Phänomen in der Natur allzu unvermittelt auftritt, was es fast unmöglich macht, die Reaktionen in einer bestimmten Population systematisch zu verfolgen. Dennoch wurden einige solcher Studien in Populationen mit einer hohen Sterblichkeitsrate durchgeführt. So untersuchten etwa Yukimaru Sugiyama und Co-Autoren neun Jahre lang systematisch die Reaktionen weiblicher Japanmakaken auf den Tod ihrer Jungtiere, und zwar in einer Population mit einer Sterblichkeit beim Nachwuchs von 21,6 Prozent.[16] Forschungsprojekte dieser Art sind jedoch selten, da die Beobachtungsstudien hier sehr viel Zeit und finanzielle Mittel erfordern, und so entscheidet man sich eher für die Untersuchung von Phänomenen, die weniger abhängig vom Zufall sind.

Wir können also festhalten, dass die meisten der im Bereich der vergleichenden Thanatologie veröffentlichten Artikel anekdotisch sind. Zugleich ist die anekdotische Methode am anfälligsten für Anthropomorphismus, schließlich beruht sie nicht selten auf einer Fallzahl von eins, ohne jede experimentelle Kontrolle, die bei der Interpretation der Ergebnisse helfen könnte, und so ist die Neigung groß, das beobachtete Verhalten entsprechend der menschlichen Weltsicht zu deuten.

Hinzu kommt, dass die meisten solcher Publikationen nicht von Leuten stammen, die sich ausschließlich der Thanatologie widmen – in der Regel sind es Biologen, die eine bestimmte Population in Bezug auf Fragen untersuchen, die nichts mit dem Tod zu tun haben, und dann berichten sie über einen Fall, den zu beobachten sie das Glück hatten, wie bei Tahlequah. Es gibt nur sehr wenige Fachleute auf dem Gebiet der vergleichenden Thanatologie, was zum Teil daran liegt, dass es sich um eine sehr junge Disziplin handelt, aber auch an den offenkundigen methodischen Schwierigkeiten, das Verhalten von Tieren rund um den Tod zu erforschen. Auch das erhöht die Wahrscheinlichkeit, in Anthropomorphismus zu verfallen, denn je weniger Fachkenntnisse den thanatologischen Studien zugrunde liegen, desto anfälliger werden sie sein für eine irrige Interpretation eines beobachteten Verhaltens.

Und als wäre es damit nicht genug, wird die Gefahr des Anthropomorphismus noch verstärkt durch die Tatsache, dass der Tod für uns eine enorme emotionale Bedeutung hat. Es fällt uns nicht leicht, uns mit dem Phänomen objektiv auseinanderzusetzen, sei es, weil wir es mit eigenen traumatischen Erfahrungen in Verbindung bringen, sei es, weil es anschließt an unsere existenziellsten Ängste. (Ich weiß, wovon ich spreche, denn bei mehr als einem Abendessen habe ich, sobald die Rede auf meine Forschungsthematik kam, die Stimmung gekillt.) Es steht also zu befürchten, dass wir unsere eigenen Gefühle auf die Tiere projizieren und, wie bei Tahlequah, nicht umhinkönnen, in ihrem Verhalten menschliche Emotionen zu sehen.

Angesichts all dieser Risiken wird über Verhaltensweisen von Tieren im Zusammenhang mit dem Sterben und dem Tod meist so nüchtern wie möglich berichtet, unter Vermeidung eines Vokabulars, das aufgeladen ist mit menschlicher Bedeutung, wie es die Begriffe *Trauer* oder *Konzept vom Tod* sein können. So möchte man dem Hang zur Anthropomorphisierung entgegenwirken, der eine korrekte Interpretation des Verhaltens von Tieren unter Umständen beeinträchtigt.

Nicht in Anthropomorphismus zu verfallen ist bei der Erforschung der geistigen Fähigkeiten von Tieren das Vernünftigste, was man tun kann, aber Gefahren bergen auch zwei weitere Phänomene, nur wird ihnen sehr viel weniger Aufmerksamkeit geschenkt. Es sind dies die *Anthropektomie* und der *Anthropozentrismus*. Sehen wir uns genauer an, worin der Anthropomorphismus besteht und was ihn von den beiden anderen Phänomenen unterscheidet.

Anthropomorphismus, Anthropektomie und Anthropozentrismus

Streng genommen ist Anthropomorphismus nur die Zuschreibung menschlicher Eigenschaften, bezogen auf wen oder was auch immer. Wir können zum Beispiel sagen, dass der christliche Gott ein anthropomorpher Gott ist, da er die Gestalt eines Menschen hat (auch wenn die religiöse Lehre es umgekehrt postuliert, da wir nach dem Bilde Gottes geschaffen seien). Genauso könnten wir sagen, dass die Gesichter von Bélmez in dem andalusischen Dorf anthropomorphe Figuren sind (oder zumindest, dass man es uns als paranormales Phänomen hat weismachen wollen). Im etymologischen Sinne des Wortes ist Anthropomorphismus weder gut noch schlecht; er besteht lediglich darin, eine bestimmte Entität als menschliche Gestalt zu verstehen.

In der vergleichenden Psychologie und in der Ethologie verwendet man den Begriff jedoch meist nicht so. Wird hier der Vorwurf laut, wir würden ein Tier anthropomorphisieren, ist damit nicht nur gemeint, dass wir sein Verhalten nach menschlichen Begriffen interpretieren, sondern auch, dass es ein Irrtum ist. Tahlequah zu anthropomorphisieren heißt nicht einfach, ihr menschliche Eigenschaften zuzuschreiben, sondern eine Zuschreibung von Eigenschaften vorzunehmen, *die sie nicht hat.*

Auch wenn der Begriff in diesen Fachrichtungen üblicherweise Anwendung findet, ist er dennoch nicht unproblematisch, da er suggeriert, dass jede menschliche Eigenschaft eine ausschließlich menschliche sei. Dabei wissen wir längst, dass dem nicht so ist. Nicht nur weil wir viele morphologische und physiologische Merkmale mit anderen Tieren gemeinsam haben (die Wirbelsäule zum Beispiel, Organe wie Herz oder Lunge, unsere Hormone und so weiter), sondern auch weil man bei vielen anderen Spezies psychologische Fähigkeiten entdeckt hat, von denen früher angenommen wurde, sie seien allein dem Menschen vorbehalten wie der Gebrauch von Werkzeugen, Täuschung oder Altruismus.

Da wir uns in der Vergangenheit oft geirrt haben, wenn wir dachten, bestimmte Fähigkeiten seien ausschließlich menschliche, haben die Philosophen Kristin Andrews und Brian Huss auf die Notwendigkeit hingewiesen, einen Begriff einzuführen, der diesem Irrtum Rechnung trägt und somit die Idee des Anthropomorphismus ergänzt. Der von ihnen vorgeschlagene Begriff ist *Anthropektomie* (vom griechischen *ánthrōpos*, »Mensch«, und *ektomḗ*, »herausschneiden«).[17] Anthropektomie wäre dann im Verhältnis zum Anthropomorphismus die andere Seite der Medaille. Bedeutet Anthropomorphismus, einem Tier irrtümlich eine typisch menschliche Eigenschaft zuzuschreiben, ist die Anthropektomie die irrtümliche Verneinung einer typisch menschlichen Eigenschaft bei einem Tier.

Das Entscheidende an dem von Andrews und Huss geprägten Begriff ist, dass Anthropektomie ein *genauso schwerer Fehler* wäre wie Anthropomorphismus. Schreiben wir Tahlequah ein Konzept vom Tod zu oder sagen, sie trauert, und es stellt sich heraus, dass wir falschliegen, würden wir Tahlequah anthropomorphisieren. Sagen wir aber, Tahlequah hat kein Konzept vom Tod oder trauert nicht, weil dies ausschließlich menschliche Eigenschaften sind, und es stellt sich heraus, dass wir falschliegen, würden wir Tahlequah anthropektomisieren. Beide Irrtümer wiegen demnach gleich schwer, und es gibt keinen Grund, den einen mehr zu fürchten als den anderen. Beide wären irrige Beschreibungen der Realität. Weshalb die vergleichende Thanatologie nicht nur gut daran tut, den Anthropomorphismus zu fürchten, sie muss sich auch vor der Anthropektomie hüten.

Den Anthropomorphismus gilt es seinerseits zu unterscheiden vom *Anthropozentrismus*. Ganz allgemein ist Anthropozentrismus eine verzerrte Wahrnehmung, die uns verleitet, unsere eigene

Spezies für den Nabel der Welt zu halten. Es ist diese Neigung, zu denken, wir müssten, da wir für uns selbst das Wichtigste sind, überhaupt das Wichtigste sein.

Anthropozentrismus tritt je nach Umfeld in verschiedenster Form zutage. Die meisten unserer Städte etwa halten sich an eine anthropozentrische Planung, denn sie ignorieren systematisch die vielen Tiere, mit denen wir uns den Raum teilen. Das betrifft nicht nur unsere Haustiere (die wir im Allgemeinen auch nicht sonderlich berücksichtigen), sondern genauso die Tausende von wild lebenden Spezies, die den urbanen Raum bewohnen und sich an ihn angepasst haben, seien es Ratten, Kakerlaken, Tauben, Spatzen, Eichhörnchen oder Waschbären.

In der Wissenschaft zeigt sich der Anthropozentrismus ebenfalls auf vielfältige Weise. Zwar ist die Ansicht weit verbreitet, Wissenschaft liefere nichts als objektive Daten über die Welt, aber sie ist nun mal eine von Menschen ausgeübte Tätigkeit, und als solche gerät sie in das Mahlwerk unserer vorgefassten Meinungen und wird immer beeinflusst sein von unseren Werten. Die Themen, auf die wir uns stürzen, Themen mit möglichst großen Chancen auf eine Publikation oder eine Projektfinanzierung, sind nicht zufällig gewählt, sondern bestimmt von menschlichen Interessen. So wird die Erforschung des Denkens und Verhaltens von Tieren häufig begründet mit ihrer Relevanz im Hinblick auf einen menschlichen Wert, mit unserem Interesse etwa, den evolutionären Ursprung unserer psychischen Fähigkeiten zu ergründen oder herauszufinden, was unseren Verstand von dem der anderen Spezies unterscheidet.

Die vergleichende Thanatologie kann sich dem Einfluss unserer menschlichen Werte ebenso wenig entziehen. In dieser Disziplin wird die Erforschung des Verhaltens von Tieren und ihrer Reaktionen auf den Tod oftmals gerechtfertigt mit dem Wunsch, den evolutionären Ursprüngen unserer eigenen Bestattungspraktiken und Einstellungen zum Tod auf den Grund zu kommen. Das ist zwar legitim, aber wir dürfen auch nicht vergessen, dass eine Frage nicht zwangsläufig erst dann umso interessanter wird, wenn sie sich explizit auf uns und unsere Werte beziehen lässt. Vielleicht findet, wer dieses Buch liest, ja die Frage, wie Tiere den Tod erfahren und verstehen, an sich schon interessant, unabhängig davon, was uns eine Antwort über uns selbst sagen kann. Wenn dem so ist, dann willkommen im Club.

Zu bedenken ist auch, dass uns die Erforschung des Verhaltens anderer Tiere nicht unbedingt Schlüssel an die Hand gibt, um die Entwicklung unserer eigenen Fähigkeiten zu verstehen, nicht einmal bei Spezies, die der unseren so nahestehen wie die übrigen Menschenaffen. Schimpansen, Bonobos, Orang-Utans und Gorillas sind keine »weniger entwickelten« Menschen. Zwar haben wir gemeinsame Vorfahren, aber zu keinem Zeitpunkt unserer evolutionären Vergangenheit waren wir Schimpansen, Bonobos, Orang-Utans oder Gorillas. Folglich ist ihre Erforschung, auch wenn sie uns ein paar Antworten geben kann zu unserer eigenen Entwicklung, niemals ein direktes Fenster zu unserer eigenen Evolutionsgeschichte.

Anthropozentrismus ist der Hang, zu glauben, wir seien der Nabel der Welt, aber er wirkt auch wie ein Paar angeborene Scheuklappen, die uns daran hindern, über den eigenen Horizont hinauszublicken. Das Phänomen ist einem Großteil der Studien der vergleichenden Psychologie eingeschrieben, denn sie wollen, unsere Interessen stets im Sinn, nicht nur Fragen beantworten, sondern folgen oft auch einer Methodik, an der sich zeigt, wie schwer es uns fällt, unsere Sichtweise eines *sapiens* auf die Welt hinter uns zu lassen.

Nehmen wir den berühmten Spiegeltest. Das Experiment wurde von Gordon Gallup entwickelt, um festzustellen, ob Tiere die Fähigkeit besitzen, sich selbst zu erkennen, was ein Beweis wäre für eine Form des Ichbewusstseins.[18] In dem ursprünglichen Experiment wurden Schimpansen in Gefangenschaft von anderen Gruppenmitgliedern getrennt und zwei Tage in einem eigenen Raum in einem Käfig gehalten. Unmittelbar danach wurde ein Spiegel hereingebracht, und man beobachtete die Reaktionen der Schimpansen. Die Affen reagierten zunächst auf ihr Spiegelbild, als wäre es ein anderer Schimpanse, und zeigten ein Sozialverhalten mit Lautsequenzen oder Drohgebärden. Im Laufe der Tage hörten sie jedoch damit auf, die Schimpansen verhielten sich jetzt so, als würden sie sich selbst im Spiegel erkennen, und benutzten ihn, um Körperteile zu inspizieren oder zu putzen, zu denen sie normalerweise keinen visuellen Zugang haben, wie die Nase, den Mund oder den Anus.

Um die Hypothese zu überprüfen, wonach sie sich selbst wiedererkannten, wollte Gallup noch einen Schritt weitergehen. Die Schimpansen wurden betäubt, und mit einer geruchlosen roten Farbe malte man ihnen einen Fleck auf die Stirn und hinters Ohr. Bevor sie aus der Narkose erwachten, wurde der Spiegel aus dem Raum entfernt. Als die Schimpansen aufwachten, bemerkten sie nichts und führten weiter ihr normales Leben. Was sich komplett änderte, als der Spiegel wieder hereinkam. In dem Moment fingen sie an, sich beharrlich an die Flecken zu fassen, als fragten sie sich, was um alles in der Welt sie da im Gesicht hatten, auch das offenbar ein Zeichen dafür, dass sie sich tatsächlich im Spiegel erkannten. Gallup interpretierte diese Ergebnisse als Beweis für eine Form des Ichbewusstseins bei Schimpansen.

Das Bestehen des Spiegeltests mag zeigen, dass ein Versuchstier gelernt hat, einen Spiegel zu benutzen – gewiss keine leichte Aufgabe –, und dass es zumindest die Fähigkeit besitzt, den eigenen Körper zu erkennen. Aber Tiere können bei dem Test auch versagen, und das aus Gründen, die nichts mit mangelndem Ichbewusstsein zu tun haben, sondern einfach damit, dass sie keine

Menschen sind. Gorillas zum Beispiel fallen hier gerne durch, was man darauf zurückgeführt hat, dass diese Spezies den Blickkontakt mit Artgenossen möglichst vermeidet, da er als Drohverhalten aufgefasst wird.[19] Daher schenken sie ihrem Spiegelbild vielleicht nicht ausreichend Beachtung und merken nicht, dass es mit ihren eigenen Bewegungen übereinstimmt.

Andere Tiere mögen bei dem Test scheitern, weil sie nicht vornehmlich visuell veranlagt sind, so wie wir. Hunde zum Beispiel bestehen den Spiegeltest nicht, wohl aber einen analogen, der auf dem Geruchssinn basiert.[20] Bei diesem Test wurden ihnen Urinproben von sich selbst und von anderen Hunden vorgelegt, und man stellte fest, dass sie weniger Zeit darauf verwandten, an ihren eigenen Proben zu schnuppern. Wurde dem eigenen Urin jedoch eine fremde »Duftmarke« beigemischt, stieg das Interesse. Was nahelegt, dass sie ihren eigenen Geruch unterscheiden können, auch das wäre eine Art von Selbstwahrnehmung.

Trotz dieser Problematik gilt der Spiegeltest gemeinhin als der Goldstandard, wenn untersucht werden soll, inwieweit Tiere ein Bewusstsein ihrer selbst haben, was wiederum von einer anthropozentrischen Sicht zeugt, und so entgeht uns womöglich, dass andere Tiere sich in erster Linie über andere Sinne erkennen. Und nicht nur das, der Spiegeltest setzt auch voraus, dass den getesteten Tieren ihr Aussehen *etwas bedeutet*, denn was sonst wäre ihnen ein Ansporn, mit den Klecksen auf ihrer Stirn zu interagieren. Dabei ist keineswegs klar, dass andere Tiere so eitel sind, dass sie sich um ihr eigenes Aussehen scheren. Ob es ihnen etwas bedeutet oder nicht, hängt von ihrer Evolutionsgeschichte ab und von ihrer speziellen Ökologie.

So hat eine vor wenigen Jahren durchgeführte Studie gezeigt, dass eine Fischart, der Putzerlippfisch, den Spiegeltest zu bestehen vermag.[21] Zwar würde man so etwas von einem einfachen kleinen Fisch erst mal nicht erwarten, aber wenn man weiß, wie sich diese Spezies durchs Leben schlägt, überraschen die Ergebnisse weniger. Die Fische ernähren sich von Parasiten, die sie visuell auf der Haut anderer Fische erkennen, und der Fleck, mit dem man ihre Kehle markierte, ahmte in Größe, Form und Farbe einen dieser Parasiten nach. War kein Spiegel da, ignorierten die Fischchen den Fleck, aber kaum war der Spiegel zurück, rieben sie sich an dem Substrat am Boden und versuchten die Markierung abzustreifen. In der Welt dieser Fische ist ein solcher Fleck etwas, was Aufmerksamkeit verdient, aber das muss nicht für alle Tiere gelten. Für andere ist vielleicht die Tatsache, dass ihr Urin oder ihr Fell unerwartet riecht, sehr viel interessanter und beachtenswerter als ein bisschen Schmutz auf der Stirn. Dass wir das so schwer begreifen, ist nur ein Zeichen für die anthropozentrische Brille, durch die wir die Welt sehen.

In der vergleichenden Thanatologie kommt der Anthropozentrismus auf ähnliche Weise zum Ausdruck, auch in ihr wird die menschliche Erfahrung mit dem Tod als Standard angenommen, er ist der obligate Bezugspunkt, wenn wir uns mit dem Verhalten von Tieren rund um den Tod beschäftigen. Wir können hier also einerseits einen *intellektuellen Anthropozentrismus* ausmachen, das heißt die Annahme, der Tod lasse sich nur auf menschliche Weise verstehen, und andererseits einen *emotionalen Anthropozentrismus*, der unterstellt, dass die einzige Möglichkeit, emotional auf den Tod zu reagieren, die menschliche sei.[22] In den folgenden zwei Kapiteln werde ich auf diese beiden Formen des Anthropozentrismus eingehen und darlegen, wie wir sicherstellen können, dass wir sie auch wirklich beiseitegeschoben haben.

Wir haben nun gesehen, wie eine verzerrte Sicht die vergleichende Thanatologie beeinflussen kann. Mit ihrer Methodik und ihrem Untersuchungsgegenstand ist sie besonders anfällig für Anthropomorphismus. Gleichwohl kann die Fixierung auf die Vermeidung einer solchen Neigung auch die Wahrscheinlichkeit erhöhen, in Anthropektomie zu verfallen, ein Fehler, den wir nicht weniger fürchten sollten als Anthropomorphismus. Doch auch der Anthropozentrismus ist nicht ohne Risiken, denn er beruht auf Vorurteilen, die sich, so subtil sie auch sein mögen, erheblich auf die Untersuchungsmethoden und die als wissenschaftlich interessant angesehenen Phänomene auswirken können. Daher muss die gleiche Sorgfalt, die man in der Wissenschaft normalerweise darauf verwendet, Anthropomorphismus zu vermeiden, auch für die Vermeidung von Anthropektomie und Anthropozentrismus gelten. Wollen wir Fälle wie den von Tahlequah interpretieren, müssen wir uns sicher sein, dass wir nicht zu viele Zuschreibungen vornehmen, aber auch nicht zu wenige.

4

DIE SCHIMPANSIN, DIE MIT TOTEN ÄFFCHEN MAMA-PAPA-KIND SPIELTE

In den tropischen Regenwäldern des Kibale-Nationalparks im Westen Ugandas lebt eine Population von Schimpansen, die seit 1995 durchgehend und systematisch erforscht wird. Trotz dieser jahrelangen Arbeit stießen Jacob Negrey und Kevin Langergraber 2016 auf ein bis dahin unbekanntes Verhalten.[1] Eine erwachsene Schimpansin namens Lucy trug, während sie ihrem Alltagsgeschäft nachging, einen toten Galago, einen nachtaktiven, eichhörnchengroßen Primaten mit riesigen Augen und Ohren. Wenn sie eine Frucht aß, hielt sie sie mit beiden Händen, den kleinen Körper zwischen Bauch und Oberschenkel geklemmt. Wollte sie ein Nickerchen machen, baute sie sich ein Nest und legte sich neben das tote Tier. Beim Laufen trug sie es auf dem Rücken. Auch wurde beobachtet, wie sie sein Fell und seinen Körper sorgfältig pflegte. Als eines der Jungtiere der Gruppe neugierig herüberkam, hinderte Lucy es ruhig, aber bestimmt daran, ihrem »Schatz« nahe zu kommen. Lucys Interaktion mit dem kleinen Leichnam ging über fünfeinhalb Stunden, in denen sie sich mit ihrer Gruppe mehr als einen Kilometer fortbewegte.

Mehrere Dinge sind hier bemerkenswert. Zum einen sind Galagos für Schimpansen oft ein geschätzter Leckerbissen, und dennoch zeigte Lucy kein Interesse daran, den Kleinen zu verzehren. Zum anderen entspricht Lucys Verhalten der mütterlichen Fürsorge bei dieser Spezies. Ist der Nachwuchs noch sehr jung, achten Schimpansenmütter darauf, dass die Tiere in ihrer Nähe sind, selbst wenn sie essen oder schlafen. Auch pflegen sie ihr Fell, tragen sie auf dem Rücken und stellen sicher, dass die Neugier

Abbildung 4: Lucy, wie sie den toten Galago trägt und seinen Körper pflegt.

der anderen Gruppenmitglieder sie nicht in Gefahr bringt. Lucy schien Mama-Papa-Kind zu spielen.

Lucys Fall ist nicht der erste, bei dem Schimpansen bei einem vergleichbaren Spiel beobachtet wurden. Laut den Primatologen Sonya Kahlenberg und Richard Wrangham kommt es recht häufig vor, dass junge Schimpansinnen Stöcke oder Holzstücke tragen, als wären sie Babys, und minuten- oder stundenlang bei sich behalten, während sie sich fortbewegen, Nahrung zu sich nehmen, ausruhen oder schlafen.[2] Dass dieses Verhalten nur bei weiblichen Tieren beobachtet wird, dass es nach der ersten Schwangerschaft aufhört und typische Merkmale mütterlicher Fürsorge zeigt, legt nahe, dass die Schimpansinnen Mutter spielen; vielleicht ahmen sie das Verhalten nach, das sie von Erwachsenen kennen, und bereiten sich auf die Zeit vor, wenn es für sie so weit ist.

Das Besondere an Lucys Fall war, dass sich ihr Verhalten nicht auf einen Stock richtete wie sonst bei Schimpansinnen, sondern auf den Leichnam des Individuums einer anderen Spezies. Auffällig ist auch, dass Lucy alles andere als jung war – mit ihren zwanzig Jahren war sie längst erwachsen. Es ist ein Spiel für junge Dinger, nicht für schon reifere Schimpansinnen. Dennoch unterschied sich Lucy von den anderen weiblichen Mitgliedern ihrer Gruppe insofern, als sie offenbar unfruchtbar war. Von Nachkommen ist bei ihr nichts bekannt, auch wenn diese Primatinnen normalerweise mit dreizehn Jahren ihren ersten Nachwuchs bekommen. Es ist also recht wahrscheinlich, dass das Ausbleiben von eigenem Nachwuchs ihr Verhalten beeinflusst hat, vielleicht auch den Umstand, dass sie es nicht auf ein Stück Holz richtete, sondern auf ein Wesen, das eher einem Baby ihrer eigenen Spezies ähnelte.

Tatsächlich zeigte Lucy ein solches Verhalten nicht nur einmal. Im Jahr darauf wurde sie wieder beobachtet, wie sie Mama-Papa-Kind spielte, diesmal mit einem toten jungen Artgenossen. Es war der Sohn von Bronte, einer anderen Schimpansin aus ihrer Gruppe.

Der Kleine war im Alter von fünf Monaten gestorben, und seine Mutter hatte den Leichnam ein paar Tage mit sich herumgetragen (ein Verhalten, das uns an Tahlequah erinnert und bei Primatenmüttern, wie wir im nächsten Kapitel noch sehen werden, sehr verbreitet ist). Bronte saß gerade auf einem Baum und aß, als Lucy zu ihr hochkam und ihr das tote Junge kurzerhand entriss. Bronte kreischte und verfolgte Lucy ein paar Meter, gab dann aber auf. Die nächsten zwei Stunden trug Lucy den toten Kleinen, als wäre er ein lebendes Baby, und verwandte einige Minuten darauf, ihm das Fell zu pflegen. Auch konnte man beobachten, wie sie ihn tätschelte und schüttelte. Als sie es schließlich müde war, ließ sie ihn fallen und setzte ihren Weg mit der Gruppe fort. In dem Moment kam Bronte herbei und setzte sich neben den Leichnam auf den Boden. Eine Minute lang betrachtete sie ihn und verscheuchte die Fliegen, die um ihn herumschwirrten. Als sie sah, dass die Gruppe sie hinter sich gelassen hatte, schnappte sie sich ihren toten Sohn und folgte den anderen. Nach einer Viertelstunde ließ sie ihn jedoch ebenso fallen und zeigte kein weiteres Interesse an ihm.

So faszinierend es auch ist, dass Lucy eine Weile so tat, als wäre sie Mutter, stellt sich doch unweigerlich die Frage: Wusste Lucy, dass ihre »Babys« tot waren? Und nicht minder interessant: Hatte Bronte begriffen, dass ihr Junges nicht mehr lebte, und daher so wenig Motivation gezeigt, es sich zurückzuholen? Hatten Lucy und Bronte ein *Konzept vom Tod*?

Zum Verdruss unserer Freunde, Familienangehörigen und Studierenden neigen wir in der Philosophie dazu, alle Fragen, die man uns stellt, mit einem »kommt drauf an« zu beantworten. Was schlicht daran liegt, wie wichtig für uns Begriffsbestimmungen sind. Wer einige Zeit in philosophischer Gesellschaft verbracht hat, ahnt schon, dass es bei der Frage, ob Lucy und Bronte ein Konzept vom Tod haben, *darauf ankommt*, was wir unter einem Konzept vom Tod verstehen. Um die Frage beantworten zu können, müssen wir also zunächst den Begriff eindeutig definieren. Nun denn, nicht alle Definitionen sind gleich, manche tendieren in eine unerwünschte Richtung. Und genauso kam es bei den Diskussionen in der vergleichenden Thanatologie, als es darum ging, wie sich das Konzept vom Tod verstehen lässt. Der Begriff wurde nämlich zumeist auf eine Weise definiert, dass ihr intellektueller Anthropozentrismus zutage trat, eine verbreitete, aber eben höchst problematische Schlagseite, die ich im vorigen Kapitel schon angesprochen habe und die wir uns nun näher ansehen wollen.

Intellektueller Anthropozentrismus

Würden wir uns bei der Bestimmung, ob Tiere ein Konzept vom Tod haben, leiten lassen von der Art, wie der *sapiens* den Tod versteht, würden wir in intellektuellen Anthropozentrismus verfallen. Es wäre, mit anderen Worten, ein vorbelasteter Zugang, da wir das Konzept vom Tod aus einer rein menschlichen Perspektive definierten. Was zu der impliziten Annahme führte, dass wir nur dann davon sprechen könnten, dass Tiere ein Konzept vom Tod haben, wenn es das *unsrige* wäre. Nun ist unser Konzept vom Tod aber ein äußerst komplexes. Dennoch haben viele Gelehrte ihn zum Maßstab genommen und als kognitive Voraussetzung für ein Verständnis des Todes so anspruchsvolle Fähigkeiten postuliert wie das Ziehen von Analogieschlüssen, abstraktes Denken und eine Theory of Mind sowie das Vermögen, sich einen Begriff zu machen vom Leben, von der Zeit und von der Abwesenheit.[3]

Wie wir noch sehen werden, läuft das auf eine Überintellektualisierung des Konzepts vom Tod hinaus. Zugleich führt es fast zwangsläufig zu dem Fazit, dass ein Konzept vom Tod nur sehr schwer zu erlangen ist und wir ihm abseits unserer eigenen Spezies kaum je begegnen. So haben etwa Arianna De Marco und ihre Co-Autoren, obwohl es viele thanatologische Studien über Affen gibt und obwohl wir wissen, dass sie in ihren Reaktionen auf den Tod ein breites Spektrum an Verhalten zeigen, vor ein paar Jahren erklärt, es gebe »keinen Grund anzunehmen, dass Affen ein Konzept vom Tod haben«.[4] Vielleicht stimmt es ja sogar, doch angesichts des vorliegenden Materials ist die Behauptung, es gebe *keinen Grund* für diese Annahme, nur haltbar, wenn wir beim Konzept vom Tod von einer sehr intellektualistischen Vorstellung ausgehen, einer Vorstellung, die es nichtmenschlichen Tieren praktisch abspricht, ein solches überhaupt zu erwerben.

Ähnlich liest es sich bei André Gonçalves und Susana Carvalho, die nach Sichtung sämtlicher mit Primaten durchgeführten thanatologischen Studien behaupten, nur Menschenaffen seien offenbar gute Kandidaten für die Aneignung eines Konzepts vom Tod, wie wir es von uns kennen. Was wiederum ein Beweis dafür ist, dass das menschliche Konzept als Maßstab herangezogen wird, womit eine hohe kognitive Komplexität die Voraussetzung wäre.[5]

Naturwissenschaftler sind nicht allein schuld an diesem intellektuellen Anthropozentrismus. Die meisten Philosophinnen und Philosophen, die sich mit dem Thema beschäftigt haben, sind ebenfalls nicht frei davon.

In der Tierethik gibt es eine Debatte darüber, ob der Tod einem Tier einen Schaden zufügt oder nicht. Auch wenn in der Philosophie praktisch alle darin übereinstimmen, dass Schmerz den Tieren ein Leid zufügt, gehen die Meinungen zum Tod – vorausgesetzt, es ist ein schneller und schmerzloser – sehr viel weiter auseinander. So vertreten einige die Ansicht, dass es, damit der Tod an sich einen Schaden darstelle, eines Konzepts vom Tod bedürfe. Demnach hieße ein angebliches Nichtvorhandensein eines solchen Konzepts bei Tieren, dass ihnen der Tod an sich nicht schadet.

Die Philosophin Ruth Cigman zum Beispiel argumentierte, dass der Besitz eines Konzepts vom Tod notwendig sei für den Besitz »kategorischer Wünsche«.[6] Dieser pompös klingende Begriff bezieht sich auf Wünsche, die auf Fragen verweisen wie: »Warum willst du weiterleben?« Eben weil wir wollen, dass unser Leben weitergeht; weil wir unsere Kinder aufwachsen sehen möchten oder unser Meisterwerk vollenden. Solche Wünsche zu haben ist für Cigman notwendig, damit der Tod für uns ein Schaden sein kann. Haben wir kein Konzept vom Tod, können wir auch solche Wünsche nicht haben, was hieße, dass der Tod uns auch nichts antun könnte.

Für Bernard Rollin, einen anderen Philosophen, kann uns nur etwas schaden, was für uns ausdrücklich von Bedeutung ist. Und damit der Tod für uns von Bedeutung ist, müssen wir einen Begriff vom Tod haben.[7] Sind wir nicht in der Lage zu verstehen, dass wir sterben können, kann der Tod auch nichts sein, was uns etwas bedeutet. Ähnlich hat Christopher Belshaw argumentiert, wonach wir, damit der Tod ein Schaden ist, den Wunsch haben müssen, weiterzuleben.[8] Eben weil der Tod diesem Wunsch zuwiderläuft, würde er uns schaden. Ein solcher Wunsch setzt demnach zugleich voraus, dass der Unterschied zwischen Leben und Tod verstanden wird, er erfordert also ein Konzept vom Tod.

Natürlich stimmen nicht alle Philosophen diesen Argumenten zu. Ben Bradley zum Beispiel hat angemerkt, dass etwas auch ein Schaden sein kann, ohne dass man ihn als solchen versteht.[9] Jemand hat vielleicht keine Vorstellung von Krebs und versteht nicht, dass Krebs schädlich sein kann, aber dieses fehlende Verständnis würde ihn nicht davor bewahren, dass die Krankheit ihm schadet. Elizabeth Harman hat in einer Reihe mit vielen anderen Philosophen argumentiert, dass der Tod uns schadet, weil er uns der Güter beraubt, an denen wir uns in der Zukunft hätten erfreuen können.[10] Damit der Tod uns schadet, brauchte es also kein Konzept vom Tod, sondern nur die Fähigkeit, in den Genuss verschiedener Güter zu kommen, Liebe etwa oder Freundschaft. Und für Tom Regan wird der Tod immer dann ein Schaden sein, wenn mit ihm ein Wesen mit einem Seelenleben und einem inhärenten Wert aufhört zu existieren.[11] Auch hierfür wäre ein Konzept vom Tod nicht vonnöten.

Trotz dieser Meinungsverschiedenheiten akzeptiert in der Philosophie die überwiegende Mehrheit jener, die sich an der Debatte beteiligen, die dem ursprünglichen Argument implizite Prämisse: den Gedanken, dass Tiere kein Konzept vom Tod haben. Was insofern überrascht, als man sich in der Philosophie selten über etwas einig ist. Wann immer ein Thema aufkommt, bei dem alle übereinstimmen, ist in der Regel an der Sache etwas faul, denn wenn uns etwas auszeichnet, dann unser Faible für den Streit untereinander. Doch wer sich in der Fachliteratur auf die Suche nach Argumenten macht, die diese Prämisse stützen, wird feststellen, dass sie meist ohne irgendeinen empirischen Beleg ins Feld geführt werden, noch dazu anstandslos akzeptiert von allen, die sich damit beschäftigen. Cigman etwa bemerkt lapidar, dass sich »Tieren offenbar nur mit viel Fantasie der Besitz eines Konzepts vom Tod zuschreiben lässt«[12], und Regan, der Cigman ausgiebig kritisiert, stimmt hier mit ihr überein, denn es sei »zu bezweifeln, dass irgendein Tier die eigene Sterblichkeit verstehen kann.«[13]

In den wenigen Fällen, in denen die genannte Prämisse mit echten Argumenten unterlegt wird, zeigt sich ein weiteres Mal, dass dieser selbstgewissen Auffassung, Tiere hätten kein Konzept vom Tod, intellektueller Anthropozentrismus zugrunde liegt. Rollin zum Beispiel erklärt:

> Wie Heidegger anmerkte, erfordert ein Verständnis des Todes, »die Möglichkeit der schlechthinnigen Daseinsunmöglichkeit« zu begreifen, eine Vorstellung, die einen möglichen Sachverhalt impliziert, der in seiner Kontrafaktizität eine hochentwickelte Syntax erfordert, und es gibt keinen Grund zu der Annahme, dass Tiere sie besitzen.[14]

Rollin verknüpft nicht nur den Besitz eines Konzepts vom Tod mit der Fähigkeit zum kontrafaktischen Denken – etwas ohnehin schon äußerst Komplexes –, sondern nimmt als Ausgangspunkt auch einen Gedanken Martin Heideggers, eines Philosophen, der in den Hörsälen sämtlicher philosophischer Fakultäten berüchtigt ist für das Kryptische seiner Schriften. Rollin definiert das Konzept vom Tod auf eine Weise, dass damit *zwangsläufig* alle nichtsprachlichen Tiere ausgeschlossen sind und wahrscheinlich auch solche, die sehr wohl über eine Sprache verfügen. Ich bin mir sicher, dass viele Menschen, denen wir ohne ein Wimpernzucken ein Konzept vom Tod zugestehen würden, uns nicht erklären könnten, was zum Teufel »die Möglichkeit der schlechthinnigen Daseinsunmöglichkeit« heißen soll.

Intellektueller Anthropozentrismus führt nicht nur zu einer Überintellektualisierung des Konzepts vom Tod, er läuft auch darauf hinaus, dass es etwas Binäres ist: etwas, was man hat oder nicht, was aber keinerlei Abstufung zulässt. Nur entspricht das nicht unserem Verständnis von der Herausbildung eines Konzepts vom Tod in der menschlichen Entwicklung. Wenn wir sehen, wie Kinder etwas über den Tod lernen, wird uns schnell klar, dass es hier Zwischenstufen gibt. Babys kommen nicht mit einem Konzept vom Tod auf die Welt, und auch Kinder entwickeln es nicht von heute auf morgen. Tatsächlich machen sich viele Kinder bis zu ihrem zehnten Lebensjahr keinen vollständigen Begriff vom Tod.[15] Aber wer schon mal mit einem sechs- oder siebenjährigen Kind Super Mario gespielt hat, wird wissen, dass sie in diesem Alter eine gewisse Vorstellung vom Tod haben, genauso wie die Kleine mit dem Mikroskop, von der ich im zweiten Kapitel erzählt habe.

Man könnte uns also vorwerfen, wir würden mit zweierlei Maß messen. Bei menschlichen Kindern lassen wir eine Abstufung zu, bei Tieren sagen wir: Entweder sie haben ein Konzept vom Tod, das dem eines durchschnittlichen erwachsenen Menschen entspricht, oder sie haben keins. Alles oder nichts, ja oder nein, schwarz oder weiß, Pizza mit Ananas okay oder daneben.

Die Frage so zu stellen ist nicht nur unfair, sondern auch ein wenig willkürlich, als wäre das Konzept vom Tod eines durchschnittlichen erwachsenen Menschen »alles«. Kann man wirklich sagen, wir Erwachsenen machten uns einen *vollständigen* Begriff vom Tod? Der Tod ist für viele nicht nur ein großes Rätsel, da sie nicht wissen, was danach kommt. Selbst wer davon überzeugt ist, dass der Tod nichts anderes bedeutet als die Auslöschung des Bewusstseins, kann ihn unmöglich ganz begreifen, zu beschränkt ist unser eigener Intellekt. Der spanische Philosoph Miguel de Unamuno hat es wunderbar in Worte gefasst:

> Der Leser bemühe sich, in ganz wachem Zustande den Zustand seiner Seele während eines tiefen Schlafes nachzubilden, sein Bewusstsein mit der Vorstellung des Unbewusstseins ganz zu erfüllen; und er wird mir recht geben. Das Bemühen, solches zu begreifen, macht uns in der furchtbarsten Weise schwindeln. Wir können uns nicht als nicht existent vorstellen.[16]

Wenn wir es schon als ein striktes Alles-oder-nichts verstehen sollen, warum dann nicht das »Alles« als etwas, das auch ein unbestreitbares Wissen darüber einschließt, was nach dem Tod passiert, oder als die Fähigkeit, uns »als nicht existent vorzustellen«? Wäre dem so, hätten alle Tiere auf dem Planeten, einschließlich des Menschen, keinen Begriff vom Tod.

Eine solche binäre Sicht mag den einen oder die andere überzeugen, ich persönlich halte diesen Ansatz für eher unpraktisch. Besser sollten wir das Konzept vom Tod als ein Spektrum denken, mit unserer menschlichen Vorstellung in Richtung einer der Enden, wenn auch nicht ganz am Ende. Die Frage wäre dann: Wo lassen sich die übrigen Tiere einordnen?

Verstehen wir die Frage so, wird sie meiner Meinung nach auch sehr viel interessanter. Lautet sie dagegen in bekannter Manier lediglich: »Haben Tiere ein Konzept vom Tod, das dem eines durchschnittlichen erwachsenen Menschen entspricht?«, kann die Antwort nur ein klares Nein sein. In dem Fall wäre das vorliegende Buch nicht nur recht kurz geraten, die Antwort böte auch nichts Interessantes oder Überraschendes. Es liegt auf der Hand, dass Tiere, die keine Narrative vom Tod haben wie wir und keine kumulative Kultur mit entsprechenden Traditionen, auch kein so komplexes oder anspruchsvolles Konzept vom Tod besitzen wie wir.

Viel spannender, mit Raum auch für Diskussionen, wäre die Frage, ob Tiere etwas haben, was als Konzept vom Tod *gelten* kann, und wenn ja, wie komplex dieses Konzept ist und was sie damit anfangen können. Genau auf diese Frage will ich versuchen im weiteren Verlauf des Buches eine Antwort zu geben.

Dafür müssen wir zunächst die Mindestbedingungen festlegen, die ein Tier zu erfüllen hat, damit wir ihm zu Recht ein solches Konzept zuschreiben können: das, was ich als *Minimalkonzept vom Tod* bezeichne.[17] Täten wir es nicht, würden wir, wie man es bisher gemacht hat, das Pferd beim Schwanz aufzäumen. Statt mit dem hyperkomplexen Konzept vom Tod beim Menschen anzufangen und uns zu fragen, ob Tiere eines haben, beginnen wir also mit den Minimalanforderungen, um den Tod zu verstehen, und dann schauen wir uns an, wie komplex ein Konzept vom Tod bei Tieren werden kann.

Das Minimalkonzept vom Tod

An dieser Stelle sollten wir noch einmal an die Bedingungen erinnern, die erfüllt sein müssen, damit wir überhaupt von Konzepten sprechen können, denn so wichtig es ist, der Überintellektualisierung vorzubeugen, so sehr ist darauf zu achten, dass wir nicht zu wenig verlangen. Setzen wir die Messlatte zu niedrig an, laufen wir Gefahr, dass das Minimalkonzept vom Tod am Ende allzu banal ist und nicht mehr viel zu tun hat mit dem, was wir, wollen wir einem Individuum ein Verständnis vom Tod zuschreiben, normalerweise im Sinn haben. Ein zu großzügiger Ansatz ist hier ebenso wenig wünschenswert wie ein zu vorsichtiger.

Damit das Minimalkonzept vom Tod auch wirklich ein *Konzept* ist, muss es die sechs Bedingungen erfüllen, die ich im zweiten Kapitel aufgeführt habe. Das heißt: 1) Es muss das Tier, das es besitzt, in die Lage versetzen können, Totes einigermaßen zuverlässig als solches zu erkennen; 2) es muss einhergehen mit einem gewissen Verständnis des semantischen Gehalts der Eigenschaft Totsein; 3) es muss Raum lassen für Unterschiede zwischen Kulturen, Spezies und Individuen; 4) es muss erlauben, mit diesem Konzept Rückschlüsse zu ziehen; 5) es darf nicht an einen bestimmten sensorischen Reiz gebunden sein; und 6) es darf keine starre Verhaltensreaktion auslösen. So stellen wir sicher, dass Tiere, die lediglich stereotype Reaktionen auf den Tod zeigen, nicht zu denen gezählt werden, die im Besitz eines Konzepts vom Tod sind.

Zur Definition des Minimalkonzepts vom Tod möchte ich den Fokus erst einmal auf die Bedingung 2 richten. Das Tier muss den semantischen Gehalt der Eigenschaft Totsein einigermaßen verstehen. Das heißt, es muss ein minimales Verständnis davon haben, was es bedeutet, dass ein Individuum stirbt. Aber wie viel Wissen ist erforderlich, um von einem Tier sagen zu können, es verstehe den Tod?

Ein guter Ansatz sind hier die sieben Subkomponenten des Konzepts vom Tod, mit denen in der Entwicklungspsychologie gearbeitet wird, um zu bestimmen, inwieweit Kinder unterschiedlichen Alters den Tod verstehen.[18] Diese sieben Subkomponenten sind:

1. *Nichtfunktionalität:* Der Tod bedeutet das Erlöschen der geistigen und körperlichen Funktionen.
2. *Irreversibilität:* Tote Individuen können nicht ins Leben zurückkehren.
3. *Universalität:* Alle lebenden Individuen – und nur die lebenden – sterben.
4. *Persönliche Sterblichkeit:* Der Tod betrifft auch einen selbst.
5. *Unvermeidlichkeit:* Der Tod kann nicht auf unbestimmte Zeit verschoben werden.

6. *Kausalität:* Der Tod wird hervorgerufen durch einen Zusammenbruch der Vitalfunktionen.
7. *Unvorhersagbarkeit:* Der genaue Zeitpunkt des Todes lässt sich nicht im Voraus sagen.

Die sieben Subkomponenten entsprechen einer wissenschaftlichen oder biologischen Sicht auf den Tod. In manchen menschlichen Kulturen, insbesondere in solchen, die die Existenz übernatürlicher Wesenheiten als gegeben annehmen, mögen einige dieser Subkomponenten keine oder nur eine partielle Rolle spielen. In einigen Religionen etwa herrscht die Auffassung vor, dass manche Lebewesen nicht sterben, was hieße, dass diese Kulturen die Subkomponente *Universalität* nicht mit einbeziehen. In anderen wird angenommen, dass mit dem Tod nur die körperlichen, nicht aber die geistigen Funktionen erlöschen, sodass die Subkomponente *Nichtfunktionalität* hier nur zum Teil vorliegt. Wieder andere kennen Subkomponenten, die nicht zu den sieben genannten gehören, den Gedanken etwa, dass man nach dem Tod in den Himmel oder in die Hölle kommt oder dass man in dem einen oder anderen Wesen wiedergeboren wird, je nachdem, wie man sich im Leben verhalten hat.

Trotz aller kulturellen Unterschiede können wir bei jedem echten Konzept vom Tod von einer Reihe gemeinsamer Vorstellungen sprechen, die auch vorhanden sein müssen, damit wir sinnvollerweise sagen können, ein Individuum – ob Mensch, Tier oder Alien – habe ein Konzept vom Tod. Um herauszufinden, welche das sind, wollen wir uns die sieben Subkomponenten genauer ansehen.

Beginnen wir mit der Subkomponente *Nichtfunktionalität*, der Vorstellung, dass mit dem Tod alle geistigen und körperlichen Funktionen erlöschen. Wie eben erwähnt, können nach bestimmten nichtwissenschaftlichen Auffassungen manche dieser Funktionen den Tod überdauern. Es wäre jedoch seltsam, von einem Christen – von jemandem, der glaubt, seine geistigen Funktionen hätten auch nach dem Tod Bestand – zu sagen, er habe kein Konzept vom Tod oder ein *grundlegend* anderes als das wissenschaftliche. Christen und Atheisten können sich hervorragend über den Tod verständigen, wie es gewöhnlich der Fall ist in Gesellschaften, in denen religiöse und säkulare Menschen zusammenleben. Ein junger Anarcho-Punk kann seine katholische Großmutter sehr gut verstehen, wenn sie ihm sagt, dass Torcuato gestorben ist, auch wenn die Großmutter glaubt, er sei nun im Himmel wiedervereint mit seinen verstorbenen Eltern, und der Jugendliche denkt, er sei kaum mehr als Speise für die Würmer.

Aber stellen wir uns jemanden namens Pelayo vor, der denkt, dass *alle* Funktionen, die geistigen wie die körperlichen, den Tod überdauern, dass man also nach dem Tod noch Freud und Leid empfinden kann, lachen und weinen, essen, tanzen und überhaupt alles, was sich mit dem Körper und dem Geist anstellen lässt. Sowohl die katholische Großmutter als auch der jugendliche Anarcho-Punk würden denken, dass Pelayo in Bezug auf das, was es bedeutet, tot zu sein, nicht ganz bei Trost ist. Würde Pelayo ihnen sagen, er gehe in die Bibliothek, um sich eine Hose zu kaufen, würden sie denken, dass Pelayo nicht verstanden hat, was eine Bibliothek ist. Ebenso würden sie, spräche Pelayo so über Verstorbene, denken, dass er *nicht versteht, was es bedeutet, tot zu sein*, dass er keinen Begriff vom Tod hat.

Ein gewisses Maß an Nichtfunktionalität muss einem Minimalkonzept vom Tod also zugrunde liegen. Die Funktionen, von denen jemand annimmt, dass sie mit dem Tod erlöschen, entsprechen dann zugleich den Funktionen, von denen die Person annimmt, dass sie *charakteristisch* sind für Lebende. Für die katholische Großmutter sind das nur die körperlichen Funktionen, da nach christlicher Auffassung gewöhnlich allein die Seele als unsterblich gilt und die geistigen Funktionen somit kennzeichnend sind für Lebende wie für Tote. Für Atheisten wie den jungen Anarcho-Punk dagegen erlöschen mit dem Tod sowohl die körperlichen wie auch die geistigen Funktionen.

Damit wir sagen können, dass Pelayo keinen Begriff vom Tod hat, muss das Minimalkonzept vom Tod die Subkomponente *Nichtfunktionalität* in gewissem Maße einschließen. Und zugleich muss, damit sich sinnvollerweise sagen lässt, dass sowohl der jugendliche Anarcho-Punk als auch die katholische Großmutter einen Begriff vom Tod haben, das Minimalkonzept vom Tod verschiedene Vorstellungen von den charakteristischen Funktionen lebender Individuen zulassen. Das wird noch wichtig werden, wenn es um Tiere geht. Indem wir nicht im Vorhinein die Gruppe der Funktionen festlegen, die ein Individuum als mit dem Tod erlöschend zu verstehen hat, lassen wir Raum für eine Variabilität im Konzept vom Tod, bei einzelnen Individuen, einzelnen Spezies und im Laufe der Zeit.

Die Variabilität ist entscheidend, denn jede Vorstellung von Nichtfunktionalität, die wir bei einem Tier antreffen, wird uns etwas darüber sagen, *wie es die Funktionen der Lebenden versteht*. Eigentlich eine Selbstverständlichkeit, schließlich können wir von einem Tier nicht erwarten, dass es versteht, dass tote Individuen keine Funktionen haben, von denen es nicht weiß, dass Lebende sie überhaupt haben. So können wir etwa von einem Kaninchen nicht erwarten, dass es versteht, dass mit dem Tod die Verdauung aufhört, da Kaninchen – dürfen wir annehmen – keine Vorstellung von Verdauung haben.

Eigentlich könnte das nicht klarer sein, und doch wurde es nicht immer bedacht, da man als Voraussetzung für ein Konzept vom Tod zuweilen eine Theory of Mind postuliert.[19] Wie zu Beginn des dritten Kapitels erwähnt, ist diese Theorie des Mentalen die Fähigkeit, anderen geistige Zustände zuzuschreiben. Eine solche Fähigkeit wäre demnach notwendig, damit ein Tier versteht, dass Individuen, wenn sie sterben, ihre mentalen Funktionen verlieren. Da das Vorhandensein einer Theory of Mind im Tierreich aber fraglich sei, selbst bei Schimpansen[20], nehmen manche Thanatologen es als Argument, um sich gegen die Möglichkeit eines Konzepts vom Tod bei Tieren auszusprechen. Doch genau wie im Fall der Verdauung können wir sinnvollerweise nur dann erwarten, dass ein Konzept vom Tod mit einem Verständnis des Erlöschens geistiger Funktionen einhergeht, wenn das Tier *tatsächlich* eine Theory of Mind besitzt (ganz zu schweigen von dem Umstand, dass so etwas zu verlangen hieße, dass die katholische Großmutter keinen Begriff vom Tod hätte).

Verdeutlichen wir es mit einem dieser Gedankenexperimente, wie wir sie in der Philosophie so schätzen. Angenommen, die Wissenschaft entdeckt morgen einen physiologischen Prozess, der typisch ist für den menschlichen Körper, wenn er lebt, und nennen wir ihn *Ipsifikation.* Nehmen wir weiter an, dass wir aus irgendeinem Grund vor ihrer Entdeckung nichts von der Ipsifikation wussten. Natürlich wäre es sinnlos zu sagen, wir hätten, bevor wir etwas von ihr wussten, kein Konzept vom Tod gehabt, weil wir nicht wussten, dass sie mit dem Tod aufhört. Nun denn, für jene Tiere, die keine Theory of Mind haben, sind die geistigen Zustände der anderen das Gleiche wie Ipsifikation. Daher wäre es absurd zu behaupten, sie besäßen, fehlte ihnen eine solche Theorie des Mentalen, unmöglich ein Konzept vom Tod.

Hat ein Tier eine Vorstellung von Nichtfunktionalität, wird sich darin seine Vorstellung von Funktionalität widerspiegeln, mit welchen Einschränkungen auch immer. Was auch heißt, dass dies seine besondere Art, die Welt zu sehen, einschließt, genau wie bei der katholischen Großmutter und ihrem Enkel, dem Anarcho-Punk. Ein Tier mit einem Minimalkonzept vom Tod wird annehmen, dass tote Individuen nicht Dinge tun, die es als *cha-*

rakteristisch für Lebewesen versteht, wozu gehören mag, dass sie sich fortbewegen, Lautsequenzen produzieren, Nahrung zu sich nehmen, spielen oder sich paaren.

Damit können wir eine Variabilität im Konzept vom Tod auch auf der Ebene der *Spezies* einbeziehen. Für Spezies mit einem ausgeprägten Geruchssinn etwa mögen Tote hauptsächlich dadurch gekennzeichnet sein, dass sie nicht mehr auf eine bestimmte Art riechen; während für Spezies, deren Mitglieder in einem starken Konkurrenzverhältnis zueinander stehen, Tote vielleicht hauptsächlich dadurch gekennzeichnet sind, dass sie nicht mehr um die verfügbaren Ressourcen konkurrieren. Was es uns wiederum erlaubt, eine Variabilität auch auf der Ebene des *Individuums* einzubeziehen. So sind etwa Individuen mit einem sehr verspielten Charakter womöglich der Ansicht, das Auffälligste an Toten sei es, dass sie nicht spielen. Das Gleiche gilt für eine Variabilität im Laufe der *Zeit*, sodass sich, während das Individuum heranreift oder weiteres Wissen aufnimmt, seine Vorstellung von der Funktionalität der Lebenden ändert.

Für ein Minimalkonzept vom Tod bedarf es also eines gewissen Verständnisses der Subkomponente *Nichtfunktionalität*, auch wenn der Begriff eine große Bandbreite zulässt.

Sehen wir uns die nächste Subkomponente an: *Irreversibilität*. Es ist der Gedanke, dass Tote nicht ins Leben zurückkehren können. Beginnen Kinder, etwas über den Tod zu lernen, betrachten sie ihn erst einmal als etwas Umkehrbares, wie einzuschlafen oder krank zu werden.[21] Das Minimalkonzept vom Tod muss erfassen, warum das für uns ein recht grober Irrtum ist. Gleichzeitig wollen wir, dass das Minimalkonzept vom Tod auch Auffassungen vom Tod einschließt, die ein Element der Umkehrbarkeit berücksichtigen wie etwa die Vorstellung von der Reinkarnation.

Meiner Ansicht nach lässt sich das am besten lösen, indem wir die Vorstellung von der Irreversibilität mit hinzunehmen, sie aber mit der Gruppe der Funktionen verknüpfen, von denen wir annehmen, dass sie mit dem Tod enden. So wird ein Individuum, das an die Reinkarnation glaubt, weiterhin ein Konzept vom Tod haben, da die Reinkarnation in einem anderen Körper stattfindet, ohne Erinnerung an das vorherige Leben, was bedeutet, dass die körperlichen und geistigen Funktionen, die mit dem Tod erloschen sind, nicht wiedererlangt werden.

(Manche Christen glauben, dass der Leib nach dem Tod zusammen mit der Seele wiederaufersteht. Das könnte man dahingehend interpretieren, dass sie denken, es gebe eine vollständige Umkehrbarkeit. Nun bin ich keine Expertin für die christliche Lehre, aber ich nehme mal an, eine solche Sicht bedeutet nicht eine Auferweckung des Körpers mit all seinen Funktionen. Andernfalls müsste ich, würde ich jetzt sterben, im Himmel unter Menstruationskrämpfen leiden und mir regelmäßig die Zehennägel schneiden, was nicht gerade nach Paradies klingt. Vermutlich werden auch nach dieser Auffassung zumindest *einige* Körperfunktionen unwiederbringlich verloren gehen. Sollte ich mich irren, ist das dennoch kein großes Problem. Das Argument, das ich auf den folgenden Seiten entwickle, funktioniert genauso, wenn wir davon ausgehen, dass Irreversibilität und Nichtfunktionalität *hinreichende*, wenn nicht gar notwendige Komponenten eines Konzepts vom Tod sind.)

Indem wir die Vorstellung von der Irreversibilität zu der Gruppe der Funktionen hinzunehmen, die mit dem Tod enden, können wir sagen, dass jemand, der an die Reinkarnation glaubt, weiterhin ein Konzept vom Tod hat, während unser guter Pelayo, der endlich begriffen hat, dass Tote nicht mehr irgendwelche Dinge tun, nun aber denkt, der Tod sei vollkommen umkehrbar, immer noch kein solches hat. Zugleich erlaubt uns diese Vorstellung zu sagen, dass ein Tier, das denkt, ein toter Körper tue gerade nichts, werde sich aber jeden Moment berappeln und etwas tun, eines ist, das nicht verstanden hat, was es bedeutet, tot zu sein, und mit einem Konzept operiert, das näher an dem vom Schlaf ist.

Die drei Subkomponenten *Universalität*, *persönliche Sterblichkeit* und *Unvermeidlichkeit* können wir als Ganzes betrachten, denn wenn *Universalität* gegeben ist – das heißt, wenn *alle* Lebewesen und *ausschließlich* Lebewesen sterben –, dann werden *persönliche Sterblichkeit* und *Unvermeidlichkeit* die Folge sein. Keine dieser drei Subkomponenten ist für ein Minimalkonzept vom Tod notwendig. Grundsätzlich ist es nämlich möglich, dass ein Individuum den Tod als etwas begreift, was nur *einigen* Individuen passiert, ein Konzept vom Tod hat es damit trotzdem.

Veranschaulichen wir es wieder mit einem Gedankenexperiment. Angenommen, morgen vermeldet die Wissenschaft – vielleicht dank der glücklichen Entdeckung der *Ipsifikation* –, dass nicht alle Menschen sterben werden; dass wir selbst nicht sterben werden oder dass die Möglichkeit besteht, den Tod für immer hinauszuschieben. Das würde unser Konzept vom Tod nicht auf den Kopf stellen, wohl aber, wie wir unser eigenes Leben leben. Würden wir vor diesem Hintergrund erfahren, dass der arme Torcuato gestorben ist, würde es im Grunde immer noch dasselbe bedeuten: dass nämlich Torcuato die für Lebewesen charakteristischen Funktionen verloren hat und für immer in diesem Zustand verbleiben wird. Zwar bekäme Torcuatos Tod in dieser imaginierten Welt eine zusätzliche tragische Dimension, aber wir könnten uns mit unserer gewohnten Vorstellung vom Tod immer noch einen Reim darauf machen. *Universalität*, *persönliche Sterblichkeit* und *Unvermeidlichkeit* sind also für ein Minimalkonzept vom Tod nicht erforderlich.

Ein Verständnis der nächsten Subkomponente, *Kausalität*, wäre für jedes Tier eindeutig von Vorteil. Die Kausalität hinter dem Phänomen Tod zu verstehen würde seine Chancen erhöhen, bis zur Fortpflanzung zu überleben, da es auf diese Weise potenziellen Gefahrenquellen aus dem Weg gehen kann. Dennoch setzt ein Minimalkonzept vom Tod nicht die Subkomponente *Kausalität* voraus, aus dem einfachen Grund, weil im Allgemeinen die Tatsache, sich einen Begriff von X machen zu können, nicht erfordert, auch die Ursachen von X zu verstehen. So kann ich zum Beispiel eine Vorstellung von Arthritis haben, ohne zu wissen, was Arthritis verursacht. Etwas darüber zu erfahren, was Arthritis auslöst, würde dazu führen, dass mein Konzept ein komplexeres und vielleicht nützlicheres wird, ein Konzept von Arthritis aber erfordert es nicht. Deshalb können wir auch die Subkomponente *Kausalität* beiseitelassen, so groß die mit ihr verbundenen evolutionären Vorteile auch sein mögen.

Zu der letzten Subkomponente, der *Unvorhersagbarkeit*, sei zunächst angemerkt, dass es strenggenommen nicht ganz stimmt, dass der Tod an sich unvorhersagbar ist. In bestimmten Kontexten, etwa bei der Hinrichtung eines Menschen mit der Guillotine, lässt sich der Todeszeitpunkt mit großer Genauigkeit voraussagen. Was aber nicht dazu führt, dass sein Tod etwas anderes bedeutete. Würden wir erfahren, dass harter Determinismus wahr ist (das heißt, wenn wir mit Sicherheit wüssten, dass es keine Willensfreiheit gibt und alles vorherbestimmt ist), und wären wir in der Lage, den genauen Zeitpunkt unseres Todes zu berechnen, würde auch das an der Bedeutung des Sterbens nichts Grundlegendes ändern. Natürlich würde es die Art, wie wir unser Leben leben, radikal verändern, aber zu sterben bedeutete immer noch das unumkehrbare Ende der Funktionen, die für Lebewesen charakteristisch sind. Daher ist auch die Subkomponente *Unvorhersagbarkeit* für ein Minimalkonzept vom Tod nicht erforderlich.

Die entscheidenden Subkomponenten für ein Minimalkonzept vom Tod sind also *Nichtfunktionalität* und *Irreversibilität*. Wir können es daher wie folgt definieren:

Ein Tier besitzt ein Minimalkonzept vom Tod, wenn es in der Lage ist, einige tote Individuen mit einem gewissen Grad an Zuverlässigkeit als tot einzuordnen, *tot* verstanden als eine Eigenschaft jener Lebewesen:

a) von denen zu erwarten ist, dass sie die Gruppe von Funktionen aufweisen, die für Lebewesen ihrer Art charakteristisch sind, aber
b) denen die Gruppe von Funktionen fehlt, die für Lebewesen ihrer Art charakteristisch sind, und
c) denen es unmöglich ist, die Gruppe von Funktionen, die für Lebewesen ihrer Art charakteristisch sind, wiederherzustellen.

Aus zwei Gründen habe ich es so pedantisch formuliert. Erstens, weil ich möchte, dass es eine möglichst präzise Definition ist, denn im Folgenden werde ich immer wieder auf den Begriff des Minimalkonzepts vom Tod zurückkommen. Und zweitens, weil ich so die Gründe klar herausstellen kann, warum das Minimalkonzept vom Tod tatsächlich ein Konzept ist. Fertig? Auf geht's.

Warum das Minimalkonzept vom Tod ein Konzept ist

Hat ein Tier ein Minimalkonzept vom Tod, erlaubt es ihm zunächst einmal, tote Wesen einigermaßen zuverlässig als solche zu erkennen. Das Tier muss nicht in der Lage sein, bei *jedem* Lebewesen zu unterscheiden, ob es tot ist oder nicht, da die Subkomponente *Universalität* hier entfallen ist, und genauso wenig muss es hundertprozentig zuverlässig feststellen können, ob der Tod eingetreten ist. Es kann vorkommen, dass ein Tier sich bei einem Individuum, das schläft oder im Koma liegt, vertut und es für tot hält, das ist kein Problem. Würde es sich aber jedes Mal vertun, hätte es keinen Sinn zu sagen, es besitze ein Konzept vom Tod. Ein gewisses Maß an Zuverlässigkeit ist also notwendig, absolute Zuverlässigkeit nicht.

Zweitens geht das Minimalkonzept vom Tod einher mit einem gewissen Verständnis des semantischen Gehalts der Eigenschaft, tot zu sein. Mit anderen Worten, das Tier versteht bis zu einem gewissen Punkt, was Totsein bedeutet. Insbesondere versteht das Tier, dass tote Individuen nicht Dinge tun, die lebende Individuen normalerweise tun (*Nichtfunktionalität*), und dass dies ein Zustand von Dauer ist (*Irreversibilität*).

Ebenso setzt das Minimalkonzept vom Tod ein Minimalkonzept vom Leben voraus, das geknüpft ist an die Bedingung a und besagt, dass das Tier gewisse Erwartungen haben muss, wie sich bestimmte lebende Individuen normalerweise verhalten. Das ist wichtig, denn wie wir gesehen haben, muss jedes Konzept, soll es einen Sinn ergeben, eingebunden sein in ein semantisches Netz anderer Konzepte. Ohne ein minimales Verständnis vom Leben wäre ein Konzept vom Tod nicht möglich, sonst ließe sich Unbelebtes nicht von Totem unterscheiden. Der Grund, warum wir von einem Stein nicht sagen, er sei tot, obwohl er doch keinerlei Funktionalität aufweist, ist ganz einfach, dass er nichts ist, wovon wir erwarten, dass es eine Funktionalität aufweist, das heißt, er ist nur deshalb nicht tot, *weil er nicht lebendig sein kann*. Damit ein Tier versteht, dass ein anderes Tier tot ist, muss es dieses erst einmal als etwas einordnen, von dem zu erwarten wäre, dass es lebendig ist.

Wir müssen einen solchen minimalen Begriff vom Leben nicht intellektualistisch verstehen. Es genügt, dass das Tier über eine gewisse Fähigkeit verfügt, Belebtes von Unbelebtem zu unterscheiden (etwa verarbeiten zu können, dass nur das eine sich selbstständig fortbewegt und ein zielgerichtetes Verhalten zeigt), und dass es in der Lage ist, Erwartungen auszubilden im Hinblick auf die typischen Funktionen von Individuen der einen oder anderen Art. Etwa zu lernen, dass sich bestimmte Individuen über den Boden fortbewegen, viel Lärm machen und nach Kräutern riechen.

Dieses semantische Netz geht auch einher mit der Vorstellung von der Irreversibilität, die, damit sie einen Sinn ergibt, eine gewisse Vorstellung von ihrem Gegenteil erfordert, der Reversibilität, der Umkehrbarkeit. Bedingung c besagt, dass das Tier die Erwartung hat, dass tote Lebewesen ihre Funktionen nicht wiederherstellen können. Es ermöglicht dem Tier, tote von schlafenden Individuen zu unterscheiden, welche die Funktionen (zumindest die meisten) einer bestimmten Art von Lebewesen zwar auch nicht mehr aufweisen, bei denen aber zu erwarten ist, dass sie sie früher oder später wieder zeigen.

Drittens lässt das Minimalkonzept vom Tod Raum für eine ganze Bandbreite von Kulturen, Spezies und Individuen. Wie wir gesehen haben, kann ein solches Konzept die Weltsicht einer katholischen Großmutter ebenso umfassen wie die eines jugendlichen Anarcho-Punks oder einer Person, die an Reinkarnation glaubt, während es Menschen, die sich wie Pelayo vom Tod erst gar kein Bild machen können, außen vor lässt. Auch erlaubt das Minimalkonzept vom Tod, dass verschiedene Spezies, verschiedene Individuen und selbst ein und dasselbe Individuum in verschiedenen Phasen seines Lebens leicht abweichende Konzepte vom Tod haben, Konzepte, die dem entsprechen, wie sie die Funktionalität von Lebewesen dieser oder jener Art verstehen.

Viertens erlaubt das Minimalkonzept vom Tod, Schlussfolgerungen zu ziehen. Damit meine ich, dass ein Tier, das ein anderes Tier als tot einstuft, an dieses bestimmte Erwartungen haben wird. Insbesondere die Erwartung, dass es nie wieder die für Lebewesen seiner Art charakteristischen Funktionen zeigt. Bewegt sich der »Leichnam« also plötzlich, wird das Tier zunächst überrascht sein und dann zu dem Schluss kommen, dass das betreffende Tier nicht tot ist (und vielleicht sogar lernen, Tote in Zukunft besser als solche zu erkennen).[22] In dieser Hinsicht unterscheidet sich das Tier von unseren Freundinnen, den Ameisen, die stur mit ihrer Nekrophorese weitermachen, obwohl die Ameise, die sie forttragen, Lebenszeichen von sich gibt (und vielleicht auch Zeichen von Verärgerung).

Fünftens unterscheidet sich ein Tier mit einem Minimalkonzept vom Tod insofern von den Ameisen, als sein Konzept nicht an einen bestimmten sensorischen Reiz gebunden ist. Das Minimalkonzept vom Tod entspringt einem mehr oder weniger allgemeinen und ganzheitlichen Verständnis dessen, was Lebende normalerweise tun und Tote demnach nicht. Daher ist es auch nicht abhängig von einem ganz bestimmten Sinnesreiz. Es kann vielmehr, wie wir noch sehen werden, an viele verschiedene Reize gebunden sein.

Schließlich wird sich ein Tier mit einem Minimalkonzept vom Tod auch dadurch von den Ameisen unterscheiden, dass von ihm keine starre Verhaltensreaktion auf den Tod zu erwarten ist. Das Minimalkonzept vom Tod ist kognitiven Reaktionen auf den Tod eingeschrieben. Diese sind, wie wir im zweiten Kapitel gesehen haben, gekennzeichnet durch eine große Variabilität und nicht losgelöst von der Entwicklung eines Individuums und seinem Lernprozess. Anders als bei den Ameisen können wir bei einem Tier mit einem Minimalkonzept vom Tod, wird es mit diesem Phänomen konfrontiert, nicht im Vorhinein wissen, wie es reagiert. Die Art seiner Reaktion wird von vielen anderen Faktoren abhängen, seiner Persönlichkeit etwa oder der Beziehung, die es zu dem toten Individuum hatte, seinen sonstigen Überzeugungen und Wünschen in ebendiesem Moment und so weiter.

Das ist – vorerst – alles zum Minimalkonzept vom Tod. Ich hoffe, es sind alle noch dabei. Mit diesem vielleicht mühsamen, aber notwendigen Ritt durch die Steppe der philosophischen Analyse haben wir das Konzept vom Tod auf eine Reihe unerlässlicher Bedingungen reduziert, haben uns vergewissert, dass es als Konzept zählt, und gleichzeitig alles beiseitegeschoben, was nicht unbedingt notwendig ist. So können wir uns den intellektuellen Anthropozentrismus vom Leib halten.

Nachdem wir das Minimalkonzept vom Tod umrissen haben, werden wir auch die Frage beantworten können, mit welcher Verbreitung in der Natur zu rechnen ist. Und das, weil wir nun eine klare Definition haben, die uns bei unserem Vorhaben leitet. Wollen wir eine Antwort geben auf die Frage, ob Lucy und Bronte wussten, dass das Baby tot war, wissen wir jetzt, dass wir zunächst bestimmen müssen, ob die beiden Schimpansinnen sich bewusst waren, dass das Baby nicht die für Individuen ihrer Art typischen Funktionen aufwies und dass sein Zustand unumkehrbar war. Im Weiteren werde ich versuchen, meine Leserinnen und Leser davon zu überzeugen, dass Lucy und Bronte höchstwahrscheinlich ein Minimalkonzept vom Tod hatten und wussten, dass sie mit einem toten Körper interagierten. Und nicht nur das, ich möchte auch aufzeigen, dass selbst Tiere mit einer deutlich geringeren kognitiven Komplexität als Schimpansen sehr wahrscheinlich in der Lage sind, sich ein Minimalkonzept vom Tod anzueignen. Außerdem will ich der Frage nachgehen, wie komplex das Konzept vom Tod bei Tieren sein kann, mit anderen Worten, ob es außer *Nichtfunktionalität* und *Irreversibilität* womöglich noch weitere Subkomponenten umfasst. Zuerst aber – und ich bitte um Entschuldigung für all die Präliminarien – müssen wir uns noch der anderen Form von Anthropozentrismus zuwenden, mit der die vergleichende Thanatologie ebenfalls geschlagen ist: dem emotionalen Anthropozentrismus. Darum soll es im folgenden Kapitel gehen.

5

DER HUND, DER SEINEN MENSCHEN FÜR EINEN LECKERBISSEN HIELT

1997 nahm sich ein einunddreißigjähriger Deutscher mit einem Schuss in den Kopf das Leben. Als seine Mutter und seine Schwester den Toten fanden, sahen sie, dass ihm ein großer Teil vom Gesicht und vom Hals fehlte, an den Rändern waren Bissspuren. Der Schuldige für diese Verstümmelung war kein anderer als der Schäferhund, der mit dem Mann zusammengelebt hatte, und nun lag er in aller Ruhe und mit einer ordentlichen Portion von seinem Menschen im Bauch neben der Leiche.[1]

Das Verhalten dieses uns unbekannten Hundes, den wir Charlie nennen wollen, ist sehr viel verbreiteter, als wir wahrhaben möchten: Nicht wenige Menschen, die allein in der Gesellschaft ihrer Haustiere sterben, enden als Fresschen.[2] Der Gedanke mag naheliegen, dass der Hunger die Tiere zu der einzigen Nahrungsquelle treibt, die sie in dem Moment finden: ihren zarten, saftigen menschlichen Gefährten. Aber das kann für Charlie nicht der Grund gewesen sein. Als die Leiche gefunden wurde, war seit dem Tod erst eine Dreiviertelstunde vergangen und der Futternapf noch halb voll. Tatsächlich sehen wir, dass in etwa einem Viertel aller Fälle, in denen Haustiere sich an ihren Haltern gütlich tun, dies innerhalb von vierundzwanzig Stunden nach dem Tod passiert, wenn das Tier noch Zugang zu anderer Nahrung hat.[3]

Nun könnten wir denken, dass Charlies Herrchen ihn zu Lebzeiten schlecht behandelt hat und dass es keine emotionale Bindung gab, die das Tier am Zubeißen hinderte. Vielleicht denken wir auch, uns selbst könnte so etwas nicht passieren, weil wir uns vorbildlich um unsere Tiere kümmern. Unser Hund täte so etwas bestimmt nicht, dafür liebt er uns zu sehr. Nur gab es keinerlei Anzeichen, dass Charlie misshandelt worden wäre, und tatsächlich gibt es in den allermeisten Fällen auch keine Vorgeschichte von Tierquälerei, die ein solches Verhalten erklären könnte.

Ist es also möglich, dass unsere Hunde uns gar nicht lieben und wir für sie nur ein Stück Fleisch auf zwei Beinen sind, von dem sie hoffen, dass es bald krepiert, damit sie sich einen Happen nehmen können? Auch für eine solche Interpretation hat die Wissenschaft bislang keine Belege. Im Gegenteil, alles scheint darauf hinzudeuten, dass unsere Hunde uns wirklich lieben. So wissen wir zum Beispiel, dass sie unsere Gesellschaft der von anderen Hunden vorziehen, dass sie Futter von Menschen, die sich uns gegenüber vor ihren Augen schlecht benommen haben, meiden oder nicht annehmen und dass sie uns sogar retten, wenn wir in einer Notlage sind und Hilfe brauchen.[4]

Wie lässt sich das Verhalten von Charlie und Co. also erklären? Vielleicht schauen wir uns einfach an, wie der Vorgang genau abläuft. Hunde sind, nicht anders als die Wölfe, sowohl Aasfresser als auch Jäger. (Zwar denken wir bei Hunden meist an Haustiere, in Wirklichkeit aber leben etwa 75 Prozent der Hunde weltweit auf der Straße, ohne dass ein Mensch sich um sie kümmerte.[5]) Frisst ein Hund oder ein Wolf von einem aufgefundenen toten Tier, beginnt er in der Regel zunächst mit dem Unterleib, wo sich die nährstoffreichen Organe befinden, und geht dann über zu den Gliedmaßen. In nur etwa 10 Prozent der Fälle geht dies einher mit Bissen ins Gesicht. Ganz im Gegensatz zu den Fällen, in denen Haustiere an ihren Haltern fressen. Hier haben fast drei Viertel der Betroffenen Wunden im Gesicht und nur 15 Prozent am Unterleib.[6]

Diese Fixierung auf das Gesicht legt die Vermutung nahe, dass Charlies ursprüngliche Motivation nicht darin bestand, seinen Menschen zu fressen, sondern dass es zunächst der Versuch war, ihn zu einer Reaktion zu bewegen. Das Gesicht ist der Teil unseres Körpers, auf den unsere vierbeinigen Freunde am meisten achten, es ist der Schlüssel, um unsere Emotionen zu verstehen und mit uns zu kommunizieren.[7] Daher ist zu erwarten, dass Charlie nach dem Schuss seinem reglos daliegenden Herrchen eine Reaktion zu entlocken versuchte und ihm mit der Schnauze ans Gesicht stupste. Da keine Reaktion kam, hat er vielleicht angefangen zu lecken und dann, aus purer Enttäuschung, zugebissen, bis das Blut floss und die Versuchung, sich ein Stück zu nehmen, übermächtig wurde.[8] Demnach wäre Charlies Liebe zu seinem Herrchen und die Verzweiflung über die ausbleibende Reaktion die Ursache für sein Verhalten.

Zwar sind solche Fälle überaus spannend und inzwischen auch vielfach dokumentiert, doch die vergleichende Thanatologie hat sie bisher nicht als Beispiele für ein zu berücksichtigendes Verhalten aufgegriffen. Die Artikel hierzu erscheinen in Fachzeitschriften für Forensik und nicht für Verhaltensbiologie. Wie kann das sein? Dabei will die vergleichende Thanatologie doch gerade die Reaktionen von Tieren auf den Tod erforschen.

Emotionaler Anthropozentrismus

Einer der Gründe, warum die vergleichende Thanatologie diesem Verhalten keine Aufmerksamkeit schenkt, hat mit dem *emotionalen Anthropozentrismus* zu tun. Wie wir im dritten Kapitel gesehen haben, besteht der emotionale Anthropozentrismus in der Annahme, die einzige Art und Weise, emotional auf den Tod zu reagieren, sei die menschliche. Was ein bisschen überspitzt formuliert ist, denn natürlich ist man sich bewusst, dass es vielerlei Arten und Weisen geben kann, emotional auf den Tod zu reagieren, und dass sie auch gar nicht den unseren ähneln müssen. Dennoch wird oftmals angenommen, die einzige mögliche emotionale Reaktion auf den Tod, *die unsere Aufmerksamkeit verdient*, sei die menschliche. Das ist emotionaler Anthropozentrismus.

Eine solche anthropozentrisch verzerrte Sicht führt dazu, dass die vergleichende Thanatologie nach Reaktionen auf den Tod im Tierreich sucht, die den menschlichen ähneln. Das beste Beispiel hierfür stammt aus einem der Grundlagentexte des Fachs. Der Artikel, publiziert 2010 von James Anderson, Alasdair Gillies und Louise Lock, dokumentiert einen Fall aus einem Safaripark in Großbritannien. Eine ältere Schimpansin namens Pansy lag nach mehrtägiger Krankheit im Sterben.[9] Interessant für unser Thema ist, dass die Autoren die bei den übrigen Schimpansen beobachteten Verhaltensweisen ausdrücklich mit einem Verhalten in Verbindung brachten, wie es typisch ist für Menschen, wenn sie mit dem Tod konfrontiert werden.

So wiesen sie darauf hin, dass die Schimpansen sich in Pansys letzten Tagen ihr gegenüber ruhig und respektvoll verhielten und ihren Schlafplatz so herrichteten, dass sie es bequem hatte, worin die Autoren den Respekt, die Fürsorge und die antizipatorische Trauer erkannten, die Menschen an einem Sterbebett zeigen. Als Pansy starb und die anderen Schimpansen ihren Mund untersuchten und sich an ihren Gliedmaßen zu schaffen machten, hielt man es für ein ähnliches Verhalten wie bei uns, wenn wir überprüfen, ob eine Person noch atmet und ihr Herz noch schlägt. Das aggressive Verhalten eines der Schimpansen, der sich auf den Leichnam stürzte, wurde als Wiederbelebungsversuch gedeutet oder als Ausdruck von Enttäuschung, ähnlich unseren Gefühlen der Verärgerung oder Negation im Anblick eines verstorbenen Menschen. Das Verhalten von Pansys Tochter, die die ganze Nacht an ihrer Seite blieb, wurde als Nachtwache interpretiert und das Verhalten der Schimpansin, die länger als üblich einem ihrer Gefährten das Fell pflegte, als Beispiel für Tröstung oder soziale Unterstützung. Die Affen schliefen in der Nacht unruhig und änderten immer wieder ihre Körperhaltung, was man mit dem gestörten Schlaf eines Menschen in Verbindung brachte, der eine geliebte Person verloren hat. Und mit welcher Sorgfalt sie am nächsten Morgen das Stroh aus Pansys Fell zupften, galt den Autoren als eine Art Leichenwäsche. Schließlich verstanden sie die Apathie, die die Schimpansen in den folgenden Wochen zeigten, und die Tatsache, dass sie nur wenig aßen, als Ausdruck ihrer Trauer, und dass sie nicht auf der Plattform schlafen wollten, auf der Pansy gestorben war, als so etwas wie die menschliche Praxis, Dinge oder Orte, die den Verstorbenen lieb und teuer waren, so zu lassen, wie sie waren.

Die Autoren der Studie nahmen die augenscheinliche Übereinstimmung zwischen dem Verhalten von Schimpansen und dem von Menschen zum Anlass, die vergleichende Thanatologie als eigenes Fach zu begründen:

> Diese Verhaltensweisen unterstreichen die Bedeutung einer evolutionären und vergleichenden Perspektive in Bezug auf den Tod und das Sterben bei Spezies ohne symbolische Repräsentationen des Todes oder mit dem Tod verbundene Rituale. […] Wir sind der Ansicht, dass das Bewusstsein vom Tod bei Schimpansen unterschätzt wurde […]. Obwohl sich Daten wahrscheinlich nur langsam sammeln lassen, erscheint uns eine *Pan*-Thanatologie [Pan ist die Gattung, zu der Schimpansen und Bonobos gehören] so praktikabel wie lohnend.[10]

Der emotionale Anthropozentrismus in diesem Zitat könnte offenkundiger nicht sein. Die Autoren sagen, dass das, was diese Verhaltensweisen interessant und für die Forschung lohnend mache, eben die Tatsache sei, dass sie menschlichen Praktiken ähnelten. Mit anderen Worten, für sich genommen sind die Reaktionen von Schimpansen auf den Tod nicht interessant. Sie *werden* erst interessant, wenn wir feststellen, dass sie menschlichen Reaktionen gleichen. Wenn das keine anthropozentrische Sicht ist, kann nur das Fliegende Spaghettimonster noch helfen.

Verleitet der emotionale Anthropozentrismus in der Thanatologie dazu, bei Tieren nach menschenähnlichen Reaktionen auf den Tod zu suchen, hat das natürlich Konsequenzen. Zunächst führt es zu einer übermäßigen Fixierung auf Primaten. Wie im Bisherigen – und auch im Weiteren – unschwer zu bemerken ist, geht es in vielen der empirischen Beispiele, auf die ich mich in diesem Buch beziehe, um Primaten. Der Grund ist ebenjene anthropozentrische Voreingenommenheit. Die allermeisten Aufsätze in der vergleichenden Thanatologie befassen sich mit dem Verhalten von Affen und Menschenaffen, und schon die Disziplin selbst wurde ursprünglich als Thanatologie der Gattung *Pan* verstanden (nicht einfach der Primaten, sondern der Schimpansen und Bonobos, die mit uns am nächsten verwandt sind). Zwar zeichnet sich inzwischen ein Interesse am thanatologischen Verhalten auch anderer Spezies ab, aber immer noch beherrschen (buchstäblich und im übertragenen Sinne) Primaten die Debatte.

Es stimmt ja auch, Affen und Menschenaffen sind uns am ähnlichsten. Wir mögen es manchmal vergessen, aber auch wir sind Primaten. Neben Schimpansen, Bonobos, Orang-Utans und Gorillas sind wir die einzige noch existierende Menschenaffen-Spezies. Nichtmenschliche Primaten ähneln uns anatomisch: Sie haben zwei Arme und zwei Beine, Hände mit fünf Fingern und Füße mit fünf Zehen, und ihre Gesichter gleichen den unseren (ein Blick auf einen Schimpansen mit Haarausfall genügt, um sich die Ähnlichkeit vor Augen zu führen – wobei auch klar werden dürfte, dass es keine gute Idee wäre, sich mit einem dieser Gesellen anzulegen). Auch in ihren Gesten ähneln sie uns und in der Art, wie sie miteinander umgehen. Suchen wir nach Reaktionen

Abbildung 5: Eine Schimpansin mit Haarausfall.

auf den Tod, die an unsere eigenen erinnern, sind Primaten und insbesondere Menschenaffen die perfekten Subjekte.

Ein Grund für die große Aufmerksamkeit, die man Primaten entgegengebracht hat, ist auch der intellektuelle Anthropozentrismus. Wir erinnern uns, er ist das, was Thanatologen zu einer Überintellektualisierung des Konzepts vom Tod verleitet. Affen und Menschenaffen sind nicht nur unsere nächsten Verwandten, wir können sie auch zu den intelligentesten Arten im Tierreich zählen, genauer gesagt zu jenen, deren Intelligenz der unseren am meisten ähnelt. Verstehen wir das Konzept vom Tod als etwas, was eine vergleichbare kognitive Komplexität wie beim Menschen erfordert, ist es logisch, es bei den Primaten zu suchen.

Emotionaler Anthropozentrismus verleitet Thanatologen aber nicht nur zu einer Fokussierung auf Primaten, er lenkt das Augenmerk auch allzu sehr auf affiliative Verhaltensweisen gegenüber Toten. Die Funktion solcher Reaktionen ist es, affektive und soziale Bindungen herzustellen und zu stärken. So kann Zuneigung ausgedrückt werden, Verbundenheit, Freundschaft oder Fürsorge, es kann sich auch äußern in Spielen, Küssen, Umarmen, in Fellpflege oder im Schlafen nebeneinander und so weiter. Solche Verhalten und andere, die dem Ausdruck einer affektiven Bindung dienen, sind für die vergleichende Thanatologie immer dann von Interesse gewesen, wenn sie sich auf ein Tier richten, das stirbt oder bereits tot ist. Der Hintergrund ist hier die Suche nach Ausdrucksformen der *Trauer*.

Trauer bei Tieren

Trauer ist ein emotionaler Prozess, den wir Menschen durchlaufen, wenn eine nahestehende Person stirbt. Zwar neigen wir dazu, sie als eine einzige Gefühlsregung zu verstehen, tatsächlich aber ist sie ein ganzes Bündel, da der Prozess über einen längeren Zeitraum geht und die Trauer sich in ihrer Form wandelt, sie kann Gefühle umfassen wie Verzweiflung, Ärger, Dankbarkeit, Schmerz, Verwirrung und vieles mehr.[11] Dennoch haben wir, denken wir an Trauer, in erster Linie ein Gefühl von Traurigkeit im Sinn, einen starken, durch den Tod einer geliebten Person hervorgerufenen Kummer. Für uns ist dieser Kummer das mit dem Tod verbundene Gefühl schlechthin, und genau danach suchen Thanatologen bei Tieren.

Zwar begegnet uns auch hier im Kern wieder ein emotionaler Anthropozentrismus, aber an einem wissenschaftlichen Projekt, das Ausschau hält nach Anhaltspunkten für Trauer bei anderen

Spezies, ist erst einmal nichts auszusetzen. Problematisch wird es, wie wir noch sehen werden, wenn man das Augenmerk *allzu sehr* auf solche emotionalen Reaktionen auf den Tod richtet. Gleichwohl ist die Suche nach Trauer bei Tieren an sich eine interessante Sache, und tatsächlich scheint alles darauf hinzudeuten, dass dieses Phänomen auch jenseits der Spezies *sapiens* vorkommt.[12]

Eine der ersten Anekdoten von Trauer bei Tieren hat Jane Goodall aufgezeichnet, als sie in Gombe Schimpansen beobachtete. Dort lernte sie die Schimpansin Flo und ihren Sohn Flint kennen, die sich sehr nahestanden. Als Flo starb, wurde Goodall Zeugin von etwas, was aussah wie ein Fall von Trauer:

> Flint [...] war achteinhalb, als die alte Flo starb, und hätte in der Lage sein müssen, für sich selbst zu sorgen. Aber da er so von seiner Mutter abhängig war, schien er nicht den Willen zum Überleben ohne sie zu haben. [...] Flint wurde zunehmend lethargisch, verweigerte die meiste Nahrung und wurde, als sein Immunsystem dadurch geschwächt war, krank. Als ich ihn das letzte Mal lebend sah, war er hohläugig, abgemagert und vollkommen deprimiert und kauerte im Gebüsch nahe der Stelle, wo Flo gestorben war. Natürlich versuchten wir ihm zu helfen. Ich musste kurz nach Flos Tod Gombe verlassen, aber jeden Tag blieb der eine oder andere der Studenten oder tansanischen Mitarbeiter bei Flint, leistete ihm Gesellschaft, versuchte ihn zu allen möglichen Arten von Nahrung zu verführen. Aber nichts glich Flos Tod aus. Seine letzte kurze Wanderung, bei der er alle paar Schritte anhalten und ausruhen musste, führte zu genau der Stelle, an der Flos Leiche gelegen hatte. Dort blieb er mehrere Stunden und starrte immer wieder ins Wasser. Dann schleppte er sich ein Stück weiter, rollte sich zusammen – und regte sich nie wieder.[13]

Das ist zwar ein besonders dramatisches Beispiel, aber in der neueren Literatur finden wir viele weitere Anekdoten, die nahelegen, dass nichtmenschliche Primaten Trauer empfinden können.

Ein Beispiel stammt von Amy Porter und Mitwirkenden.[14] In ihrer Studie haben sie den Tod mehrerer Gorillas in der von ihnen überwachten Gruppe dokumentiert, darunter den Tod von Tuck, einer achtunddreißigjährigen Gorillafrau. Die Reaktion ihres Sohnes Segasira, eines etwa fünf Jahre alten Gorillas, konnte durchaus als Ausdruck von Trauer verstanden werden. Segasira und Tuck hatten eine sehr enge Beziehung, und als sie starb, war er das Mitglied der Gruppe, das am längsten bei dem Leichnam blieb. Beobachtet wurde, wie er neben der toten Mutter saß, neben ihr schlief, sich auf sie setzte, sie umarmte und ihr Fell pflegte, ihr Gesicht eingehend betrachtete, vorsichtig ihren Kopf bewegte. Auch versuchte er, an Tucks Brust zu saugen, obwohl er längst entwöhnt war. Letzteres ist besonders bemerkenswert. Stillen ist verbunden mit der Ausschüttung von Oxytocin, einem Hormon, das den Stresspegel senkt und dafür sorgt, dass wir uns besser fühlen. In dem beschriebenen Fall wurde Segasiras Verhalten als Suche nach Trost interpretiert, als Versuch, den Kummer über die ausbleibende Reaktion seiner Mutter zu lindern.[15]

Von einem weiteren eindrucksvollen Beispiel berichten Bin Yang, James Anderson und Bao-Guo Li, die den Tod einer weiblichen Goldstumpfnase dokumentiert haben.[16] Die Äffin, genannt DM, war von einem Baum gefallen, und es dauerte anderthalb Stunden, bis sie starb, sie lag auf dem Boden, zuckte und wimmerte. Als sie herunterfiel, kamen die anderen Mitglieder der Gruppe sofort von den Bäumen geklettert und stießen Alarmrufe aus. Etwa fünfzig Minuten kümmerten sie sich um DM, betrachteten sie und schnupperten an ihrem Gesicht, pflegten ihr Fell, umarmten sie, zogen sanft an ihren Händen, stießen gelegentlich Alarmrufe aus und hinderten die Jüngsten daran, zu nahe zu kommen. Nach

Abbildung 6: Segasira pflegt das Fell seiner toten Mutter.

einer Weile verloren sie das Interesse und trennten sich von DM, alle bis auf einen männlichen Affen, ZBD genannt, der eine sehr enge Beziehung zu DM hatte. Zusammen mit einigen weiblichen Erwachsenen blieb ZBD neben ihr sitzen, doch im Gegensatz zu den anderen, die nun gegenseitig Fellpflege betrieben, achtete er nur auf DM, berührte sie sanft und pflegte ihr Fell. Nach einer Weile machte sich die Gruppe auf den Weg, und in dem Moment versuchte DM, noch einmal aufzustehen, brach zusammen und starb. ZBD blieb noch einige Minuten bei der toten DM, streichelte sie und zog sie an der Hand. Dann ging er in Richtung der Gruppe, drehte sich immer wieder um und warf einen Blick auf den Leichnam von DM. Danach setzte er sich hin und schaute minutenlang abwechselnd zu DM und zum Rest der Gruppe, bis er die tote DM schließlich zurückließ und sich den anderen anschloss.

Aber auch abseits der Primaten finden wir Beispiele für augenscheinliche Trauer. Bei Elefanten etwa. Iain Douglas-Hamilton und Co-Autoren haben einen solchen Fall dokumentiert: den der

Matriarchin Eleanor.[17] Die afrikanische Elefantin brach eines Tages zusammen und starb am nächsten Tag, offenbar eines natürlichen Todes. Während sie im Sterben lag und auch noch danach, als sie schon tot war, zeigten viele Elefanten aus verschiedenen Familien Interesse an ihr. Das mag zurückzuführen sein auf die natürliche Neugier von Elefanten, wenn es um ihre Toten geht (davon wird im folgenden Kapitel die Rede sein), aber auch auf ihren bemerkenswerten Hang zu Mitgefühl und Empathie.

Grace zum Beispiel, die Matriarchin einer anderen Familie, kam an Eleanor vorbei, als die gerade zusammengebrochen war, und versuchte nach Kräften, ihr auf die Beine zu helfen, dabei war sie die ganze Zeit sichtlich aufgewühlt. Nachdem Eleanor gestorben war, wurden viele Elefanten beobachtet, wie sie immer wieder zu der Stelle zurückkehrten, wo ihr Leichnam lag. Darunter auch die Elefantin Maya, die zu Eleanors Lebzeiten mehr mit ihr zusammen gewesen war als andere und von der die Autoren annahmen, dass sie ihre Tochter war. Zwar sahen sie nicht, dass Maya mit dem toten Körper interagierte, beobachteten aber, wie sie Tag für Tag in die Nähe kam und mehr Zeit als jeder andere Elefant mit dem Leichnam zubrachte, selbst als Aasfresser sich schon darüber hermachten. Da sie, wenn sie herbeikam, keinerlei sonstige Aktivität zeigte, ist anzunehmen, dass es die emotionale Bindung war, die Eleanor immer wieder an denselben Ort zurückführte.

Und was ist mit Tieren, die nicht im Ruf stehen, so klug zu sein wie Primaten oder Dickhäuter? Auch bei ihnen finden wir Anzeichen von Trauer. Zoe Muller zum Beispiel berichtete von Giraffen, die auf ein totes Kalb reagierten.[18] Die kleine Giraffe war mit einem missgebildeten Bein geboren, und die Mutter hatte sich nie weiter als zwanzig Meter entfernt gehalten und ihr ein Maß an Aufmerksamkeit und Fürsorge entgegengebracht, wie es für diese Spezies ungewöhnlich ist. Trotzdem war das Jungtier mit nur ein paar Wochen eines natürlichen Todes gestorben. Als

Abbildung 7: Grace bei dem Versuch, Eleanor aufzurichten.

Muller den Leichnam erblickte, waren dort sechzehn Giraffen, alle weiblich und völlig aufgewühlt, sie gingen um das tote Tier herum, betrachteten es, schnupperten an ihm und stupsten es mit dem Maul an. Die Mutter des Babys war auch dabei. Als Muller am nächsten Tag zurückkam, kreiste die Giraffenherde weiterhin um den Leichnam, der dank ihrer schützenden Anwesenheit noch unversehrt war. Als Muller am dritten Tag noch einmal kam, sah sie weit und breit keine Giraffen mehr. Sie suchte die Umgebung mit dem Fernglas ab und entdeckte schließlich die Mutter, sie war nun etwa fünfzig Meter von der Stelle entfernt, und als sie selbst näher herangehen konnte, sah sie, dass sich dort nur noch die Überreste des Jungtiers befanden, zur Hälfte bereits verschlungen von den Aasfressern. Als Muller am nächsten Tag noch einmal kam, war von dem Kadaver nirgends mehr etwas zu sehen, aber die Mutter streifte immer noch in der Nähe herum.

Ein weiteres anschauliches Beispiel stammt von dem jungen

Dante de Kort, hier geht es um eine Gruppe von Halsbandpekaris, wildschweinähnlichen Tieren, die in einem großen Teil Amerikas in Wäldern leben.[19] Im Rahmen eines Schulprojekts entdeckte er ein totes Pekari-Weibchen, neben ihr schliefen zwei Mitglieder der Herde, zwei weitere in der Nähe. Da dieses Verhalten ungewöhnlich war, stellte er eine Kamerafalle auf, um das Treiben der Pekaris in den nächsten Tagen zu beobachten. Dabei zeigte sich, dass die Pekaris, auch wenn sie tagsüber kamen und gingen, immer wieder an die Stelle zurückkehrten, wo das tote Tier lag, vor allem nachts. Sie stupsten den Leichnam mit der Schnauze an, betrachteten ihn, bissen und beschnüffelten ihn und versuchten, ihn anzuheben. Oft schliefen sie auch neben dem Leichnam und schmiegten sich an ihn. Nach zehn Tagen erschien ein Rudel Kojoten, die es auf den Schmaus abgesehen hatten. Die Pekaris verscheuchten sie mehrmals, aber in der Nacht schafften es die Kojoten schließlich, sich über den Kadaver herzumachen und ihn zu verschlingen. Die verbliebenen Pekaris flohen und wurden in der Gegend nicht mehr gesehen.

Wie gesagt, an der Frage, ob Tiere Trauer empfinden können, ist an sich nichts auszusetzen. Wichtig ist allerdings, nicht aus den Augen zu verlieren, was Trauer uns über die kognitiven und emotionalen Fähigkeiten von Tieren verrät. Aus den beschriebenen Beispielen geht deutlich hervor, dass ein Tier, das Trauer zeigt, in der Regel eine starke emotionale Bindung zu dem toten Individuum hat. Und das ist kein Zufall. In den Worten der Anthropologin Barbara King, die dieses Phänomen eingehend untersucht hat: »Wo wir bei Tieren Trauer vorfinden, finden wir wahrscheinlich auch Liebe vor und umgekehrt. Als hätten beide die gleichen emotionalen Grenzen.«[20] Trauer, verstanden als eine von Schmerz oder Traurigkeit hervorgerufene Reaktion auf den Tod, setzt voraus, dass uns die Toten *etwas bedeuten*, dass es ein emotionales Band gibt, das uns mit ihnen verbindet.

Trauer ist also bedeutsam und gilt es in den Blick zu nehmen, wenn wir nach Belegen suchen für die Fähigkeit von Tieren, Liebe, Zuneigung, Anteilnahme oder Freundschaft zu empfinden. Was aber, wenn das, wonach wir suchen, ein Beweis ist für ein Konzept vom Tod? In dem Fall ist es nicht mehr ganz so klar, dass der Fokus auf die Trauer uns sonderlich weiterhilft.

Trauer kann sich grundsätzlich auch ohne ein Konzept vom Tod zeigen, denn ausgelöst wird sie sehr wohl auch durch die bloße *Abwesenheit* eines geliebten Wesens. King erzählt den Fall von Willa, der Katze von Freunden, die nach dem Tod ihrer Schwester Carson, mit der sie vierzehn Jahre zusammengelebt hatte, eine schreckliche Zeit der Trauer durchzumachen schien.[21] Als Carson starb, begann Willa, sich seltsam zu verhalten. Den ganzen Tag wanderte sie durchs Haus, immer auf der Suche nach ihrer abwesenden Schwester, und dabei gab sie Geräusche von sich, die die Freunde nie zuvor gehört hatten und als Wehklage beschrieben. Es mag legitim sein, hier von Trauer zu sprechen, ein Konzept vom Tod können wir Willa allerdings nicht bescheinigen, denn Carson starb in einer Tierklinik, und Willa hatte den Leichnam nicht gesehen oder mit ihm interagiert, woher sollte sie also wissen, dass ihre Schwester gestorben war (zumal es, aus Gründen, die wir uns im folgenden Kapitel anschauen, nicht allzu wahrscheinlich ist, dass Willa schon vorher ein Konzept vom Tod hatte, nicht einmal ein minimales).

In den anderen Beispielen aus diesem Kapitel ging es jedoch um Todesfälle in der Natur. Hier hatten die Tiere, die ein Trauerverhalten zeigten, sehr wohl Gelegenheit, das tote Tier zu sehen und mit ihm zu interagieren, sodass grundsätzlich ein Konzept vom Tod eine Rolle gespielt haben könnte.

Heikel ist es trotzdem, wenn wir uns, suchen wir nach Beweisen für ein Konzept vom Tod in der Natur, auf Fälle von Trauer konzentrieren. Trauer kann für Tiere nämlich Anlass sein, mit den Verstorbenen zu interagieren, *als wären* sie noch am Leben. Besonders gut lässt sich das veranschaulichen an dem Phänomen, dass Tiere ihre toten Jungtiere mit sich tragen, eines der Verhalten, die in der thanatologischen Literatur die meiste Beachtung gefunden haben.

Tragen toter Jungtiere

Die Praxis, über einen längeren Zeitraum an dem toten Körper eines Babys festzuhalten, ist vor allem bei Primaten dokumentiert.[22] Dass fast alle Belege von Primaten stammen, hat wohl weniger mit emotionalem Anthropozentrismus zu tun als mit der Tatsache, dass Affen und Menschenaffen Hände haben, was es ihnen erheblich erleichtert, mit einem Leichnam bepackt durchs Leben zu gehen. Dennoch sind auch Fälle bei Nichtprimaten belegt. So beobachteten Rob Appleby, Bradley Smith und Darryl Jones eine Dingo-Mutter, die einen ihrer Welpen, der gestorben war, drei Tage lang immer wieder im Maul trug, während sie mit ihrem Wurf von einem Ort zum nächsten zog.[23] Und bei Waltieren wurden vielfach Mütter beobachtet, die, so wie Tahlequah, ihre toten Kälber mit sich trugen, selbst wenn die sich schon in einem fortgeschrittenen Stadium der Verwesung befanden. Oft nehmen die Mütter keine Nahrung mehr zu sich und richten ihre ganze Aufmerksamkeit auf das tote Kalb, um es vor Artgenossen und möglichen Räubern zu schützen, während sie es kilometerweit mitschleppen.[24]

Dass Primaten tote Jungtiere mit sich herumtragen, hat in der Literatur wahrlich große Beachtung gefunden, denn offenbar ist ein solches äußerst auffälliges Verhalten nur schwer zu erklären. Wir wollen das an einem Beispiel illustrieren, von dem Arianna De Marco, Roberto Cozzolino und Bernard Thierry berichten.[25]

Abbildung 8: Evalynes Verhalten im Verlauf der ersten vierundzwanzig Tage.

Die Rede ist von einer Äffin namens Evalyne, die zu einer Population von Tonkean-Makaken in einem italienischen Zoo gehört. Bereits zuvor hatte man bei zehn anderen weiblichen Tieren ihrer Gruppe beobachtet, dass sie ihre gestorbenen Babys über einen Zeitraum von ein paar Stunden bis zu sieben Tagen bei sich trugen. Evalynes Fall war jedoch insofern überraschend, als sich dieses Verhalten über unglaubliche fünfundzwanzig Tage hinzog. Das Folgende ist eine Rekonstruktion des Ablaufs, wie De Marco und ihre Kollegen ihn schildern.

Das Baby kam, wie es aussah, gesund zur Welt und wurde von Evalyne, die zum ersten Mal Mutter geworden war, normal versorgt. Doch am fünften Tag nach der Geburt war es morgens tot. Am nächsten Morgen kam Evalyne nicht zur täglichen Futterausgabe, und das zuständige Zoopersonal bemerkte, dass sie sehr unruhig war und vor der Plastiktür, die den Innen- und den Außenbereich des Geheges voneinander trennte, auf ihr eigenes Spiegelbild starrte und es anschrie. Ein solches Verhalten hatte man bei ihr noch nicht gesehen. In den Wochen darauf wurde sie sehr viel ruhiger, hielt aber immer noch ihr totes Baby in den Armen, umsorgte es, pflegte sein Fell und leckte es, widmete sich besonders seinem Gesicht. Beobachtet wurde auch, wie sie die Finger und die Zunge in den Mund des Babys steckte, was Mütter dieser Makaken-Art manchmal tun, um den Saugreflex auszulösen. Trotz des heftigen Gestanks, der von dem kleinen Körper ausging, wollte Evalyne nicht von ihm lassen. Die anderen Affen schenkten dem toten Jungtier keine Beachtung.

Im Laufe der Tage trocknete der Körper immer weiter aus, bis er praktisch mumifiziert war. Evalyne trug ihn die ganze Zeit bei sich, in der Hand, mit dem Fuß oder im Mund. Wenn er ihr mal runterfiel, hob sie ihn sofort wieder auf. Am vierzehnten Tag löste sich der Schädel, aber das schien Evalyne nicht zu bekümmern. In der nächsten Woche trug sie die Überreste weiter, nach und nach fielen immer mehr Stücke ab. Oft hielt sie sich die vors Gesicht, vielleicht um daran zu riechen oder sie genauer zu untersuchen.

Am achtzehnten Tag ließ Evalyne den Leichnam zum ersten Mal los, behielt ihn aber weiter im Auge. Als er so auf dem Boden lag, kam eine erwachsene Äffin und roch kurz daran, danach eine noch junge Äffin, schnappte ihn sich und hielt ihn in der Hand, während sie eine Weile mit Evalyne spielte.

Am neunzehnten Tag wurde zum ersten Mal gesehen, wie Evalyne an den Überresten knabberte und kleine Stücke aß.

Am zweiundzwanzigsten Tag zerfiel der Kadaver, verschiedene Stücke lagen nun im Gehege verstreut. Jetzt hatte Evalyne immer ein Stück im Mund oder in der Hand, manchmal legte sie es kurz auf den Boden, hob es dann aber wieder auf. Kam sie an einem anderen der Stücke vorbei, tauschte sie es oft gegen dasjenige, das sie gerade trug. Nicht selten knabberte sie daran und aß kleine Stückchen. Am fünfundzwanzigsten Tag wurde sie zuletzt mit etwas gesehen, was aussah wie ein Beinchen oder ein Ärmchen, andere Stücke waren im Gehege nicht mehr zu erkennen. Kein anderer Makake wurde jemals dabei beobachtet, wie er etwas von den Überresten trug.

Evalynes Fall, mit ihrer Ausdauer und ihrer Hartnäckigkeit, ist besonders bemerkenswert, aber es ist keineswegs eine Ausnahme. Bei Primatenmüttern, die ihre Babys verloren haben, ist das Tragen toter Babys vielfach dokumentiert. Nur ist dieses Verhalten, wie wir bei Bronte gesehen haben, nicht immer so obsessiv wie bei Evalyne. Manche Mütter tragen ihre toten Jungtiere nur wenige Stunden oder Tage, andere zeigen ein solches Verhalten überhaupt nicht, bei wieder anderen erstreckt es sich über Monate.

Wie schon gesagt, hat das Tragen toter Babys unglaublich viel Aufmerksamkeit erhalten, eben weil es offenbar so schwer zu erklären ist. In einem vor wenigen Jahren erschienenen Artikel haben Claire Watson und Tetsuro Matsuzawa versucht, eine Hypothese aufzustellen, mit der sich alle dokumentierten Fälle erklären ließen, und aufgezeigt, dass das unmöglich ist.[26] Ihnen zufolge würde die Hypothese mit dem größten Zuspruch, dass es sich nämlich um ein durch die Mutter-Kind-Bindung hervorgerufenes Verhalten handele, nicht Fälle wie den von Evalyne erklären, die in Kannibalismus enden, geschweige denn jene, bei denen der Kannibalismus abwechselt mit einem Fürsorgeverhalten. Ebenso wenig würde die Hypothese der Mutter-Kind-Bindung Fälle erklären, in denen andere weibliche Tiere, die nicht die Mutter waren, und selbst männliche dabei beobachtet wurden, wie sie ein totes Jungtier trugen.

Vorgebracht wurde auch, dass Erstgebärende oder Mütter, die ein Baby verlieren, zu dem sie eine besonders starke Bindung haben, vielleicht am ehesten zu einem solchen Verhalten neigen. Allerdings scheint es keine Korrelation zwischen diesen Faktoren zu geben. Andere haben argumentiert, dass das Klima ein entscheidender Faktor sein könne, da bestimmte Bedingungen ein Mumifizieren des Kadavers begünstigten, sodass er, wie Evalynes totes Baby, seine Form behalte und leichter als Jungtier zu erkennen und auch zu tragen sei. Entgegen dieser Hypothese merken Watson und Matsuzawa an, dass es viele dokumentierte Fälle gibt, bei denen tote Tierbabys in einem feucht-tropischen Klima getragen wurden, ebenso Berichte von Müttern, die Kadaver trugen, die entstellt waren, in Verwesung und aufgequollen, oder von denen nur noch ein nicht wiederzuerkennendes Stück übrig war.

Wieder eine andere Hypothese besagt, den Körper eines toten Jungtiers nicht loszulassen könne ein adaptives Verhalten der Mütter sein, für den Fall, dass es wieder zu Bewusstsein kommt. Angesichts der bereits in das Baby investierten Energie mag es eine gute Idee sein, eine Strategie des »Warten wir's ab« zu verfolgen. Doch gibt es, und auch darauf weisen Watson und Matsuzawa hin, viele weitere Gründe, weshalb ein solches Verhalten maladaptiv wäre, eine Fehlanpassung: Ein verwesender Kadaver ist eine Quelle von Krankheitserregern, und für eine Spezies, die in den Bäumen lebt, ist es riskant, immer ein totes Tier in der Hand zu halten, ein ständiges Tragen obendrein Energieverschwendung, außerdem kann das obsessive Kümmern um ein totes Baby die Wiederaufnahme des Menstruationszyklus verhindern und der Paarung im Weg stehen. Alle diese Faktoren können es der Mutter erschweren, ihre Gene an die nächste Generation weiterzugeben, womit dergleichen Verhalten zu einem maladaptiven würde.

Es ist sicher interessant, dass sich keine feste Regel findet, nach der wir vorhersagen könnten, wann, wie und von wem ein solches

Verhalten gezeigt wird, es ist aber auch unrealistisch, so etwas zu erwarten, denn Affen und Menschenaffen – wie auch die übrigen Spezies, bei denen dieses Verhalten dokumentiert ist – sind kognitiv wie auch emotional hochkomplexe Tiere, mit einer eigenen Persönlichkeit und einer eigenen Lebensgeschichte, die bestimmen, wie sie sich in einer gegebenen Situation verhalten. Um auf die im zweiten Kapitel eingeführte Unterscheidung zurückzukommen: Was wir bei diesen Spezies sehen, sind kognitive mehr denn rein stereotype Reaktionen auf den Tod, weshalb wir auch annehmen dürfen, dass es eine große Variabilität in ihrem Verhalten gibt und wir nicht die eine Erklärung finden, die alles umfasst.

Sehr wohl aber können wir sagen, dass die *meisten* Fälle bei Müttern auftreten, die ihr Kind verloren haben, und dass die *Hauptursache* für dieses Verhalten in den hormonellen und emotionalen Mechanismen wurzelt, die für die Mutter-Kind-Bindung verantwortlich sind. Was nichts daran ändert, dass es noch viele weitere Faktoren gibt, sowohl persönliche als auch den Umständen geschuldete (Klima, frühere Erfahrungen der Mutter, Todesursachen et cetera), und die können sich darauf auswirken, wie ein solches Verhalten zutage tritt oder ob überhaupt.

Dass die Mutter-Kind-Bindung eine Rolle spielt, wenn tote Jungtiere getragen werden, ist aus mehreren Gründen offensichtlich. Der erste, und es mag trivial erscheinen, ist die Tatsache, dass dieses Verhalten ausgelöst wird durch Mechanismen in der Mutter selbst, da das tote Baby nichts »tun« kann, um ein solches hervorzurufen.[27] Außerdem kann, solange der Leichnam nicht stark entstellt ist, sein bloßes Aussehen oder der Geruch ausreichen, um die Mechanismen in Gang zu setzen.

Genauso wissen wir, dass die Motivation hinter dem Verhalten eine sehr starke ist. Nichtmenschliche Primaten bewegen sich nicht ausschließlich auf zwei Beinen, und ein totes Baby klammert sich nun mal nicht wie ein lebendes an die Mutter, es zu tragen bedarf einer erheblichen Anstrengung. Und wie bereits erwähnt, ist es nicht ungefährlich, nur eine Hand frei zu haben, insbesondere bei Baumbewohnern, wie viele Primaten es sind. Bei Waltieren kann die Motivation sogar noch größer sein, da mangels Händen ein solches Verhalten über einen längeren Zeitraum noch schwieriger wird.

Mütter, die ihre toten Babys bei sich tragen, neigen auch zu vehementem Protest gegen jeden Versuch, sie gewaltsam von dem Leichnam zu trennen, was deutlich daran erinnert, wie sie auf jede Bedrohung ihrer Jungen reagieren. Watson und Matsuzawa berichten von einer Makaken-Mutter in Gefangenschaft, die ihr totes Baby zweiundzwanzig Tage mit sich trug und dann häufiger auf dem Boden liegen ließ, während sie ihrem Alltagsgeschäft nachging, immer aber in einer Entfernung von weniger als zwanzig Metern. In der Annahme, sie hätte das Interesse an dem Kadaver verloren, wollten die Tierpfleger ihn aus dem Gehege entfernen, brachten ihn nach zehn Minuten aber wieder zurück. Die Äffin lief sofort darauf zu, packte ihn und hielt ihn fest, dabei stieß sie Drohgebärden in Richtung der Menschen aus, die ihn ihr weggenommen hatten.[28]

Ähnliches erzählen Melissa Reggente und Kollegen von einer Delfinmutter, die mit einem schon stark verwesten Jungtier gesichtet wurde. Sie beschlossen, den Kadaver mit einem Seil an ihrem Boot festzubinden, an Land zu bringen und dort zu begraben. (Wer fühlt sich bei der Vorstellung, wie dieses Forschungsteam sich einer solch absurden Tätigkeit hingab, nicht erinnert an die Ameisen mit ihrer Nekrophorese.) Die Mutter schwamm hinter dem Boot her, ließ nicht ab von ihrem toten Jungtier und stieß es immer wieder mit der Schnauze an, bis das Wasser zu flach war, um ihm weiter zu folgen. Noch Stunden nachdem der Kadaver begraben war, zog der Delfin in der Nähe seine Kreise.[29]

Eine derart starke Motivation lässt auf tief verwurzelte und sehr mächtige Mechanismen hinter dem Verhalten dieser Mütter schließen, wahrscheinlich sind es die gleichen Mechanismen, die verantwortlich sind für die Fürsorge für ihre Jungen. Allerdings hat die starke Motivation, dazu das Verhalten der Mütter gegenüber den toten Tieren, manche zu der Frage bewogen, ob sie wirklich wissen, dass ihr Junges tot ist, mit dem Argument, dass sie es vielleicht so unermüdlich tragen und weiterhin umsorgen, weil sie denken, es lebe noch.[30] Aber ist das eine plausible Hypothese? Hier wird die Sache verzwickt, und allmählich wird klar, wie problematisch es ist, den Fokus auf die Trauer zu richten, wenn wir Ausschau halten nach einem Konzept vom Tod in der Natur.

Einiges spricht dafür, dass die Mütter wissen, dass mit ihrem Baby etwas nicht stimmt. Und so fürsorglich sie sich gegenüber einem Leichnam verhalten mögen, sehen wir doch auch Tragetechniken, die bei lebenden Jungen nicht zum Einsatz kommen. Mütter tragen ihre toten Jungtiere manchmal kopfüber, im Mund oder an einer Gliedmaße hängend, und schleifen sie über den Boden. All das mag auf mangelnde »Kooperation« des Babys zurückzuführen sein, das sich normalerweise fest an die Mutter klammert, es kann aber auch ein Beleg dafür sein, dass sie den Tod des Kleinen nicht registriert hat.

Im nächsten Kapitel werden wir uns ansehen, welche Gründe nahelegen, dass diese Mütter tatsächlich ein Konzept vom Tod haben und wissen, was mit ihrem Nachwuchs los ist. Trotzdem taugt ein solches Verhalten nicht eben als Beweis für ein Konzept vom Tod, schließlich kann die affektive Bindung zwischen Mutter und Baby dazu führen, dass die Mutter ihr Kleines so behandeln möchte, *als würde* es noch leben.

Tatsächlich neigen *menschliche* Mütter ebenfalls dazu, es wird sogar als Therapie empfohlen, um über den Verlust eines Babys hinwegzukommen. In einem überaus traurigen Artikel beschreibt

Abbildung 9: Schimpansenmütter, die ihre toten Jungen mit Techniken tragen, wie man sie bei lebenden nicht gesehen hat.

Ana Todorović ihre Erfahrungen nach der Geburt ihrer zweiten Tochter, die tot auf die Welt kam. Sie erzählt, wie sie tagelang nicht anders konnte, als Nadia, die Kleine, so zu behandeln, als würde sie leben, sie badete sie, zog sie an, streichelte sie und schlief neben ihr, was das medizinische Personal nicht nur gestattete, es ermunterte sie sogar dazu, da es in vielen Fällen als therapeutisch angesehen wird.[31] Todorović' Beschreibung ihrer Gefühle gibt uns vielleicht einen kleinen Einblick in das, was auch nichtmenschliche Mütter durchmachen, die ihre Babys tage-, wochen- oder monatelang tragen, ihr Fell pflegen, sie umsorgen und schützen:

Eigentlich halte ich mich für einen rationalen Menschen, aber wenn ich sie sah, blitzte in all meiner Verzweiflung immer wieder die Hoffnung auf, die ganzen nächsten Tage, dabei gab es überhaupt keinen Zweifel an ihrem Zustand. Kam jemand in die Nähe des Bettchens, in dem sie lag, drehte ich mich sofort hin und hielt Ausschau nach einem Anzeichen, dass sie sich bewegte. […] Ich wusste es, und doch konnte ich nicht anders, als zu hoffen. Es war eine tiefsitzende, instinktive Reaktion auf ihre Anwesenheit. […] Die ganze Zeit wollte ich sie nicht mehr sehen und dann doch noch einmal sehen, wollte, dass es endlich vorbei war und niemals aufhörte. Ich mochte es, ihre Händchen zu halten, ihre Füße zu streicheln. Vor allem aber mochte ich es, ihr Gesicht zu berühren. Selbst als die Haut schon kalt wurde, waren ihren Wangen noch so weich, wie es nur die Wangen eines Neugeborenen sein können. […] Dass ich geboren hatte, hat mir die Kraft gegeben, meine Gefühle für Nadia zu festigen. […] Vielleicht ist die Liebe einfach da, wird einfach gefühlt. Bedingungslos, auch wenn ich Nadia nur so gekannt habe. Es ist keine Hoffnung, ist kein Gedanke. Vielleicht sind die Bausteine dieser Liebe zu weit weg von jeder Erklärung, stecken zu tief in unseren Wurzeln, reichen zu weit zurück in der Zeit, als dass wir sinnvoll darüber nachdenken könnten. Mein Verstand wird versuchen, etwas mit Bedeutung um die Kleine herum zu konstruieren, weil meine Gefühle mich in diese Richtung ziehen, aber der Gedanke an ein Kind, das *fast eines war*, ist allzu schwer zu fassen, er kann nicht vorsichtig auseinandergenommen und dann im Kopf wieder zusammengesetzt werden. Es ist nichts als ein klaffendes Loch, eine leere, schmerzliche Abwesenheit […].[32]

Ein solches scheinbar irrationales Verhalten, wie wir es bei Todorović, bei Evalyne, Bronte oder Tahlequah sehen, folgt einer

Fortpflanzungsstrategie, die für ihre jeweilige Spezies typisch ist. Sowohl Primaten als auch Wale sind sogenannte K-Strategen, das heißt Tiere, die nur wenige Nachkommen haben und sich intensiv um jeden einzelnen kümmern, um so die Wahrscheinlichkeit zu erhöhen, dass sie die Geschlechtsreife erlangen. Ganz anders die r-Strategen, zu denen die meisten Arten gehören. Diese Tiere kümmern sich überhaupt nicht um ihre Nachkommen, kompensieren es aber durch ihre große Zahl, so stellen sie sicher, dass zumindest einige von ihnen überleben. (Die Buchstaben K und r beziehen sich auf zwei Variablen in einer Populationsgleichung, die wir hier nicht kennen müssen.)

Für K-Strategen ist es von entscheidender Bedeutung, dass äußerst mächtige Mechanismen vorhanden sind, die die mütterliche Fürsorge steuern, denn ohne hat der Nachwuchs kaum eine Chance, das Erwachsenenalter zu erreichen. (Man denke nur daran, wie lange ein menschliches Baby überleben würde, würden wir es mitten im Wald allein lassen.) Die Lösung, mit der die Evolution aufwartet, ist genau diese starke, bedingungslose und irrationale Mutterliebe. Daher ist das Tragen toter Babys nicht gerade das, worauf wir achten sollten, wenn wir nach Belegen für ein Konzept vom Tod forschen, denn offenbar liegen diesem Verhalten irrationale Mechanismen zugrunde, und es lässt sich nur schwer sagen, wie es mit einem Konzept vom Tod zusammengehen könnte. Vielleicht ist das Wissen, dass ihr Junges tot ist, für Mütter ein Grund, es zu verlassen, vielleicht aber auch, wie für Ana Todorović, ein Grund, weiterhin den Kontakt zu suchen.

Und was ist mit dem Kannibalismus, den wir bei einigen dieser Mütter beobachten? Hier sind wir geblendet von unserem emotionalen Anthropozentrismus, und wie im Fall von Charlie haben wir große Schwierigkeiten, uns vorzustellen, wie sich ein solches Verhalten mit einer affektiven Bindung vereinbaren ließe. In unseren Gesellschaften mag es absolut tabu und überhaupt undenkbar sein, den eigenen Nachwuchs zu verzehren, prinzipiell aber ist es möglich, dass ein solches Verhalten motiviert ist von der Liebe der Mutter zu ihrem Baby. Spüren wir nicht auch manchmal so einen Urtrieb, wenn wir jemanden »zum Fressen gern« haben? Vielleicht zeigt sich dieser Impuls bei manchen Tieren bis in seine letzte Konsequenz. Oder ihr Verhalten deutet auf ein Bedürfnis nach Trost. So wie Segasira versuchte, an der Brust seiner toten Mutter zu saugen, verzehren diese Mütter vielleicht ihre Jungen, um ihren Schmerz zu lindern. Schließlich wissen wir, dass das Tragen des Leichnams den Müttern hilft, nach dem Tod eines Babys den Stress zu regulieren, weshalb auch vorgebracht wurde, ihr Verhalten sei eine Form von »Trostkontakt«.[33] Letztlich kann Liebe auf vielerlei Weise zum Ausdruck kommen, und so befremdlich uns manches davon vorkommen mag, scheint es doch kein hinreichender Grund zu sein, Trauer als Erklärung auszuschließen.

Trauer und das Konzept vom Tod

Wie uns die Diskussion um das Tragen toter Babys vor Augen führt, ist die Frage, ob Tiere trauern können, eine interessante, und wir sollten sie wohl bejahen. Nur dürfen wir sie keinesfalls verwechseln mit der Frage, ob Tiere ein Konzept vom Tod haben. Und das nicht allein, weil sich, sobald Trauer ins Spiel kommt, nur schwer erkennen lässt, ob ein solches vorliegt. Der Grund ist vor allem ein theoretischer, denn wir haben es hier mit *zwei verschiedenen Fragen* zu tun.

Die eine Frage ist, ob Tiere Trauer empfinden, und die andere, ob sie den Tod verstehen. In der thanatologischen Literatur werden sie allerdings nicht voneinander getrennt betrachtet. Immer wieder wird die Frage nach der Trauer bei Tieren vermischt mit der Frage nach einem Konzept vom Tod. Was wiederum seinen Ursprung im emotionalen Anthropozentrismus hat. Denn wenn Trauer die prototypische menschliche Reaktion auf den Tod ist, erwarten wir, dass Tiere, die den Tod verstehen, auch trauern, aber das muss nicht so sein. Genau wie es Trauer ohne ein Konzept vom Tod geben kann, kann es auch ein Konzept vom Tod ohne Trauer geben.

Um das zu veranschaulichen, möchte ich eine Anekdote erzählen. Als mein Bruder noch klein war, kam er einmal mit einer winzigen Nacktschnecke aus dem Garten ins Haus. Begeistert von seinem Fund, hielt er die Schnecke in seinem Patschhändchen und sagte stolz zu meiner Mutter: »Guck mal, Mama, das ist mein neues Haustier, es heißt Schleimi!« Entsetzt über die Vorstellung, in ihrem Haus ein solches Viech zu haben, das aussah wie ein mutierter Nasenpopel, packte meine Mutter den armen Schleimi mit einem Stück Klopapier und spülte ihn kurzerhand die Toilette hinunter, der unausweichliche Wutanfall ihres Sohnes beeindruckte sie nicht. Ich erinnere mich noch an den Schrei meines Bruders, als die Spülung das Weichtier ins Jenseits beförderte: »Neiiin! Schleimiiii!« Das Trauma war so groß, dass er sich beim nächsten Haustier für eine Eidechse aus Gummi entschied, Schlaffi genannt.

Mit dieser kleinen Geschichte möchte ich aufzeigen, dass ein Konzept vom Tod nicht zwangsläufig eine bestimmte Gefühlsregung zur Folge hat. Für meinen Bruder war Schleimis Tod eine Tragödie. Für meine Mutter eine Erleichterung. Aber beide haben genau begriffen, dass Schleimi gestorben war.

Dieser Gedanke gilt auch für nichtmenschliche Tiere. Trauer ist kein Zeichen für ein Konzept vom Tod, vielmehr für eine starke affektive Verbundenheit mit einem verstorbenen Individuum. Grundsätzlich aber kann ein Tier beim Tod eines anderen Tieres alles Mögliche empfinden. Es kann sich freuen, wenn der

Tod bedeutet, dass es in der sozialen Hierarchie aufsteigt. Es kann sich ängstigen, wenn es den Tod als Zeichen für eine drohende Gefahr sieht. Es kann eine rein egoistische Traurigkeit verspüren, wenn der Grund der Verlust eines Individuums ist, das ihm immer schön den Rücken gekratzt hat. Es kann Erregung oder Hunger verspüren, wenn es den Leichnam als Nahrungsquelle wahrnimmt. Es kann aber auch gar nichts empfinden, wenn ihm das verstorbene Tier egal ist. Das Konzept vom Tod ist vereinbar mit einem breiten Spektrum an emotionalen Reaktionen, und nur eine davon ist Trauer.

Konzentrieren wir uns zu sehr auf die Trauer, verpassen wir womöglich viele Gelegenheiten, ein Konzept vom Tod in der Natur zu entdecken. Lassen wir uns zu sehr vom emotionalen Anthropozentrismus leiten, wird es ebenfalls schwer, ein Verhalten in den Blick zu nehmen, das aus menschlicher Sicht schwer zu verstehen ist, wie im Fall von Charlie oder bei Kannibalismus, Nekrophilie oder einem Infantizid, einer Kindstötung. Das alles ist jedoch in der Natur weit verbreitet und liefert wichtige Hinweise, mit denen sich vielleicht entschlüsseln lässt, wie Tiere den Tod erfahren und verstehen.

In den beiden folgenden Kapiteln werden wir, intellektuellen und emotionalen Anthropozentrismus beiseitegeschoben, in aller Klarheit sehen können, dass das Konzept vom Tod leicht zu erwerben und somit bei nichtmenschlichen Tieren häufig anzutreffen ist, auch wenn die Art und Weise, wie sie auf den Tod reagieren, vielfältiger ist, als aus rein anthropozentrischer Perspektive zu erwarten wäre.

6
DER ELEFANT, DER ELFENBEIN SAMMELTE

Wer als Kind, so wie ich, ein ums andere Mal *Der König der Löwen* gesehen hat, dem werden Elefantenfriedhöfe ein Begriff sein: Orte, wohin diese Dickhäuter angeblich zum Sterben gehen, wo es dunkel und unheimlich ist und manchmal Horden von Hyänen und Löwen mit Narben im Gesicht und finsteren Absichten lauern.

Tut mir leid, aber da muss ich enttäuschen, denn offenbar sind diese Friedhöfe nur ein Mythos. Zwar wurden schon mal Knochen von mehreren Elefanten auf relativ kleinem Raum gefunden, aber das dürfte auf intensive Bejagung zurückzuführen sein oder auf Dürreperioden, was die massierten Todesfälle erklärt, nicht auf die Tatsache, dass die Tiere sich an einen solchen Ort begeben hätten, um das Zeitliche zu segnen.[1]

Allerdings scheint es auch zu stimmen, dass Elefanten – zumindest die afrikanischen – ein außergewöhnliches Verhältnis zum Tod haben. Wie wir gesehen haben, reagieren Tiere dieser Spezies oftmals mit Empathie und Mitgefühl auf Situationen, in denen einer ihrer Artgenossen leidet oder in Gefahr ist. Das betrifft auch Fälle, in denen ein Elefant im Sterben liegt, wie beschrieben im vorigen Kapitel bei Grace, die versucht hat, Eleanor in ihren letzten Momenten zu helfen, auch wenn sie nicht mit ihr verwandt war.

Das Interesse der Elefanten am Tod geht über Mitgefühl hinaus. Wie auch im Fall von Eleanor werden Leichname von Elefanten nicht selten in großer Zahl besucht, sowohl von verwandten als auch von nichtverwandten Artgenossen. Grundsätzlich könnte das daran liegen, dass Elefanten auf ihren Wanderungen oft die gleichen Wege gehen, sodass sie rein zufällig vorbeikommen. Genauso könnte es aber auch sein, dass die toten Tierkörper sie einfach anlocken, weil sie etwas Neuartiges sind.

Um die Hypothesen zu überprüfen, haben Karen McComb, Lucy Baker und Cynthia Moss im kenianischen Amboseli-Nationalpark ein Experiment durchgeführt.[2] Dabei konfrontierten sie Elefanten in ihrer natürlichen Umgebung mit Gruppen von jeweils drei Objekten, um ihre Reaktionen zu testen und herauszufinden, für welche sie sich am meisten interessierten. Konkret wurden bei dem Experiment drei unterschiedliche Bedingungen geschaffen, je nach den vorgelegten Objekten. Bei der ersten Anordnung präsentierten sie ihnen einen Elefantenschädel, ein Stück Elfenbein und ein Stück Holz. Die Elefanten zeigten ein sehr viel größeres Interesse an dem Elfenbein als an den beiden anderen Objekten und interessierten sich mehr für den Schädel als für das Stück Holz. Bei der zweiten waren die Objekte drei Schädel, von einem Elefanten, einem Büffel und einem Nashorn. Auch hier waren die Elefanten offenbar interessierter an dem Schädel ihres Artgenossen und zeigten ein nur geringes Interesse an den beiden anderen. Zuletzt waren die präsentierten Objekte drei Elefantenschädel: zwei stammten von Matriarchinnen anderer Familien und einer von einer kürzlich verstorbenen Matriarchin der eigenen Familie. In dem Fall schienen die Probanden an allen drei Objekten gleichermaßen interessiert zu sein.

Die Ergebnisse des Experiments zeigen, dass die Besuche der Elefanten bei den Leichnamen ihrer Artgenossen kein Zufall sind. Die Elefantenschädel interessierten sie, wie es aussah, sehr viel mehr als andere natürliche Objekte, mehr auch als die Schädel von Mitgliedern anderer Spezies. Allerdings unterscheiden sie offenbar nicht zwischen Schädeln von Verwandten und denen von Nichtverwandten. Der Grund könnte sein, dass das betreffende Individuum allein durch den Schädel nicht zu erkennen ist – auch wenn diese Tiere mit ihrem ausgeprägten Geruchssinn vielleicht bloß Knochen benötigen, um einen bestimmten Elefanten zu identifizieren –, es deutet aber auch darauf hin, dass für sie ein toter Körper der eigenen Spezies einfach interessant ist. Was auch erklären würde, weshalb Eleanor so viel Besuch erhielt, ungeachtet der Tatsache, dass ihr Tod noch nicht lange zurücklag, der Leichnam noch frisch war und die Elefantin also deutlich zu erkennen.

Bemerkenswert ist hier, dass die Elefanten offensichtlich fasziniert waren von dem Stück Elfenbein, dabei war es im Grunde das einfachste Objekt. Nicht nur schenkten sie ihm die meiste Aufmerksamkeit, sie stießen es auch viel öfter mit den Füßen an als jedes andere Objekt. Unabhängig von diesem Experiment wurden Elefanten beobachtet, wie sie Stoßzähne toter Artgenossen mit sich herumtrugen, fast schon, als wäre es eine Obsession, sie zu sammeln.[3] Ein Grund, warum Elfenbein sie so fasziniert, könnte sein, dass Stoßzähne ein charakteristisches Merkmal von Elefanten sind, das den Tod »überlebt«. Bei ihren sozialen Interaktionen berühren Elefanten oft die Stoßzähne der anderen mit dem Rüssel, und es wäre nicht verwunderlich, wenn sie, begegnete ihnen ein Stück davon, das Elfenbein als etwas erkennen könnten, was zu einem Elefanten oder vielleicht gar zu diesem oder jenem Individuum gehörte.[4]

Die Interaktion von Elefanten mit ihren Toten scheint über bloße Neugier hinauszugehen. Nicht selten sieht man sie bei dem Versuch, tote oder sterbende Artgenossen anzuheben oder gar zu tragen. Auch gibt es Berichte über Elefanten, die Nahrung in das Maul eines Leichnams stopften oder versuchten, mit ihm zu kopulieren, sowie von Fällen, in denen sie einen toten Artgenossen vor Raubtieren oder anderen Elefanten bewachten und schützten. Außerdem wurden, was wohl am seltsamsten ist, Elefanten dabei beobachtet, wie sie, gleichsam als eine Art rudimentäres Begräbnis, tote Artgenossen mit Erde und Pflanzen bedeckten. Im Gegensatz zu den anderen Verhalten ist nicht bekannt, dass sie es gegenüber lebenden Individuen jemals praktiziert hätten.[5]

Die Komplexität der Reaktionen von Elefanten auf den Tod sagt uns, dass sie gute Kandidaten für den Besitz eines Konzepts vom Tod sind. Wie wir bereits gesehen haben, sind Variabilität und Komplexität von Verhaltensweisen gegenüber Leichnamen ein Hinweis auf das Vorhandensein kognitiver Reaktionen, Voraussetzung für ein mögliches Konzept vom Tod. Es gibt aber noch weitere Gründe für die Annahme, dass Elefanten gut gerüstet sind, um ein Verständnis von Sterblichkeit zu entwickeln.

Hierzu wollen wir einige Begriffe einführen, die uns zu verstehen helfen, wie sich ein Konzept vom Tod in der Natur herausbilden kann. Die Entwicklung eines solchen Konzepts bei einem Tier ist nicht zufällig, sie ist vielmehr das Ergebnis eines Zusammenspiels dreier grundlegender kausaler Faktoren: KOGNITION, ERFAHRUNG und EMOTION. Nennen wir sie die Heilige Dreifaltigkeit des Konzepts vom Tod.[6] Und sehen wir uns an, woraus sie besteht.

Die Heilige Dreifaltigkeit des Konzepts vom Tod

Das erste Element der Heiligen Dreifaltigkeit ist die KOGNITION. Das Tier muss in der Lage sein, kognitive und nicht nur stereotype Reaktionen auf den Tod zu zeigen. Kognitive Reaktionen sind ein Hinweis darauf, dass Konzepte vorhanden sind. Ohne die Fähigkeit, über Konzepte verfügen zu können, bleibt ein Konzept vom Tod logischerweise für jedes Tier unerreichbar. Außerdem verlangt ein Verstehen des Todes, wie wir im vierten Kapitel gesehen haben, dass es mindestens in der Lage ist, die damit einhergehende irreversible Nichtfunktionalität geistig zu erfassen. Auf den folgenden Seiten werden wir sehen, dass dies keine große kognitive Komplexität erfordert, sehr wohl aber muss ein Tier über ein gewisses Maß an Kognition verfügen, um auch nur ein minimales Konzept vom Tod zu erlangen. Ist ein Tier schlicht *unfähig*, Nichtfunktionalität und Irreversibilität zu verarbeiten, kann es den Tod auch nicht begreifen.

Das zweite Element ist die ERFAHRUNG. Wie wir inzwischen wissen, werden manche Tiere wie etwa die Ameisen mit bestimmten vorprogrammierten und stereotypen Reaktionen auf den Tod geboren. Ein solches angeborenes Verhalten erfordert kein Lernen. Das Konzept vom Tod ist etwas anderes. So wie wir es hier verstehen, kann es niemals angeboren sein, es ist vielmehr das Ergebnis direkter Erfahrungen mit dem Tod, die zu einem *Lernprozess* führen.

Eine Ausnahme ist ganz offensichtlich der Mensch, denn wir haben ein äußerst komplexes Kommunikationssystem, mit dem wir, ohne eine direkte Erfahrung mit dem Tod machen zu müssen, etwas über ihn lehren und lernen können. So lernen es auch die meisten Kinder in westlichen urbanen Gesellschaften: nicht im Angesicht eines Leichnams, den sie untersuchen könnten, bis sie von allein zu einer Vorstellung von der irreversiblen Nichtfunktionalität gelangt wären. Was sie lernen, ist in der Regel vermittelt durch Märchen, Filme, Videospiele und andere kulturelle Ausdrucksformen, ebenso durch den anschließenden Dialog mit den Eltern (»Was ist mit Bambis Mama passiert?« und dergleichen unbequeme Gespräche).

Nehmen wir für unsere Zwecke an, dass Tiere in ihrem Lernprozess in Bezug auf den Tod keine solche kommunikative Unterstützung haben. Tatsächlich wissen wir noch viel zu wenig über nichtmenschliche Kommunikationssysteme, die Annahme könnte also irgendwann von der Wissenschaft über den Haufen geworfen werden. So scheinen etwa manche Wale auf eine überaus komplexe Weise miteinander zu kommunizieren, und es ist nicht ausgeschlossen, dass es auch beim Tod sehr wohl einer Vermittlung dient. Aber wie gesagt, unser Wissen ist hier noch allzu spärlich, wir müssen also vorsichtig sein mit unserer Annahme, Tiere könnten zum Tod nicht miteinander kommunizieren.[7] Wie auch immer, setzen wir voraus, dass ein Tier, das keine direkte Erfahrung mit dem Tod anderer gemacht hat, sich vom Tod auch keinen Begriff machen kann.

Das dritte Element unserer Heiligen Dreifaltigkeit ist die EMOTION. Wie wir im vorigen Kapitel gesehen haben, ist das Konzept vom Tod nicht an eine bestimmte Emotion geknüpft. Was nicht heißt, dass Gefühle keine Rolle spielen, wenn etwas über den Tod gelernt wird. Weit gefehlt. Gefühle sind entscheidend, denn sie steuern die *Aufmerksamkeit.*[8] Es reicht nicht, dass ein Tier Erfahrungen mit dem Tod macht, es muss diesen Erfahrungen auch Aufmerksamkeit schenken, nur so kann es etwas lernen über die Nichtfunktionalität und die Irreversibilität. Das gilt vor allem für die Irreversibilität, denn sie ist nichts, was ein Tier auf Anhieb, mit einem raschen Blick auf ein totes Individuum, lernen könnte, es braucht Zeit, muss sich erst einmal dafür interessieren. Irgendein emotionaler Mechanismus oder überhaupt ein affektiver Zustand ist also erforderlich, eine vermittelnde Instanz, die dieses Interesse gewährleistet. Welches Gefühl das genau ist, bleibt jedoch prinzipiell offen: Es könnte Liebe sein oder Trauer, aber auch Neugier, Verwirrung, Aufregung, Hunger, Angst et cetera.

Die Heilige Dreifaltigkeit des Konzepts vom Tod ist hier natürlich nichtreligiös gemeint, sehr wohl aber heilig und dreifaltig, denn KOGNITION, ERFAHRUNG und EMOTION müssen zwingend vorliegen, damit ein Tier ein Konzept vom Tod entwickeln kann. Wobei diese drei kausalen Faktoren in einer Wechselbeziehung zueinander stehen, das heißt, die starke Präsenz eines dieser Faktoren kann die relativ geringe der beiden anderen ausgleichen. So benötigt ein besonders intelligentes Tier vielleicht keine allzu große Erfahrung mit dem Tod, um etwas über ihn zu lernen, während ein Tier, das viel Erfahrung mit dem Tod hat, ein Minimalkonzept entwickeln könnte, selbst wenn es nicht besonders klug ist. Das gilt auch für die Emotion: Todesfälle, die wenig Interesse wecken, können gleichwohl optimale Lernbedingungen schaffen, wenn das geringe Interesse kompensiert wird durch ein hohes Maß an Erfahrung und Kognition. Und umgekehrt: Ein Tier, das wie Segasira oder Flint jemanden verliert, zu dem es eine extrem starke Bindung hat, kann derart motiviert sein, bei dem Leichnam zu bleiben und ihm seine ganze Aufmerksamkeit zu schenken, dass es womöglich anfängt, und sei es durch diese eine Erfahrung, etwas über den Tod zu lernen.

Elefanten jedenfalls sind gute Kandidaten für ein Konzept vom Tod, da sie ganz offensichtlich über ein hohes Maß an KOGNITION, ERFAHRUNG und EMOTION verfügen. Wie das gängige Bild von ihnen nahelegt, sind sie außergewöhnlich intelligente Tiere mit einem hervorragenden Gedächtnis. Die Größe ihres Gehirns im Verhältnis zum Körper ist vergleichbar mit dem Größenverhältnis bei Menschenaffen, und sie zeichnen sich aus durch ihre numerischen Fähigkeiten, ihre räumliche Orientierung, ihr Erkennen anderer Individuen, ihre Kommunikation und ihre Kooperation, um nur einiges zu nennen.[9]

In der freien Natur dürften sie auch reichlich Gelegenheit haben, mit dem Tod in Berührung zu kommen, schließlich sind sie sehr langlebige Tiere, mit einer Lebenserwartung von etwa fünfundsiebzig Jahren.[10] Dieser Umstand und ihr eindrucksvolles Gedächtnis machen es mehr als wahrscheinlich, dass sie die notwendigen Erfahrungen sammeln, um etwas über den Tod zu lernen.

Hinzu kommt die emotionale Komponente. Elefanten können sich, wie wir gesehen haben, in ihre Artgenossen einfühlen, was für sie ein Grund sein mag, sterbenden oder bereits toten Individuen Beachtung zu schenken. Außerdem sind diese Dickhäuter

K-Strategen, sie haben also, wir erinnern uns, nur wenig Nachwuchs und kümmern sich überaus fürsorglich um jedes einzelne Jungtier. Auch haben sie eine der längsten Trächtigkeiten im Tierreich (zweiundzwanzig Monate) und entwickeln sich körperlich nur relativ langsam.[11] Mit anderen Worten, jedes Kalb erfordert einen unglaublich hohen Einsatz an Ressourcen, was eine ebenso intensive Betreuung nach sich zieht, aufgeteilt zumal unter den verschiedenen weiblichen Mitgliedern der Familiengruppe. Bedenken wir weiter, dass ein Viertel aller Kälber das erste Jahr nicht überlebt,[12] haben wir bei diesen Tieren optimale Voraussetzungen, um sich relativ leicht ein Konzept vom Tod anzueignen. Mit ihrer äußerst starken emotionalen Bindung zum Nachwuchs werden sie hoch motiviert sein, alle Aufmerksamkeit auf das Jungtier zu richten, wenn es zu einem unglücklichen Todesfall kommt.

Dass Elefanten *soziale* Tiere sind, mag dazu verlocken, hier einen weiteren Grund zu sehen, warum sie sich für ein Konzept vom Tod eignen. So wurde Soziabilität auch von verschiedenen Thanatologen als Schlüsselfaktor für die Herausbildung eines Konzepts vom Tod in der Natur angenommen.[13] Giovanni Bearzi und Co-Autoren etwa führen das Argument an, dass sich mit dem soziablen Verhalten starke emotionale Bindungen ergeben und nicht zu erwarten ist, dass sie mit dem Tod eines der Individuen einfach verschwinden. Demnach sind die emotionalen Bindungen für die Tiere auch ein Motiv, Leichnamen derjenigen Beachtung zu schenken, die ihnen zu Lebzeiten nahestanden, was das Lernen über den Tod befördert.[14] Eine ähnliche Auffassung vertritt Fred Bercovitch, der darauf hinweist, dass die in der thanatologischen Literatur gesammelten Fälle fast ausschließlich Tiere betreffen, die in komplexen sozialen Gruppen leben, nicht in einem einzigen Aufsatz würden die Reaktionen auf den Tod von Einzelgängern wie Koalas oder Elchen besprochen oder von Tieren, die in großen Herden leben wie Gnus oder Karibus.[15]

Es wurde auch vorgebracht, dass die Fission-Fusion-Dynamik, die charakteristisch ist für manche sozialen Tierarten, bei der Entwicklung eines Konzepts vom Tod entscheidend sein könnte. Diese Dynamik bewirkt, dass die Tiergesellschaften sich regelmäßig in vorübergehende Untergruppen aufteilen und später wieder zusammenschließen, was für die einzelnen Tiere heißt, dass sie den Status der anderen Gruppenmitglieder ständig überwachen und aktualisieren müssen.[16] Es sind fluide und flexible Gesellschaften, die Individuen müssen ihre Beziehungen zueinander immer wieder neu aushandeln. Auch das könnte ein Anreiz sein, dem Tod von Gefährten Aufmerksamkeit zu schenken, schließlich bedeutet er unter Umständen eine wesentliche Veränderung des eigenen Status oder des Status anderer Individuen innerhalb der Gruppe.

Soziables Verhalten kann ohne Zweifel ein begünstigender Faktor sein. Er ist aber auch nicht so entscheidend, dass es gerechtfertigt wäre, die Heilige Dreifaltigkeit auf eine Heilige Vierfaltigkeit auszuweiten. Soziabilität ist ein zuverlässiger Indikator nur bei einer Spezies, bei der mit der Herausbildung eines Konzepts vom Tod insofern zu rechnen ist, als dieses Verhalten mit einem hohen Maß an KOGNITION, EMOTION und ERFAHRUNG einhergeht, was allerdings oft der Fall ist. Schauen wir es uns an.

Die Tatsache, dass Soziabilität häufig mit ausgeprägter KOGNITION einhergeht, rührt zunächst daher, dass komplexe soziale Systeme offenbar ein bedeutender Faktor für die Entwicklung bestimmter Formen von Intelligenz gewesen sind.[17] Denn das Leben in einer komplexen sozialen Gruppe bringt eine Reihe von Herausforderungen mit sich, schließlich muss ein Gleichgewicht gefunden werden zwischen Kooperation und Konkurrenz. In einem solchen Umfeld wird der Erfolg begünstigt von sozialen Kompetenzen, die eine gewisse Intelligenz erfordern, die Fähigkeit etwa, andere zu manipulieren und damit durchzukommen (denken wir an das Beispiel der Primaten, die die Kunst der Täuschung perfektioniert hatten).

Zugleich neigen Tiere, die kognitiv hochkomplex sind, zu einer langsamen Entwicklung (wobei es Ausnahmen gibt wie den Oktopus, dessen Lebenserwartung in freier Natur kaum mehr als ein Jahr beträgt und der trotzdem außerordentlich intelligent ist).[18] Eine langsame Entwicklung begünstigt wiederum die Soziabilität, denn die erlaubt es, den Jungtieren besondere Fürsorge und Schutz angedeihen zu lassen, bis sie ausgewachsen sind.

Soziabilität geht oft auch einher mit einem hohen Maß an EMOTION. Wie wir gesehen haben, kennen komplexe soziale Gruppen, insbesondere solche mit einer Fission-Fusion-Dynamik, emotionale Anreize, den Status der anderen und den eigenen Status innerhalb der Gruppe im Auge zu behalten, was dazu führen mag, dass der Tod zu etwas Beachtenswertem wird. Außerdem sind diese Gruppen in der Regel geprägt von starken emotionalen Bindungen zwischen den Individuen, was ebenfalls Anreize schafft, auf andere zu achten, sobald sie Anzeichen von Nichtfunktionalität zeigen.

Soziale Tiere sind oft auch K-Strategen, was, wie wir gesehen haben, einer starken affektiven Bindung der Mütter zu ihrem Nachwuchs zugutekommt. Das kann entscheidend sein, denn in der Natur machen Jungtiere das Gros der Tiere aus, die sterben, es könnte also ein »leichter« Einstieg in die Entwicklung eines Konzepts vom Tod sein. Was durch den Tod eines Jungtiers gelernt wird – das umso mehr Aufmerksamkeit verdient, je mehr ein Tier K-Stratege ist –, lässt sich auf andere Fälle mit erwachsenen Individuen übertragen und ermöglicht die Herausbildung eines allgemeineren Konzepts vom Tod. Demnach wären Evalyne oder Tahlequah nach der Erfahrung mit dem Tod ihres Babys nun schneller in der Lage, zu begreifen, was passiert, wenn ein erwachsenes Mitglied ihrer Gruppe stirbt.

Ein letzter Punkt. Soziabilität geht oft einher mit einem hohen Maß an ERFAHRUNG. Was daran liegt, dass soziale Tiere nun mal gerne in sozialen Gruppen leben. Da die Mortalität in der Natur sehr hoch ist, insbesondere unter den jüngsten Individuen, haben soziale Tiere, sofern sie lange genug leben, viele Gelegenheiten, etwas über den Tod zu lernen. Was umgekehrt auch heißt, das soziale Tiere, die aufgrund ihrer Lebensbedingungen in einer vor dem Tod geschützten Umgebung leben, es hier nicht so leicht haben. Das gilt zum Beispiel für viele unserer Haustiere oder für Tiere, die in Gefangenschaft leben und veterinärärztlich versorgt werden. Lebt mehr als ein Tier in einer solchen Umgebung, werden kranke Individuen oft aus der Gruppe entfernt und eingeschläfert, sodass die anderen keine Möglichkeit haben, mit dem Leichnam zu interagieren und zu verstehen, was passiert ist.

Auch wenn Soziabilität oft ein Begleitphänomen der Heiligen Dreifaltigkeit ist, sollten wir darin nicht einen notwendigen kausalen Faktor für ein mögliches Konzept vom Tod sehen, denn nicht alle sozialen Tiere verfügen über ein hohes Maß an KOGNITION, EMOTION und ERFAHRUNG. Viele Insektenarten etwa sind ausgesprochen sozial, aber ihre Individuen sind kognitiv meist viel zu einfach gestrickt, als dass sie ein Konzept vom Tod entwickeln könnten. Was wir bei sozialen Insekten vielmehr oft sehen, sind eben stereotype Reaktionen auf den Tod. Und auch wenn ein soziables Verhalten bei Säugetieren ein guter Indikator für kognitive Komplexität ist, gilt zumindest für manche Insekten das Gegenteil, denn je größer die soziale Gruppe, in der die Spezies lebt, desto geringer die kognitive Komplexität auf individueller Ebene.[19]

Soziabilität finden wir nicht nur ohne die Heilige Dreifaltigkeit, sondern auch die Heilige Dreifaltigkeit ohne Soziabilität. Insbesondere sind, wie wir im nächsten Kapitel sehen werden, große

Raubtiere sehr gute Kandidaten für den Besitz eines Konzepts vom Tod, aber oft sind es keine sozialen Tiere, sie führen vielmehr ein Leben als Einzelgänger. Soziabilität ist also nicht der perfekte Indikator für ein vorhandenes Konzept vom Tod. Bercovitch hat zwar recht, wenn er anmerkt, dass alle bisherigen thanatologischen Studien soziale Spezies in den Blick nehmen, aber das liegt nicht an einem zwangsläufigen Zusammenhang von Soziabilität und Konzept vom Tod, es dürfte eher, wie gesehen im vorigen Kapitel, auf emotionalem Anthropozentrismus beruhen – auf der Tatsache, dass in der Thanatologie nach Reaktionen auf den Tod gesucht wird, die uns an die menschlichen erinnern.

Bleiben wir also bei der Heiligen Dreifaltigkeit: KOGNITION, EMOTION und ERFAHRUNG. Das im Hinterkopf, wird uns allmählich klar, warum das Konzept vom Tod in der Natur weit verbreitet sein dürfte.[20] Manche Tiere werden hier, versteht sich, von vornherein ausgeschlossen sein, da sie bei keinem der drei Elemente die Grundvoraussetzungen erfüllen. Dennoch können wir vorhersagen, dass im Tierreich das Konzept vom Tod aus verschiedenen Gründen häufig anzutreffen ist.

EMOTION in der Natur

Der erste Grund für die weite Verbreitung eines Konzepts vom Tod hat mit der Komponente EMOTION zu tun und mit allem, was wir im vorigen Kapitel gesehen haben. Ein derartiges Konzept ist eine *kognitive* Leistung und nicht an eine bestimmte Gefühlsregung gebunden. Suchen wir nach Trauer bei Tieren, erwarten wir zunächst, dass die Gruppe jener Tiere, die ein solches Gefühl empfinden können, relativ klein ist (wenn auch sicher größer als üblicherweise angenommen). Was daher kommt, dass recht konkrete Bedingungen vorliegen müssen, damit sich

Trauer einstellt, und diese Bedingungen haben, wie gesehen, mit Zuneigung oder Liebe zu tun. Auch haben wir schon aufgezeigt, dass bei Vorliegen eines Konzepts vom Tod die Verarbeitung der Tatsache, dass ein Wesen gestorben ist, alle möglichen Gefühle hervorrufen kann. Zugleich können alle möglichen Gefühle die Aufmerksamkeit auf ein totes Tier lenken. Und genauso, wie man auf die Mitteilung, dass Schleimi gestorben ist, auf vielerlei Weise reagieren kann, kann es auch vielerlei Gründe geben, mit einem toten Tier zu interagieren, noch ehe man überhaupt eine Vorstellung davon hat, was der Tod ist.

Ein Tier kann einem Leichnam Aufmerksamkeit schenken, weil es eine starke affektive Bindung zu dem verstorbenen Individuum hat, aber auch, weil es verwirrt ist von der ausbleibenden Reaktion; weil diese neue »Haltung« seine Neugier weckt oder weil es verängstigt ist oder verstört angesichts der unmittelbar vorausgegangenen Ereignisse (Kindstötung, Sturz von einem Baum, Angriff eines Raubtiers et cetera). Vielleicht löst die ausbleibende Reaktion oder der von dem Leichnam ausgehende Geruch Hungergefühle aus, Verärgerung, Enttäuschung oder sexuelle Erregung. Vielleicht ist die Reglosigkeit des toten Körpers für das Tier eine wunderbare Gelegenheit, seine Dominanz zu demonstrieren, oder es nimmt ihn als ein unterhaltsames neues Spielzeug wahr. Diese Gefühle können zu verschiedenen Verhaltensweisen Anlass geben: taktile Erkundung, Beobachtung, Schnuppern, Nekrophilie, Aggression, Kannibalismus, Spiel. All das mag nicht einer *Absicht* entsprechen, etwas über den Tod zu lernen, kann dem Tier aber, sofern sich die Interaktion mit dem leblosen Körper über einen gewissen Zeitraum erstreckt, entscheidende Informationen liefern über seine irreversible Nichtfunktionalität.

Die vielen Gefühle, die hier beteiligt sein können, werden einen solchen Lernprozess erleichtern, im Prinzip gilt das für Tiere mit den unterschiedlichsten Persönlichkeiten, Absichten, Beziehungen zu den Toten und so weiter. Ähnlich verhält es sich mit dem Element ERFAHRUNG: Es gibt keine bestimmte Erfahrung, die notwendig wäre, um etwas über den Tod zu lernen, und Gelegenheiten bieten sich in der Natur zuhauf.

ERFAHRUNG in der Natur

Uns Menschen fällt es schwer, wirklich zu verstehen, wie gewöhnlich und trivial der Tod in der Welt der Natur ist. Für uns ist der Tod etwas, wovon wir wissen, dass es passiert, was wir normalerweise aber nicht sehen. So vertreten manche Thanatologen und Philosophen auch die Ansicht, die Vorstellung vom Tod sei eine abstrakte.[21] Was uns durchaus logisch erscheint, denn die meisten von uns leben in Gesellschaften, die uns bestmöglich vor dem Tod schützen, und normalerweise haben wir unser Leben lang kaum jemals Gelegenheit, einen Leichnam zu sehen, geschweige denn mit ihm zu interagieren. Es sei denn, klar, wir üben bestimmte Berufe aus (Rechtsmediziner zum Beispiel oder Kommissarin bei der Mordkommission), oder wir haben etwas Schreckliches erlebt wie ein Attentat oder eine Naturkatastrophe. Oder wir sind Serienmörder mit einem Haufen vergrabener Opfer im Garten.

Von diesen Ausnahmen abgesehen, werden die meisten von uns nur höchst selten im Leben direkt mit dem Tod konfrontiert. Insofern erscheint es uns sehr wohl sinnvoll, ihn als etwas Abstraktes zu betrachten. Aus einer anthropozentrischen Perspektive – eher kennzeichnend für den urbanen globalen Norden – ist es auch sinnvoll, den Tod als eine Abwesenheit zu verstehen, denn wenn unsere Lieben sterben, werden sie unserem Blickfeld entzogen, und wir können uns ihren Tod nur insofern bewusstmachen, als sie *nicht mehr da sind*. Weshalb auch argumentiert wurde, dass die Fähigkeit, den Gedanken der Abwesenheit oder gar des *ab-*

soluten Nullpunkts zu begreifen, eine Voraussetzung sei für die Entwicklung eines Konzepts vom Tod.[22]

Für Tiere in der Natur und auch für Menschen in Gesellschaften, die sich von der unseren unterscheiden, ist der Tod nichts Abstraktes, es handelt sich auch nicht um eine eigentliche Abwesenheit. Der Tod ist etwas sehr Konkretes und Greifbares, etwas, was man riechen, anfassen und schmecken kann. Die Toten sind keine abwesenden Individuen, sondern vor allem zerstörte und irreparable Körper. Das dürfen wir nicht aus dem Blick verlieren. Die Erfahrung der meisten Tiere mit dem Tod wird sich von der unseren erheblich unterscheiden.

Aber nicht nur ihre Erfahrung wird eine andere sein, sie werden auch sehr viel mehr Gelegenheit haben, mit Toten zu interagieren. Der Tod ist in der Natur *allgegenwärtig*.

Der Grund ist zunächst die hohe Sterblichkeit bei Jungtieren. Es ist nicht leicht für ein Tier, die Geschlechtsreife zu erlangen, nicht einmal für K-Strategen, die eine sehr viel höhere Überlebensrate haben als r-Strategen. So stirbt beispielsweise die Hälfte der Schimpansen im Mahale-Nationalpark, bevor sie entwöhnt sind.[23] Bei den Löwen in der Serengeti wurde eine Jungtiersterblichkeit von 67 Prozent verzeichnet.[24] Und bei r-Strategen gehen die Zahlen ins Astronomische. Der Atlantische Kabeljau zum Beispiel legt Millionen von Eiern auf einmal, aber im Schnitt schaffen es nur ein oder zwei der geschlüpften Fische bis ins Erwachsenenalter.[25]

Ein Tier, das seine Kindheit überlebt, entgeht damit noch nicht der Gefahr, jeden Moment umzukommen, denn in der Natur lauert sie allenthalben, durch Fressfeinde, Krankheiten und Parasiten, durch Unfälle, Naturkatastrophen und Nahrungsmangel oder intraspezifische Gewalt, ganz abgesehen von Bedrohungen durch die gefährlichste aller Spezies, den Homo sapiens. Außerdem dürfen wir nicht vergessen, dass die verschiedenen Spezies nicht isoliert voneinander leben, sondern ihren Lebensraum mit sehr vielen anderen teilen. Ein Tier, das lange genug lebt, wird dem Tod auf tausenderlei Weise begegnen. Zwar trifft der Tod in vielen, wenn nicht den meisten Fällen Individuen von Spezies, die dem jeweiligen Tier herzlich egal sind, aber selbst in solchen Fällen kann eine hohe Ausprägung des Faktors ERFAHRUNG eine geringe Ausprägung des Faktors EMOTION kompensieren.

Die Elemente ERFAHRUNG und EMOTION der Heiligen Dreifaltigkeit sind also unproblematisch, wenn es darum geht, Tieren ein Konzept vom Tod zuzugestehen. Was aber ist mit dem Element KOGNITION? In dem Fall ist die Sache ein bisschen komplizierter, denn hier brauchen wir recht spezifische kognitive Fähigkeiten, damit sich ein Konzept vom Tod herausbilden kann. Dennoch gibt es, wie wir noch sehen werden, keinen Grund anzunehmen, dies wäre für viele nichtmenschliche Spezies nicht zu schaffen.

Im vierten Kapitel, wir erinnern uns, haben wir festgehalten, zu welcher geistigen Leistung ein Tier imstande sein muss, damit sich ihm ein Konzept vom Tod zuschreiben lässt: Es muss als absolutes Minimum verstehen können, dass Tote nicht jene Dinge tun, die Lebende ihrer Art tun, und dass es ein Zustand von Dauer ist. Anders gesagt, sie müssen über ein Minimalkonzept vom Tod verfügen, bestehend aus den Subkomponenten *Nichtfunktionalität* und *Irreversibilität*. Schauen wir sie uns im Einzelnen an.

KOGNITION in der Natur: Nichtfunktionalität

Wenn es um den Tod geht, ist, wie bereits angesprochen, nicht jede Form von Nichtfunktionalität bedeutsam, wir wollen schließlich nicht, dass so etwas wie ein schlichter Stein (der dauerhaft nichtfunktional ist) als tot gilt. Daher ist es für ein Tier fundamental, dass es über eine minimale Vorstellung von Leben verfügt, denn nur so vermag es zu erkennen, was bei einem toten Individuum *fehlt*. Damit es ein Minimalkonzept vom Tod entwickeln kann, muss es auf die Funktionalität *der Lebenden* achten und imstande sein, sie mit der Nichtfunktionalität der Toten zu vergleichen. Es gibt gewichtige Gründe für die Annahme, dass diese Kompetenz in der Natur weit verbreitet ist. Was zum einen damit zu tun hat, wie geläufig die Fähigkeit ist, Belebtes von Unbelebtem zu unterscheiden, und zum anderen damit, wie leicht es Tieren fällt, Muster zu erlernen und aus ihnen Erwartungen abzuleiten.

Die Fähigkeit, Belebtes von Unbelebtem zu unterscheiden, sehen wir beispielhaft daran, dass viele Wirbeltiere in der Lage sind, biologische und nichtbiologische Bewegungen auseinanderzuhalten. In einer Reihe von Experimenten hat Randolph Blake dies mit Katzen demonstriert.[26] Er hat den Tieren zwei gleichzeitig abgespielte Videos vorgeführt, in denen Lichtpunkte vor einem schwarzen Hintergrund zu sehen waren. In einem der Videos entsprach die Bewegung der Lichtpunkte einer biologischen Bewegung. Die Punkte waren so platziert, als befänden sie sich auf dem Kopf, dem Rumpf und den Gliedmaßen einer laufenden Katze, die Bilder ahmten also die Bewegung einer Katze nach. In dem anderen Video gab es die gleiche Anzahl von Punkten, sie bewegten sich allerding mehr oder weniger zufällig. Blake trainierte die Katzen darauf, das Video auszuwählen, das der biologischen Bewegung entsprach, um eine Belohnung zu erhalten, und wie er feststellte, waren sie darin erstaunlich gut. Sie schafften es sogar, wenn das »falsche« Video Lichtpunkte zeigte, die sich vom »richtigen« nur dadurch unterschieden, dass die Bewegung asynchron war, die Punkte aber in der gleichen Höhe und mit der gleichen Bewegung wie in dem Video mit der laufenden Katze. Die Katzen vermochten auch biologische Bewegungen zu erkennen, wenn die Lichtpunkte einem gehenden Menschen entsprachen. Sie scheiterten nur dann, wenn das Video auf dem Kopf stand, das heißt, sie zeigten eine Tendenz zur natürlichen Richtung der Schwerkraft.

Diese Fähigkeit, biologische Bewegungen zu erkennen, scheint im Tierreich gang und gäbe zu sein, nachgewiesen wurde sie bei Säugetieren, Vögeln, Fischen und Spinnen.[27] Bei einigen Spezies könnte sie tatsächlich angeboren sein. Im Rahmen einer Studie wurden frisch geschlüpfte Küken auf eine Plattform gesetzt, wo zu beiden Seiten jeweils ein Video mit Lichtpunkten lief, einmal war es eine biologische Bewegung und einmal eine nichtbiologische, ähnlich wie in Blakes Experiment. Die Küken zeigten eine klare Präferenz für die biologische Bewegung, selbst wenn sie eher der einer Katze entsprach und nicht der eines Huhns. Am interessantesten aber ist, dass die Küken bis dahin nur Dunkelheit gekannt und keinerlei visuelle Erfahrung gemacht hatten, was beweist, dass diese Präferenz bei ihnen angeboren ist und nicht erlernt.[28] Und auch hier funktioniert es nur, wenn das Bild nicht umgedreht wird, sich also nach dem Gesetz der Schwerkraft richtet.[29]

Doch ob angeboren oder erlernt, viele Tiere verfügen über die Fähigkeit, etwas in ihrer Umgebung als belebt oder unbelebt einzuordnen, und das mehr oder weniger spontan, es geht hinaus über die Unterscheidung verschiedener Bewegungsarten. Und je nachdem, ob Tiere etwas für belebt oder unbelebt halten, generieren sie unterschiedliche *Erwartungen* und sind misstrauisch gegenüber allem, was diesen Erwartungen zuwiderläuft. Wer einen Hund hat, wird bemerkt haben, dass er Staubsauger und Haartrockner schrecklich findet. Der Grund ist, dass er mit diesen Gegenständen eben andere Erwartungen verknüpft. Unsere Haustiere ordnen sie als unbelebte Gegenstände ein, und so erwarten sie nicht, dass sie Krach machen und solche Bewegungen vollführen. Daher finden sie sie so beunruhigend.

Derselbe Effekt wurde bei verschiedenen Tierarten in Experimenten nachgewiesen. Dohlen zum Beispiel sind misstrauisch

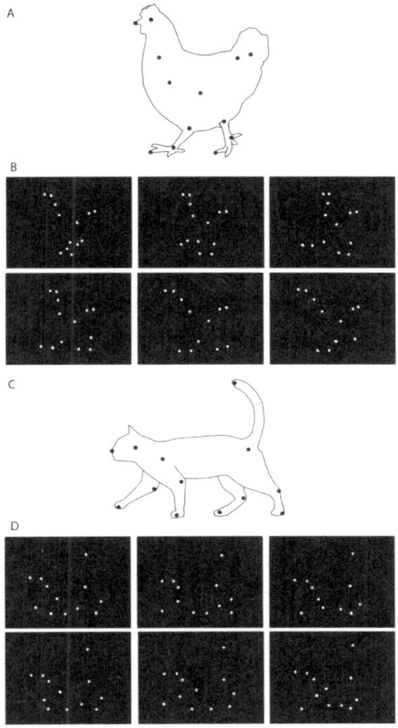

Abbildung 10: Animierte Darstellung biologischer Bewegungen mit Lichtpunkten.

gegenüber Stöcken, die sich von allein bewegen.[30] Junge Japanmakaken werden skeptisch beim Anblick eines Steins, der sich auf einmal bewegt, ein Effekt, der viel weniger ausgeprägt ist, wenn man dem Stein ein »Toupet« aus Kunstfell aufsetzt.[31] Katzen, die hören, dass eine Schachtel beim Schütteln ein Geräusch macht, erwarten, dass beim Umdrehen ein Gegenstand herausfällt, und wenn nicht, starren sie sehr viel länger auf die Schachtel (was zeigt, dass sie sich in ihrer Erwartung getäuscht sahen). Der Effekt tritt auch umgekehrt auf, nämlich wenn die Schachtel beim Schütteln kein Geräusch macht, beim Umdrehen aber ein Gegenstand herausfällt.[32]

Die Fähigkeit, Belebtes von Unbelebtem zu unterscheiden, kann wesentlich sein für das Überleben einer Spezies.[33] Zunächst einmal, weil es erlaubt, die Jungtiere von den übrigen Elementen in der Umgebung zu unterscheiden, womit gewährleistet ist, dass sich die Fürsorge auf den Nachwuchs richtet und nicht auf irgendwelches Gestein oder Grünzeug. Der vielleicht wichtigste Grund aber ist das unterschiedliche Ausmaß der Bedrohung, die von Belebtem und von Unbelebtem ausgeht.

Das eine unterscheidet sich vom anderen durch die Tatsache, dass es sich aus eigenem Antrieb bewegt (ohne angewiesen zu sein auf die Einwirkung äußerer Kräfte) und dass die Bewegung zielgerichtet ist (das heißt, im Allgemeinen bewegt es sich, *um etwas zu tun*). Das macht seine Bewegung schwerer vorhersehbar als bei Unbelebtem, und zugleich ist seine Überwachung umso wichtiger, als das Leben eines Tieres (ob Räuber oder Beute) nicht selten genau davon abhängt. Daher achten Tiere in der Regel auf jedes Anzeichen von Belebtheit oder zielgerichtetem Verhalten in ihrer Umgebung, was in seiner Bedeutung noch unterstrichen wird durch die Fülle an Methoden, die die verschiedenen Spezies anwenden, um unbemerkt zu bleiben, etwa durch Mimese, wenn sie unbelebte Objekte nachahmen (man denke an Insekten in Form eines Stabs oder eines Blatts), oder durch andere Formen der Tarnung (sodass ein Tier mit der unbelebten Umwelt »verschmelzen« kann).

Ein Beispiel für die Fähigkeit von Tieren, Belebtem und Unbelebtem unterschiedliche Eigenschaften zuzuschreiben, stammt von Fumihiro Kano und Josep Call, die in einem Experiment nachwiesen, dass Menschenaffen dem Menschen Absichten zuschreiben, nicht aber Gegenständen.[34] Zuerst zeigten sie ihnen mehrere Videos, in denen mal eine menschliche Hand, mal eine einfache Greifzange nach einem von zwei Gegenständen auf einer Plattform fasste. Nachdem sich die Affen an die Videos gewöhnt hatten, verfolgten die Experimentatoren mit Eye-Tracking ihre Blicke, um zu sehen, ob sie die Bewegung der Hand und die Bewegung der Zange aufgrund ihrer bisherigen Erfahrung antizipieren konnten. Wie sich herausstellte, antizipierten die Affen die Bewegung der Hand und sahen voraus, dass sie dasselbe Objekt nehmen würde, nach dem sie in den bereits gezeigten Videos gegriffen hatte, selbst wenn die Objekte ihre Plätze getauscht hatten. Dagegen waren ihre Blicke bei der Zange rein reaktiv und nicht antizipatorisch. Das heißt, sie beobachteten die Bewegung, konnten aber nicht vorhersehen, wohin die Zange sich bewegte. Eine zielgerichtete Bewegung schrieben sie somit nur der menschlichen Hand zu.

Bei Tieren begegnet uns auch allenthalben die Fähigkeit, Muster zu erlernen und Erwartungen zu entwickeln im Hinblick darauf, wie sich etwas Bestimmtes um sie herum typischerweise verhält, was wiederum entscheidend ist, wenn es darum geht, sich eine Vorstellung zu machen von der Funktionalität der einen oder anderen Art von Lebewesen. Wir haben schon gesehen, welches Unbehagen es vielen Tieren bereitet, wenn unbelebte Objekte sich entgegen ihren Erwartungen verhalten. Ein solcher Effekt tritt auch im sozialen Umfeld auf. So protestieren etwa Bonobos in einem Kontext, in dem sie nicht erwarten, Opfer einer Aggression zu werden, sehr viel heftiger, als wenn die Aggression ihren sozialen Erwartungen entspricht.[35] Kapuzineraffen weigern sich, bei einem Experiment weiter mitzumachen, wenn ihre Artgenossen für die gleiche Aufgabe eine reichere Belohnung erhalten als sie selbst.[36] Haben Schimpansen die Möglichkeit, Artgenossen, die ihnen Futter stehlen, zu bestrafen, werden sie es tun.[37] Rhesusaffen, die Futter entdecken, es ihren Artgenossen aber nicht mitteilen, handeln sich, werden sie erwischt, Prügel ein.[38]

Erwartungen darüber, wie sich etwas Bestimmtes in der Umgebung typischerweise verhält, sind oft *kreuzmodal*, womit gemeint ist, dass verschiedene Sinneswahrnehmungen beteiligt sind. Wir haben das bei der Katze gesehen, die erwartet, dass die Schachtel, die ein Geräusch macht, einen Gegenstand enthält. Hier ergibt sich eine *visuelle* Erwartung aus einer *auditiven* Erfahrung. Und sowohl Hunde als auch Katzen werden unruhig, wenn sie Fotos ihres Menschen sehen, nachdem sie die Aufnahme einer fremden Stimme gehört haben, ebenso, wenn die Stimme zu ihrem Menschen gehört, das Foto aber eine fremde Person zeigt.[39] Hunde reagieren auch überrascht, wenn sie, nachdem sie einer Geruchsspur gefolgt sind, einem Menschen begegnen, der nicht der erwartete ist.[40] Einen solchen »Überraschungseffekt« gibt es auch bei Pferden, die ein Mitglied ihrer Herde vorbeiziehen sehen, gefolgt von den aufgenommenen Lauten eines anderen Individuums.[41] Und Delfine reagieren verunsichert, wenn sie Pfeiftöne hören, die nicht zu dem Artgenossen passen, dessen Urin sie gerade probieren. Ja, richtig gelesen.[42]

Die Fähigkeit zu kreuzmodalen Assoziationen scheint in der Evolution konserviert zu sein. Schildkröten verbinden hohe Töne mit kleinen Gegenständen und tiefe Töne mit größeren, genau wie der Mensch.[43] Und Hummeln können einen Gegenstand durch Berührung erkennen, wenn sie ihn vorher nur gesehen, aber nicht berührt haben, und umgekehrt.[44]

Für das Überleben eines Tieres kann eine Vorstellung von den *typischen* Verhaltensweisen und Merkmalen der Individuen in seiner Umgebung entscheidend sein, denn so lässt sich das Verhalten von Freund und Feind vorhersagen und auch ein *anormales* Verhalten erfassen. Ein Verhalten ist anormal, wenn es von dem abweicht, was von einem Individuum oder einer bestimmten Spezies zu erwarten ist. Um ein Verhalten als anormal zu erkennen, muss eine solche Vorstellung also vorhanden sein. Zugleich ist es wichtig, anormale Verhaltensweisen zu überwachen, da sie mögliche Anzeichen sind für eine Bedrohung (wie etwa durch einen

Räuber, einen Parasiten oder eine giftige Nahrungsquelle) oder eine gute Gelegenheit (wie etwa in Form einer leichter zu jagenden Beute oder eines Alphatiers, das verdrängt werden kann).

Dass Tiere eine Vorstellung von den typischen Verhaltensweisen anderer haben, zeigt beispielhaft auch das Fürsorgeverhalten gegenüber Individuen in Bedrängnis. Wir haben es bei der Elefantin Grace gesehen, die sehr wohl wahrnehmen konnte, dass mit Eleanor etwas nicht stimmte, und versucht hat, ihr aufzuhelfen.

Etwas Ähnliches kennen wir von Waltieren. So haben Kyum Park und sein Team eine Gruppe von Delfinen beobachtet, die einem sterbenden Gefährten zu helfen versuchten.[45] Es waren etwa zwölf Delfine, sie schwammen sehr nah beieinander. Einer von ihnen bewegte sich seltsam, seine Brustflossen waren offenbar gelähmt. Die Delfine in der Mitte der Gruppe halfen ihm, sich über Wasser zu halten, sie stützten ihn und sorgten dafür, dass er nicht umkippte. Dann bildeten sie mit ihren Körpern eine floßähnliche Formation, das sterbende Tier obenauf, sodass es weiter atmen konnte. Als es schließlich starb, blieben die übrigen Gefährten bei dem Leichnam und rieben ihre Körper und ihre Köpfe daran, offenbar versuchten sie, ihn zu stimulieren.

Das Beispiel dieser Delfine zeigt uns, genau wie das von Grace und Eleanor, dass die Tiere eine Vorstellung von den typischen Verhaltensweisen ihrer Artgenossen haben, denn normalerweise halten sie niemals Gefährten über Wasser oder in der Horizontalen, solange sie sich nicht anormal verhalten.

Ein weiteres einschlägiges Beispiel ist die besondere Fürsorge, die Tieren mit einer Beeinträchtigung manchmal zuteilwird. Sarah Turner, Lisa Gould und David Duffus haben auf der japanischen Insel Awaji eine Studie durchgeführt, wo etwa 15 Prozent der Japanmakaken mit Missbildungen an Fingern und Gliedmaßen auf die Welt kommen, eine angeborene Fehlbildung, die es ihnen schwer bis unmöglich macht, sich an ihren Eltern festzuhalten.[46]

Abbildung 11: Eine Gruppe von Delfinen hilft einem sterbenden Mitglied, sich über Wasser zu halten.

Die Mütter dieser kleinen Affen passen sich an deren Behinderung an und halten sie, während sie sich fortbewegen, mit einem Arm fest, obwohl es ihre Bewegungsfähigkeit einschränkt, sie aus dem Gleichgewicht bringt und die Nahrungssuche erschwert, ganz zu schweigen von dem beträchtlichen zusätzlichen Energieaufwand. Außerdem stillen diese Mütter ihre Jungen anders, um sicherzustellen, dass sie an die Brustwarze herankommen, und kontrollieren, wie lange die Kleinen saugen.

So berichteten auch Takuya Matsumoto und Mitwirkende über den Fall einer Schimpansin, die im tansanischen Mahale-Nationalpark mit einer Behinderung geboren wurde, wodurch ihre körperliche und neurologische Entwicklung stark beeinträchtigt war.[47] Die Mutter zeigte die gleiche Art von »kompensatorischer Fürsorge«, die Turner und Co. bei den Makaken auf Awaji beobachtet hatten. Sie passte sich an die eingeschränkten Fähigkeiten ihres Babys und seine besonderen Bedürfnisse an, trug es immer vor dem Bauch, hielt es mit einer Hand oder bot ihm zusätzlichen Halt, wenn sie auf einem Ast saßen, und achtete darauf, dass es auch an ihrer Brust saugte. Außerdem ließ die Mutter nicht zu, dass andere Schimpansen die Kleine trugen, was sie bei ihrem früheren Nachwuchs sehr wohl erlaubt hatte. Da die anderen Schimpansen keinerlei Abneigung gegen ihre Tochter zeigten, vermuteten die Autoren, das Verbot könne darauf zurückzuführen sein, dass der Mutter bewusst war, wie sehr das Baby der Fürsorge bedurfte und dass es riskant war, es von anderen tragen zu lassen.

Das Minimalkonzept vom Tod erfordert keine explizite Vorstellung vom Leben, sondern lediglich implizite Erwartungen, wie sich bestimmte Lebewesen typischerweise verhalten; Erwartungen, die von kranken oder behinderten Individuen ebenso durchkreuzt werden wie von toten Individuen. Angesichts ihrer Bedeutung für das Überleben und die Fürsorge dürfen wir annehmen, dass die natürliche Selektion bei vielen Spezies die Entwicklung dieser Fähigkeit begünstigt hat. Zugleich wird jedes Tier, das Erwartungen in Bezug auf das Verhalten der Individuen in seiner Umgebung entwickeln kann, auch in der Lage sein, bei toten Tieren das völlige Fehlen eines charakteristischen Verhaltens wahrzunehmen.

An dieser Stelle muss ich auf einen Punkt hinweisen, der in der thanatologischen Literatur nicht ausreichend Beachtung findet, nämlich wie *radikal verschieden* ein Leichnam ist, vergleichen wir ihn mit einem lebenden Individuum. Ein totes Individuum ist nicht so etwas wie ein schlafendes oder ein bewusstloses. Selbst ein frischer Leichnam wird aufgrund seiner völligen Reglosigkeit nicht nur ganz anderes *aussehen*, sondern sich auch anders *anfühlen*, weil er nun mal auf keine Interaktion reagiert, weil er kalt ist, erschlafft oder schon in Leichenstarre; hinzu kommt das völlige Fehlen von *Geräuschen*, und sicherlich wird er für Tiere mit einem ausgeprägten Geruchssinn auch ganz anders *riechen*. Daher ist der Gedanke auch wenig plausibel, dass Mütter, die ihre toten Jungen tagelang oder wochenlang mit sich herumtragen, nicht gemerkt haben sollten, dass mit ihrem Baby *irgendetwas* nicht stimmt, erst recht, wenn wir berücksichtigen, dass sie sehr wohl in der Lage sind, eine teilweise Nichtfunktionalität zu erkennen und ihre Fürsorge entsprechend anzupassen.

Die für den Tod charakteristische Nichtfunktionalität ist also *multimodal*, denn sie geht weit hinaus über das bloße Fehlen von Bewegung und umfasst Signale, die mit verschiedenen Sinnen wahrgenommen werden können. Viele Tiere scheinen auf diese Multimodalität der Nichtfunktionalität bei ihren Interaktionen mit toten Tieren anzusprechen.

So sind etwa Primaten oft dabei beobachtet worden, wie sie das Gesicht eines toten Artgenossen fest ansehen.[48] Unabhängig davon, ob hinter ihrem Verhalten Neugier steckt oder ein natürlicher Hang zum Betrachten von Gesichtern, bietet dieser Teil des Körpers den Primaten normalerweise visuelle Signale (Mimik) mit einer kommunikativen Funktion, was voraussetzt, dass andere Tiere derselben Spezies sie interpretieren können, es dürfte also mehr als wahrscheinlich sein, dass sie ihr Fehlen wahrnehmen.

Der Tastsinn scheint hier ebenfalls eine große Rolle zu spielen. Wir haben schon viele Fälle erwähnt, bei denen Tiere tote Individuen anfassen, streicheln, umarmen oder ihr Fell pflegen, alles Verhalten, die ihnen wahrnehmbare Hinweise auf ihren Zustand geben. Zu den taktilen Interaktionen gehört auch ein aggressives oder sexuelles Verhalten gegenüber Toten. Fiona Stewart, Alexander Piel und Robert O'Malley haben einen Fall beobachtet, bei dem der Leichnam einer erwachsenen Schimpansin von den männlichen Mitgliedern der Gruppe äußerst aggressiv behandelt wurde, sie rissen ihn sich aus den Händen und schleiften ihn über den Boden, schlugen ihn, schüttelten ihn oder trampelten auf ihm herum.[49] Dergleichen Aggression, so die Vermutung, könnte auf Enttäuschung über die ausbleibende Reaktion des Leichnams zurückzuführen sein, oder die Schimpansen setzten sie als Mittel ein, um vor den anderen Gruppenmitgliedern ihre Dominanz zur Schau zu stellen. Zu dem sexuellen Verhalten weisen Giovanni Bearzi und Kollegen darauf hin, dass Nekrophilie, wie sie bei Walen recht häufig vorkommt, ebenfalls eine Möglichkeit sein kann, Dominanz zu demonstrieren, oder sie ist eine Folge sexueller Erregung aufgrund von Stress in der jeweiligen Situation.[50] Vielleicht steckt hinter der Aggression gegenüber toten Individuen und der Nekrophilie, genau wie beim visuellen Inspizieren von Gesichtern, aber gar nicht die *Absicht*, der Nichtfunktionalität eines Körpers auf den Grund zu kommen, ebenso gut kann es eine Möglichkeit sein, sich klare Informationen zu verschaffen über seine ausbleibende Reaktion.

Der Geruchssinn kommt beim Inspizieren von Leichen ebenfalls zum Einsatz. Cinzia Trapanese und Mitautorinnen erzählen uns von einem Kapuzineraffen, den sie dabei beobachteten, wie er den Analbereich eines totgeborenen Äffchens untersuchte und gleich darauf dasselbe mit einem lebenden machte, das sich in der Nähe befand.[51] Vermutlich wollte er die Gerüche der beiden Hintern vergleichen. Für Elefanten mit ihren ungeheuren olfaktorischen Fähigkeiten ist der Geruch wahrscheinlich das hervorstechendste Merkmal toter Tiere. Tatsächlich scheinen sie mit ihrem Geruchssinn Knochen der eigenen Spezies von Knochen anderer

Tiere unterscheiden zu können, und sie wurden auch dabei beobachtet, wie sie immer wieder an der Stelle schnupperten, wo ein Elefantenkadaver verweste.[52]

Die Nichtfunktionalität eines toten Körpers kann also mit mehreren Sinnen wahrgenommen werden, und es spricht einiges dafür, dass viele Tiere auch in der Lage sind, sie zu verstehen. Aber wie wir inzwischen wissen, gehört zu einem Minimalkonzept vom Tod nicht nur die *Nichtfunktionalität*, sondern auch die *Irreversibilität*.

KOGNITION in der Natur: Irreversibilität

Auf den ersten Blick könnte man meinen, ein vorauszusetzendes Verständnis der Irreversibilität würde die Anzahl der Spezies, die für ein Minimalkonzept vom Tod infrage kommen, erheblich verringern, da diese Unumkehrbarkeit, wie es aussieht, sehr viel schwerer zu begreifen ist als Nichtfunktionalität. Tatsächlich tun sich ja, wie schon angemerkt, auch menschliche Kinder schwer mit dem Gedanken, dass der Tod ein unumkehrbarer Prozess ist, und neigen dazu, ihn für einen lediglich vorübergehenden Zustand zu halten.

Dabei dürfen wir nicht vergessen, dass die menschliche Erfahrung mit dem Tod eine sehr besondere ist, und so eignet sie sich eher schlecht für Schlussfolgerungen, die sich auf andere Spezies übertragen ließen. Doch unabhängig von unserer eigentümlichen Beziehung zum Tod scheint etwas Intuitives an dem Gedanken zu sein, Irreversibilität sei schwerer zu verstehen als Nichtfunktionalität. Der Grund ist, dass der Unumkehrbarkeit ein *temporales* Element eingeschrieben scheint, die Vorstellung, dass das tote Individuum diese Funktionen *nie wieder* zeigen wird. Was einige Thanatologen zu der Vermutung veranlasst hat, das Konzept vom Tod setze die Fähigkeit voraus, geistig durch die Zeit zu reisen oder über die Zukunft nachzudenken.[53] Doch wie wir noch sehen werden, ist eine solche Kognition zum Verständnis der Irreversibilität gar nicht erforderlich, und selbst wenn wir sie voraussetzten, würden wir nicht zwangsläufig nichtmenschliche Tiere ausschließen.

Zahlreiche Studien legen nahe, dass Tiere verschiedener Spezies in der Lage sind, mental sowohl in die Vergangenheit als auch in die Zukunft zu reisen, sich an Erlebtes zu erinnern oder im Hinblick auf künftig Geschehendes zu planen.[54] Die vielleicht anschaulichsten Studien hat Nicola Clayton mit ihrem Team an Kalifornienhähern durchgeführt, einer Vogelart, die im westlichen Nordamerika lebt und bekannt ist für ihre beeindruckende Fähigkeit, sich an die verschiedenen Orte zu erinnern, wo sie Nahrung versteckt. Wie sich herausstellte, merken die Vögel sich jedoch nicht nur, wo die Verstecke liegen, sie können auch nachhalten, wann sie sie zum Futterhorten aufgesucht haben und wann sie wieder darauf werden zugreifen können.

Bei einer dieser Studien bot man ihnen zum Beispiel zwei Arten von Futter an: eines, das sie besonders mögen, das aber schnell verdirbt (Würmer), und eines, das sie viel weniger mögen, das aber nicht verderblich ist (Erdnüsse). Die Vögel erhielten die Möglichkeit, beides für später als Vorrat anzulegen. Nach einer Weile verschaffte man ihnen Zugang zu ihren Vorräten. Waren nur ein paar Stunden vergangen, holten sich die Häher die Würmer. Waren dagegen mehrere Tage verstrichen, flogen sie gleich zu den Erdnüssen, was bewies, dass sie sich erinnerten, wann sie das Futter versteckt hatten, und wussten, dass zu viel Zeit vergangen war, als dass die Würmer noch schmeckten.[55]

Spätere Studien haben gezeigt, dass die Häher ihre Nahrung auch im Hinblick auf künftige Bedürfnisse horten können. Haben sie gelernt, dass sie die Nacht an einem bestimmten Ort verbringen und dort am nächsten Morgen Hunger haben werden, verstecken sie das Futter lieber dort als an anderer Stelle, auch verstecken sie eine Art Futter, von dem sie wissen, dass es am nächsten Tag an diesem Ort fehlen wird.[56] (So wie wir, wenn wir in einem Hotel absteigen, wo wir schon mal gewesen sind, und unseren eigenen Kaffee mitbringen, weil wir die Erfahrung gemacht haben, dass der Kaffee am Frühstücksbuffet scheußlich schmeckt.) Die Häher horten auch ein bestimmtes Futter, von dem sie gerade satt sind, schon voraussehend, dass sie es fressen möchten, sobald sie auf ihre Vorräte zugreifen können.[57] (So wie wir, wenn wir mit vollem Bauch einkaufen gehen, aber trotzdem Eis kaufen, weil wir wissen, dass uns, auch wenn uns im Moment nicht danach ist, früher oder später die Lust auf Eis überkommt.) Sie besitzen also die Fähigkeit, ihre künftigen Bedürfnisse vorherzusehen, selbst wenn sie sich von den augenblicklichen Bedürfnissen unterscheiden.

Belegt ist das bei mehreren Spezies, trotzdem können wir noch nicht mit Sicherheit sagen, inwieweit die Fähigkeit, die Zukunft in den Blick zu nehmen, verbreitet ist. Aber das soll uns nicht bekümmern, denn nichts deutet darauf hin, dass ein solch komplexer Denkvorgang notwendig wäre, um eine Vorstellung von der Unumkehrbarkeit zu erlangen. Mit anderen Worten, wir können die Fähigkeit, Irreversibilität zu verstehen, als unabhängig von zeitlichen Überlegungen betrachten. Die geistige Verarbeitung der Irreversibilität des Todes ist nämlich nichts anderes als die *Neukategorisierung* eines Tieres, hinaus aus der Gruppe der Individuen, von denen zu erwarten ist, dass sie die typischen Funktionen ihrer Spezies aufweisen, und hinein in die Gruppe der Individuen, von denen diese Funktionen *nicht* zu erwarten sind.

Damit können wir voneinander abgrenzen, wie ein Tier die Irreversibilität des Todes verarbeitet und wie es die Nichtfunktionalität eines schlafenden Individuums wohl begreift. Ein schlafendes Tier weist viele der Funktionen eines lebenden Individuums nicht auf, aber es ist weiterhin ein Tier, von dem diese Funktionen *erwartet* werden können. Das heißt, es ist *reversibel* nichtfunktional. Ein Tier, das eine Vorstellung davon hat, was es heißt, zu schlafen, wird nicht überrascht sein, wenn der Kerl, der eben noch ein Nickerchen gemacht hat, plötzlich aufsteht und spazieren geht. Dieses Nicht-Überraschtsein rührt daher, dass es immer noch eine *Erwartung von Funktionalität* gibt.

Ein Tier mit einem Minimalkonzept vom Tod wäre sehr wohl überrascht, wenn sich das Individuum, das es für tot gehalten hat, plötzlich bewegt, wogegen es nicht überrascht wäre, wenn es sich nicht mehr bewegte. Denken wir an den armen Löwen, der ohne etwas zwischen den Zähnen dasteht, weil die Gazelle, die er für tot gehalten hat, plötzlich aufsteht und Reißaus nimmt. Ist der Löwe überrascht, dann weil er eine *Erwartung von Nichtfunktionalität* hatte, und die wurde durchkreuzt.

In einem jüngst erschienenen Artikel schreiben Arianna De Marco, Roberto Cozzolino und Bernard Thierry, alles deute darauf hin, dass Affen und Menschenaffen in der Lage seien zu verstehen, dass mit toten Individuen etwas nicht stimme. Gleichwohl halten sie es für ratsamer, anzunehmen, dass diese Primaten Tote als in einem Ruhezustand auffassen.[58] Demnach wären Leichname für die Primaten nicht irreversibel nichtfunktional, sondern vielmehr Individuen, von denen zwar nicht zu erwarten ist, dass sie etwas tun, die aber in Zukunft wieder etwas tun könnten.

Eine einfachere Erklärung wäre das aber nicht. Letztlich hieße es, dem Tier zwei Gedanken abzuverlangen: dass ein Individuum vermutlich nichts tut, und zugleich, dass es etwas tun könnte. Außerdem müsste das Tier über eine gewisse Vorstellung von Wahrscheinlichkeit verfügen. Der Grund, warum De Marco und Co-Autoren diese Hypothese einer Annahme vorziehen, die die Subkomponente *Irreversibilität* einschließt, ist offenbar die Tatsache, dass sie die Unumkehrbarkeit recht intellektualistisch verstehen, als wäre sie zwangsläufig verbunden mit einer Vorstellung vom Absoluten, von Permanenz, von »Nimmermehr«. Wie wir jedoch gesehen haben, müssen wir sie gar nicht in diesem Sinne verstehen, wir können sie auch einfach begreifen als das Aufgeben einer Erwartung von Funktionalität zugunsten einer Erwartung von Nichtfunktionalität.

Um die Irreversibilität des Todes geistig verarbeiten zu können, bedarf es also nicht der Fähigkeit, sich über die Zukunft Gedanken zu machen, es muss lediglich eine Erwartung zugunsten einer anderen aufgegeben werden. Ein Denken in den Kategorien von Zeit und Wahrscheinlichkeit ist nicht erforderlich, nur die Fähigkeit, zu lernen und Erwartungen aufgrund unserer früheren Erfahrungen zu revidieren. Besonders anspruchsvoll ist eine solche Form des Lernens nicht, und so gibt es auch keinen Grund anzunehmen, sie sei im Tierreich nicht allenthalben anzutreffen.

Der multimodale Charakter der Nichtfunktionalität von toten Körpern bietet einem Tier viele Gelegenheiten, sich in seinen Erwartungen getäuscht zu sehen, und so lernt es zu verstehen, dass das betreffende Individuum nicht so reagiert oder sich verhält, wie es seinesgleichen normalerweise tut. Sobald es die Unumkehrbarkeit eines solchen Zustands begreift, wird dies gestützt durch die Tatsache, dass Leichname *ihre eigene Funktionalität* haben, und die ist ebenfalls multimodal.[59] Tote Individuen hören nicht nur auf, Dinge zu tun, die sie zu Lebzeiten getan haben, sie tun auch Neues: das, was Tote eben tun. Sie fangen an, sehr stark und unverwechselbar zu riechen, sie quellen auf, verwesen, sind voller Maden, aber vielleicht mumifizieren sie auch, trocknen langsam aus und zerfallen.

In manchen Klimazonen gehen diese Prozesse sehr schnell vonstatten. In den tropischen Wäldern Äquatorialafrikas, wo viele Schimpansen leben, zeigen Kadaver bereits acht Stunden nach dem Tod Anzeichen von Verwesung.[60] So werden Individuen in ihrer Umgebung deutlich wahrnehmen können, dass es sich um dasselbe Tier handelt, das noch vor wenigen Stunden putzmunter war. Aber selbst in Fällen, in denen die Prozesse langsamer vonstattengehen, verbringen die Tiere doch meist ihr ganzes Leben im selben Habitat, sodass diese Veränderungen immer wiederkehrenden Mustern folgen. Auch hierdurch lässt sich etwas über die Unumkehrbarkeit des Todes lernen, denn sobald dergleichen Anzeichen auftreten, zeigt das Individuum keine Lebenszeichen mehr.

Suchen wir nach Belegen dafür, dass Tiere die Irreversibilität des Todes verstehen, müssen wir uns genauer ansehen, worin sich ihr Verhalten gegenüber einem Individuum, das noch lebt, unterscheidet von ihrem Verhalten gegenüber einem Individuum, das schon tot ist. Ein gutes Beispiel für die Bedeutung dieses Unterschieds stammt aus einem jüngst veröffentlichten und nur schwer zu verdauenden Artikel von Maël Leroux und Beitragenden.[61] Darin dokumentieren sie die Reaktion einer Gruppe von Schimpansen auf ein Junges, das mit Albinismus geboren wurde (eine extrem seltene Störung bei dieser Spezies, bis dahin war erst ein einziger Fall bekannt). Als die Schimpansen die Mutter und ihr Baby sahen, schienen sie entsetzt zu sein, mit gesträubtem Fell und die gleichen Alarmrufe ausstoßend wie bei einer Begegnung mit potenziell gefährlichen Tieren, Schlangen etwa oder unbekannten Menschen. Eine solche Angst kontrastiert mit der Neugier oder Aufregung, die Neugeborene normalerweise hervorrufen. Nach ein paar panischen Minuten entriss der Alphamann der Mutter schließlich das Baby, und mehrere Schimpansen attackierten es, bis es starb. Als es tot war, änderte sich ihr Verhalten radikal. Die meisten Schimpansen der Gruppe untersuchten nun den Leichnam eingehend, beschnupperten den Kopf und den Anogenitalbereich, strichen über das Rückenfell oder kniffen hinein. Offenbar waren sie fasziniert von diesem Tier, das nach Schimpanse roch,

Abbildung 12: Zwei junge Schimpansen untersuchen taktil und olfaktorisch das mit Albinismus geborene tote Baby.

aber so seltsam aussah. Das Interessanteste ist hier für uns, dass sie ihrer Neugier erst freien Lauf ließen, nachdem das Kleine tot war, was ein Hinweis darauf sein könnte, dass sie wussten, dass es in diesem Zustand keine Gefahr mehr darstellte, mit anderen Worten, dass seine Nichtfunktionalität irreversibel war.

Wichtig ist natürlich auch, den Kontext zu berücksichtigen und die Art, wie Tiere von einem Körper ablassen, was in der thanatologischen Literatur nur wenig Beachtung gefunden hat. Sarah Brosnan und Jennifer Vonk etwa beklagen eine Vorliebe für Verhalten, die als »interessant« angesehen werden, während »langweilige oder banale« oft keinen Eingang in die Publikationen finden, was dazu führt, dass ein höherer Anteil an interessanten Verhalten wahrgenommen wird, als die Wirklichkeit hergibt.[62] Die Autorinnen verweisen hier auf das Beispiel von Tahlequah, das leicht in einem wissenschaftlichen Artikel hätte beschrieben und publiziert werden können, während keine Fachzeitschrift den Fall einer Mutter veröffentlichen würde, die sich einfach so von ihrem toten Jungtier entfernt. Aber so richtig der Hinweis der Autorinnen ist, dass auch ein solches Verhalten dokumentiert werden sollte, liegen sie doch falsch, wenn sie es als »langweilig oder banal« bezeichnen.

Nehmen wir den Fall der Gorillamutter Simba, beschrieben von David Watts.[63] Simba hatte mehrere Kinder. Ihr Erstgeborener, Mwelu, starb im Alter von acht Monaten, Opfer eines Infantizids. Simba war kurz vorher zu einer neuen Gruppe gewechselt, was immer zu Spannungen führt, und der kleine Mwelu starb im Verlauf einer dieser Auseinandersetzungen. Ihr Zweitgeborener überlebte, aber das dritte und das vierte Kind starben an Krankheiten. Watts erzählt uns von Simbas Reaktion auf den Tod des vierten:

> Simba trug den Leichnam, als ich sie zum ersten Mal sah. Wenn sie sich ausruhte oder Nahrung zu sich nahm, hielt sie ihn mit einem Arm oder mit beiden vor dem Bauch, und wenn sie sich fortbewegte, mit einem Arm. Um 13.20 h setzte sie sich zum Essen hin. Statt den Leichnam zu wiegen, legte sie ihn jedoch auf den Boden, in Kontakt mit ihrem Oberschenkel, und nahm beide Hände, um Pflanzenstängel zu bearbeiten. Um 13.25 h bewegte sie sich zwei Meter fort und setzte sich wieder zum Essen hin. Sie ließ den Leichnam zurück, es war das erste Mal während meiner Beobachtung, dass sie den Kontakt mit ihm abbrach. Sie aß vier Minuten, dann kehrte sie zurück zu dem Leichnam und betrachtete ihn für einen Moment. Dann nahm sie mit der rechten Hand seinen linken Fuß und zog mehrmals vorsichtig daran. Danach ließ sie ihn los, sah sich das Junge etwa dreißig Sekunden an, drehte sich um und ging. An diesem Tag kehrte sie nicht zu dem Leichnam zurück, und auch am

> nächsten Tag kamen weder sie noch der Rest der Gruppe zurück in das Gebiet. Andere Gorillas fassten das Jungtier nicht an und zeigten auch kein besonderes Interesse an dem Leichnam, als ich Simba folgte, und keiner näherte sich ihm, nachdem sie ihn zurückgelassen hatte.[64]

Wie Simba ihr Junges zurücklässt, ist hochinteressant, weil sie zunächst offenbar zögert, dann den Leichnam ein letztes Mal inspiziert (als wollte sie sichergehen, dass sie sich nicht geirrt hat) und sich schließlich entscheidet, ihn aufzugeben. Sie scheint begriffen zu haben, dass die Nichtfunktionalität unumkehrbar ist. Interessant ist es auch vor dem Hintergrund ihrer besonderen Geschichte. Da Simba bereits zuvor drei Kinder hatte, von denen zwei gestorben waren, werden die Faktoren ERFAHRUNG und EMOTION bei ihr sehr ausgeprägt gewesen sein, ganz davon abgesehen, dass Gorillas ohnehin über ein hohes Maß an KOGNITION verfügen.

Berücksichtigen wir also den Kontext und die persönliche Geschichte eines Tieres, erhalten wir wichtige Hinweise darauf, wie es den Tod versteht. Im Allgemeinen können wir erwarten, dass die Reaktionen auf den Tod unterschiedlich ausfallen, je nachdem, welche Erfahrungen das Individuum früher gemacht hat. Je jünger ein Tier ist und je weniger Todesfälle es erlebt hat, desto heftiger wird seine Reaktion auf die plötzliche Nichtfunktionalität eines Artgenossen ausfallen. Dagegen werden ältere Tiere, die viele Todesfälle erlebt haben, es eher weniger interessant finden. Das entspricht auch dem, was Arianna De Marco und Kollegen bei einer Gruppe Haubenkapuzineraffen als Reaktion auf den Tod einer Gefährtin beobachtet haben.[65] Die jüngeren Tiere, die wenig oder gar keine Erfahrung mit dem Tod hatten, interagierten am meisten mit dem Leichnam, während die älteren, die viele Erfahrungen gemacht hatten, kaum ein Interesse zeigten.

Ebenfalls zu berücksichtigen ist die Reaktion jener, die *keine* enge Bindung zu dem verstorbenen Tier haben. So ist es schon bemerkenswert, dass Affen und Menschenaffen in der Regel den Leichnamen von Jungtieren so wenig Aufmerksamkeit schenken (mit Ausnahme der Mütter natürlich), obwohl sie sich zu deren Lebzeiten doch so für sie interessiert haben. Tatsächlich wird als eines der Argumente dafür, dass Menschenaffen sich in Zoos fortpflanzen dürfen, vorgebracht, dass ihr Leben sehr viel langweiliger wäre, gäbe es keine Kleinen, an denen sie ihre Freude haben könnten.[66] Dass tote Jungtiere meist von allen außer den Müttern ignoriert werden, legt also nahe, dass sie in der Lage sind, ihren neuen Zustand zu begreifen.

Manchmal sehen wir interessante Reaktionen gegenüber einem trauernden Tier, was ebenfalls ein Beweis dafür sein kann, dass sie die Situation verstehen. So beschreiben Zoë Goldsborough und Mitwirkende eine Gruppe von Schimpansen, deren affiliatives Verhalten gegenüber Moni, einer Schimpansin, die vor kurzem ihr Baby verloren hatte, vorübergehend sowohl quantitativ als auch qualitativ an Intensität zunahm.[67] Das galt selbst für Individuen, die im Monat vor dem Tod des Kleinen keinen Kontakt zu ihr gehabt hatten und also auch nicht eng mit ihr befreundet waren. Die Art von Verhalten, das sie ihr entgegenbrachten, war typisch für Situationen, in denen sich versöhnt und getröstet wird, was man gemeinhin als Zeichen von Empathie betrachtet. Am interessantesten aber ist, dass das Tier, das seine Verbundenheit mit Moni am deutlichsten zeigte, Tushi war, eine Schimpansin, die in keiner besonders engen Beziehung zu Moni stand, in der Vergangenheit aber ebenfalls ein Baby verloren hatte. Vermutet wurde nun, dass die eigene Trauererfahrung zu der gesteigerten Empathie beigetragen haben könnte, genau wie bei Menschen.

Es gibt also gute Gründe, sowohl theoretische wie auch empirische, den Gedanken zuzulassen, dass ein Minimalkonzept vom

Tod für viele Tierarten kein Ding der Unmöglichkeit ist. Hier stellt sich nun die Frage, ob das alles ist, was ein Tier im Hinblick auf den Tod begreifen kann, oder ob irgendeine nichtmenschliche Spezies ein komplexeres Konzept erlangen könnte. Und tatsächlich dürfen wir erwarten, dass in der Natur das Konzept vom Tod nicht selten in mehr als seiner minimalen Ausprägung hervortritt.

Das natürliche Konzept vom Tod

Um uns klarzumachen, wie komplex das Konzept vom Tod in der Natur sein kann, wollen wir uns noch einmal in Erinnerung rufen, dass das Minimalkonzept vom Tod ein *theoretisches Konstrukt* ist. Es ist nicht die Beschreibung einer empirischen Realität, sondern dient als theoretischer Rahmen und als Maßstab, um zu sehen, wann wir davon sprechen können, dass ein Tier den Tod versteht. Das Minimalkonzept vom Tod muss jedoch weder Anfangs- noch Endpunkt eines Lernprozesses im Hinblick auf die Sterblichkeit sein.

Tatsächlich ist zu erwarten, dass das Konzept vom Tod in der Natur häufig mit vier Subkomponenten auftritt: *Nichtfunktionalität*, *Irreversibilität*, *Kausalität* und *Universalität*. Die beiden letztgenannten sind nicht Teil des Minimalkonzepts vom Tod, finden sich sehr wahrscheinlich aber bis zu einem gewissen Grad im *natürlichen* Konzept vom Tod.

Ich sage »bis zu einem gewissen Grad«, weil das Verständnis, das ein Tier von der Kausalität und der Universalität des Todes entwickeln kann, immer ein partielles sein wird. Tatsächlich wäre es absurd, etwas anderes zu erwarten. Ein vollständiges Verständnis der Universalität des Todes würde bedeuten, dass das Tier nicht nur in der Lage ist, geistig zu erfassen, wann etwas als universell gilt – an sich schon kompliziert genug –, sondern dass es auch die Fähigkeit besitzt, alle Lebewesen, die es wahrnimmt (das heißt Tiere der eigenen und anderer Spezies wie auch Pflanzen und Pilze) in dieselbe Kategorie von »Dingen, die sterben können« einzuordnen. So etwas von irgendeinem Tier zu erwarten wäre kaum sinnvoll, nicht zuletzt, weil es den meisten Tieren *egal* sein dürfte, ob alle diese Wesen zu der Art von Dingen gehören, die sterben können.[68] Mehr noch, selbst uns Menschen, die wir gern glauben, wir machten uns einen vollständigen Begriff von der Universalität des Todes, fällt es schwer, genau zu bestimmen, wer oder was in der biologischen Welt sterben kann oder nicht. Die uralte Diskussion in der Biologie über die Grenzen dessen, was wir unter »Leben« verstehen, ist ein anschauliches Beispiel für diese Ungewissheit.

Ähnlich verhält es sich mit der Kausalität. Ein präzises und mechanistisches Verständnis vieler Todesursachen ist unter den Menschen auf einige wenige Fachleute wie etwa Pathologen beschränkt, und selbst bei ihnen herrscht eine große Unsicherheit darüber, wie bestimmte Krankheiten zum Tod führen. Daher wäre es auch hier kaum sinnvoll, von Tieren, die sich das erforderliche Wissen erst gar nicht aneignen können, ein vollständiges Verständnis der Kausalität des Todes zu erwarten.

Allerdings ist es mehr als wahrscheinlich, dass Tiere, die ein Konzept vom Tod entwickeln, dies auf eine Weise tun, dass ein *partielles* Verständnis von der Kausalität und der Universalität des Todes eingeschlossen ist. Was sich darauf zurückführen lässt, dass in der Natur zwei kognitive Mechanismen weit verbreitet sind: *Assoziation* und *induktive Verallgemeinerung*.

Assoziation oder assoziatives Lernen ermöglicht es einem Tier, zwei gleichzeitige oder zeitlich nahe beieinanderliegende Ereignisse mental miteinander zu verbinden, sodass es beim nächsten Mal, wenn es das eine sieht, das andere erwartet. Auf diese Weise kann ein Tier den irreversiblen Verlust der Funktionalität, den es bei einem Artgenossen beobachtet hat, mit dem unmittelbar vorangegangenen Ereignis (einem Sturz von einem Baum etwa oder der Begegnung mit einem Leoparden) verknüpfen.

Dennoch ist die Fähigkeit, zwei Ereignisse nach einem starren Muster miteinander in Verbindung zu bringen, nicht per se allzu nützlich. Beruht die Interaktion auf einem immergleichen Reiz, ohne jede Abweichung für ein mögliches Assoziieren, ist dies kaum sinnvoll in vielgestaltigen und komplexen Umgebungen, in denen bestimmte Organismen zum Überleben stark auf ihre Kognition angewiesen sind. Hier kommt die induktive Verallgemeinerung ins Spiel, eine Fähigkeit, mit der Assoziationen sehr viel flexibler werden und einem Tier erlauben, Vorhersagen zu treffen, die über den Einzelfall mit seinem ursprünglichen Reiz hinausgehen. Das wäre zum Beispiel die Fähigkeit, vorherzusagen, dass das, was X passiert ist, als X von diesem oder jenem Baum gefallen oder diesem oder jenem Leoparden begegnet ist, auch Y passieren würde, wenn Y von einem Baum fiele oder einem Leoparden begegnete. Auch hier handelt es sich um eine in der Natur weit verbreitete Fähigkeit, sie versetzt die Tiere in die Lage, sich eine (partielle) Vorstellung von der Universalität des Todes zu machen.

Tatsächlich deutet manches darauf hin, dass einige Tiere Kontexte, die mit dem Tod verbunden sind, korrekt erfassen und möglichst aktiv meiden, was vermuten lässt, dass sie mit einem Konzept vom Tod operieren, bei dem die Subkomponenten *Universalität* und *Kausalität* eine gewisse Rolle spielen. Das klassische Beispiel hierfür sind Rabenvögel. Die Tiere sind bekannt dafür, dass sie sich in großen Gruppen versammeln und sogar um ihre toten Artgenossen kreisen, was man oft – aus emotionalem Anthropozentrismus – als eine Art Trauerritual interpretiert hat. In einem Experiment in natürlicher Umgebung wollten Kaeli Swift und John Marzluff herausfinden, ob Amerikakrähen durch dieses

Verhalten etwas über die Umstände des Todes lernen, was ihnen in der Zukunft hilfreich sein könnte.[69] Dazu untersuchten sie die Reaktionen der Krähen in der Gegend von Seattle auf bestimmte Reize, die man ihnen, zwei Meter entfernt von ausgelegtem Futter, präsentierte. Die Reize waren Menschen mit einer Maske vor dem Gesicht, die entweder eine tote Krähe in der Hand hielten oder neben einem ausgestopften Rotschwanzbussard standen, mal mit, mal ohne tote Krähe in der Hand, später auch lediglich mit einer toten Taube.

Swift und Marzluff stellten fest, dass die Krähen sich aggressiv gegenüber dem Bussard oder der maskierten Person verhielten, wenn man sie zusammen mit einer toten Krähe präsentierte. Oft holten sie sich auch Unterstützung von anderen Krähen in der Nähe. Ebenso vermieden sie es, in dem Gebiet zu fressen, wo man sie mit den Reizen konfrontiert hatte, selbst als diese nicht mehr vorhanden waren, was darauf hindeutet, dass sie die Sichtung einer toten Krähe als Hinweis auf die Gefährlichkeit des Ortes betrachteten. Sie prägten sich auch die maskierte Person ein, die sie mit dem Leichnam ihres Artgenossen in der Hand gesehen hatten, und konnten sie unterscheiden von Personen mit einer anderen Maske. Der Effekt war auch sechs Wochen nach Präsentation der Reize noch zu beobachten.

Schimpansen zeigen ebenfalls eine hochentwickelte Fähigkeit, etwas über Gefahren zu lernen, die von unterschiedlichen Reizen ausgehen. So haben etwa die Schimpansen in Bossou in Guinea gelernt, dass Tierfallen eine ernste Bedrohung darstellen, und sie wurden mehrfach dabei beobachtet, wie sie versuchten, sie zu zerstören oder zu deaktivieren, in mindestens zwei Fällen mit Erfolg.[70] Diese Primaten wissen auch, dass Schlangen gefährlich sind, und gehen ihnen nicht nur aus dem Weg, sondern stellen sicher, dass ihre Gruppenmitglieder sich der Gefahr bewusst werden, indem sie Warnrufe ausstoßen, ein umso häufigeres Verhalten, wenn die anderen die Schlange noch nicht gesichtet haben oder bei den ersten Rufen noch nicht da waren.[71] Genauso haben sie gelernt, dass das Überqueren von Straßen ein Risiko birgt, nicht nur wegen der Autos oder Menschen, sondern weil es bedeutet, den Schutz des Waldes zu verlassen. Daher schauen sie sich sorgfältig um, bevor sie eine Straße überqueren, und koordinieren die Bewegungen so, dass die größten und stärksten Schimpansen vorne und am Ende gehen, während die weiblichen Tiere oder die Jüngsten die Position in der Mitte einnehmen, wo es sicherer ist.[72] Schließlich wurde beobachtet, dass sie nicht nur ihre eigenen Wunden lecken oder mit Blättern reinigen, sondern auch die ihrer Artgenossen, und aus experimentellen Studien wissen wir, dass sie in Gegenwart verletzter Individuen physiologische Anzeichen von Stress zeigen.[73]

Das heißt, wenn das Minimalkonzept vom Tod – als theoretisches Konstrukt – lediglich aus den Subkomponenten *Nichtfunktionalität* und *Irreversibilität* besteht, werden beim natürlichen Konzept vom Tod die Subkomponenten *Kausalität* und *Universalität* hinzukommen. Was insofern bedeutsam ist, als das Minimalkonzept vom Tod für sich allein einem Tier nur ermöglicht, geistig zu verarbeiten, was einem tatsächlich gestorbenen Individuum passiert ist. Das natürliche Konzept vom Tod hingegen ermöglicht es, auch *vorauszusagen*, was mit anderen, noch lebenden Individuen passieren könnte, *falls* ihnen dasselbe passiert wie ihren toten Artgenossen. Woraus sich eine Frage ergibt, die sich auf den vorigen Seiten schon aufgedrängt haben dürfte: Können diese Tiere auch verstehen, dass sie selbst einmal sterben werden?

Die Fähigkeit, den Tod mit verschiedenen Ereignissen in Verbindung zu bringen und sie, über die erlebten Fälle hinaus, im Hinblick auf mögliche zukünftige Fälle zu verallgemeinern, könnte es einem Tier grundsätzlich erlauben, auch eine gewisse Vorstellung von der *persönlichen Sterblichkeit* zu entwickeln. Der Gedanke ist sicher nicht allzu weit hergeholt, dass ein Tier, das gesehen hat, wie X und Y nach einem Sturz vom Baum oder der Begegnung mit einem Leoparden gestorben sind, zu dem Schluss gelangt, dass ihm dasselbe passieren könnte, wenn es von einem Baum fällt oder auf einen Leoparden stößt. Es erfordert vielleicht eine etwas ausgeprägtere Selbstwahrnehmung oder komplexere kognitive Fähigkeiten wie etwa die Fähigkeit zu schlussfolgerndem oder kontrafaktischem Denken, aber für manche Tiere dürfte die Subkomponente *persönliche Sterblichkeit* damit in Reichweite rücken, nur wird die Anzahl der potenziellen Kandidaten sehr viel geringer sein als beim minimalen oder natürlichen Konzept vom Tod.

Das große Problem ist hier jedoch, dass wir uns bei einer Spezies, die nicht über Sprache verfügt, nur schwer etwas vorstellen können, was ein Beweis wäre für eine solche Leistung. Sichtungen von Tieren, die vor Raubtieren fliehen oder sich, um aus einer Falle zu entkommen, die eigenen Gliedmaßen abbeißen, taugen nicht viel, da sich dergleichen Verhaltensweisen durch weitaus einfachere (und verlässlichere) Mechanismen erklären lassen als durch ein Verständnis der eigenen Sterblichkeit, durch die Angst vor bestimmten Reizen etwa oder durch extremen Hunger oder Durst. Worauf könnten wir also unseren Blick richten?

In der thanatologischen Literatur wird gelegentlich erwähnt, dass Individuen, die dem Tod nahe sind, sich oftmals, bevor sie sterben, von der Gruppe zurückziehen und verschwinden. Das könnte man so interpretieren, dass sie *wissen*, dass sie sterben werden, und deshalb gehen. Viel plausibler aber ist der Gedanke, dass sie schlicht zu schwach sind und mit der Gruppe nicht mehr mithalten können; oder dass sie ein wenig Ruhe haben und für sich sein wollen, einfach weil es ihnen körperlich nicht gutgeht. Das scheint eine einleuchtendere Erklärung zu sein als die Annahme, sie würden im Wissen um ihren baldigen Tod handeln, genauso könnte es sie ja auch motivieren, nach sozialem Beistand zu suchen, wie es bei uns oft der Fall ist.

Ein anderer Hinweis auf die Fähigkeit von Tieren, ihre eigene Sterblichkeit zu begreifen, ließe sich vielleicht, könnte man meinen, aus Berichten über suizidales Verhalten ableiten. In dem Fall sind die uns vorliegenden Zeugnisse jedoch spärlich, uneindeutig oder anekdotisch.

Wir wissen, dass viele Tiere, wenn sie extremem Stress ausgesetzt sind, ein selbstzerstörerisches Verhalten zeigen. In einer Reihe schauriger Experimente hat man ab den späten 1950er Jahren unter der Leitung von Harry Harlow Rhesusaffen in völliger Isolation aufgezogen.[74] Neben vielen anderen Verhaltensauffälligkeiten entwickelten die Affen einen Hang, sich selbst zu attackieren, indem sie ihre Köpfe gegen die Wände schlugen und sich selbst bissen, bis Finger abgetrennt und Arme und Beine schwer verwundet waren, sie rissen sich sogar die Augen aus.[75] Gerade aufgrund ihrer sozialen Isolation dürfen wir annehmen, dass diese Affen kein Konzept vom Tod hatten, sodass sie dieses Verhalten wahrscheinlich nicht in der ausdrücklichen Absicht zeigten, sich selbst zu töten. Ganz im Gegenteil, es wird schlicht Ausdruck ihres psychopathologischen Zustands gewesen sein, eine Folge der experimentellen Bedingungen (die, das sei hinzugefügt, keinen anderen Zweck hatten, als zu sehen, wie verrückt die armen Äffchen wohl würden).

Es gibt Beschreibungen von Selbstverstümmelungen bei Tieren, die in Zoos eingesperrt waren, genauso bei Nagetieren im Labor, denen man stimulierende Drogen verabreicht hatte.[76] Auch Fälle von Haustieren sind bekannt. Bei einigen Pferden zum Beispiel wurde beobachtet, dass sie sich selbst bissen, gegen Sachen traten oder sich auf sie stürzten.[77] Bei Hunden und Katzen kommt es ebenfalls relativ häufig vor, dass sie sich zwanghaft lecken, kratzen oder an sich knabbern, was in extremen Fällen zu schweren Verletzungen führt.[78] Aber selbst solche Fälle lassen sich als anormales Verhalten erklären, zurückzuführen auf widrige Umweltbedingungen oder Krankheiten, sie scheinen kein Beweis zu sein für suizidale Neigungen.

Etwas klarer sind die Fälle von Delfinen, die sich, wie es heißt, das Leben genommen haben. Mindestens zwei Fälle sind bekannt, beide Male Delfine, die eingefangen und unter unangemessenen Bedingungen gehalten wurden. Einer ist der weibliche Delfin Kathy, die »Darstellerin«, die am längsten die Rolle des Flipper in der gleichnamigen Fernsehserie gespielt hat.[79] Der andere ist Peter, einer der Delfine, mit denen in den 1960er Jahren unter der Leitung von John Lilly eine Reihe grotesker Experimente durchgeführt wurden, dazu gehörten die Verabreichung der psychedelischen Droge LSD, Zoophilie und Versuche, verbal und per Telepathie mit den Delfinen zu kommunizieren.[80] Zeugen zufolge sollen sowohl Kathy als auch Peter ihrem Leben ein Ende gesetzt haben, indem sie aufhörten zu atmen.

Anders als bei uns ist die Atmung bei Delfinen kein Reflex, vielmehr ist jeder Atemzug das Ergebnis einer freien Entscheidung, weshalb diese Tiere über ein relativ einfaches Mittel verfügen, ihr Leben zu beenden. Laut Ric O'Barry, Kathys Trainer, der später zu einem Aktivisten für die Rechte der Delfine wurde, sind sie »Geschöpfe mit einem Bewusstsein ihrer selbst und einem Gehirn, das größer ist als das eines Menschen. Wird das Leben unerträglich, tun sie einfach keinen Atemzug mehr. Das ist Selbstmord.«[81]

Es bleiben aber sehr anekdotische Fälle, einer davon beobachtet von John Lilly, der damals aufgrund seiner exzentrischen wissenschaftlichen Projekte längst jede Glaubwürdigkeit verloren hatte. Zwar können wir diese Beispiele nicht beiseitelassen, wir können sie aber auch nicht als wirklich verlässlich betrachten. Und selbst angenommen, die Delfine hätten tatsächlich beschlossen, das Atmen einzustellen, dann wüssten wir immer noch nicht, ob der Auslöser allgemeine Apathie oder Depression infolge der Bedingungen ihrer Gefangenschaft war oder ein bewusster und expliziter Entschluss, sich umzubringen.

Dass wir keine verlässlichen Belege für suizidale Neigungen bei Tieren haben, muss nicht heißen, dass sie keine Vorstellung von der *persönlichen Sterblichkeit* hätten. Wir dürfen nicht vergessen, dass Selbsttötung ein höchst maladaptives Verhalten ist – von einigen Ausnahmen abgesehen wie etwa bei eusozialen Insekten, die sich zum Wohle der Kolonie opfern –, weshalb anzunehmen ist, dass die natürliche Selektion dem entgegengewirkt hat. Viel plausibler wäre, dass die Vorstellung von der *persönlichen Sterblichkeit* in Verbindung mit der Vorstellung von der *Kausalität* die Tiere dazu bewegt, aktiv alles zu *meiden*, was, wie sie gelernt haben, tödlich ist. Zu erwarten, dass die Vorstellung von der *persönlichen Sterblichkeit* zwangsläufig den Suizid als Option ins Spiel bringt, ist vielleicht nichts anderes als Ausdruck unseres emotionalen Anthropozentrismus.

Das Verständnis der eigenen Sterblichkeit ist bei Tieren also besonders schwer empirisch zu untersuchen, und da die Entschlüsselung ihrer Kommunikation noch in den Kinderschuhen steckt[82], müssen wir uns mit einem alten Spruch aus der vergleichenden Psychologie begnügen, wonach das Fehlen von Beweisen kein Beweis dafür ist, dass es keine gibt. Mit anderen Worten, die Schwierigkeit, überzeugende Beweise vorzulegen, bedeutet nicht, dass es nicht doch möglich wäre. Würde ein Tier hingegen die Subkomponente *persönliche Sterblichkeit* in sein Konzept vom Tod mit einbeziehen, hätten wir es wiederum nur mit einer partiellen Form dieser Vorstellung zu tun. Sie entspräche dem Gedanken, dass man sterben *kann*, aber nicht, dass man zwangsläufig früher oder später sterben *wird*. So verstehen wir normalerweise die persönliche Sterblichkeit, eben weil zu unserem Konzept vom Tod auch die Subkomponenten *Unvermeidlichkeit* und *Unvorhersagbarkeit* gehören. Diese beiden Subkomponenten aber sind, möchte ich behaupten, zu abstrakt und zu komplex, als dass ein Tier, das nicht über Sprache verfügt, sie begreifen könnte. Doch wie wir im letzten Kapitel sehen werden, muss das nicht heißen, dass eine unüberwindliche Kluft bestünde zwischen unserem Konzept vom Tod und dem anderer Tiere.

Damit wären wir am Ende dieses Kapitels, in dem wir gesehen haben, dass das Konzept vom Tod hervorgeht aus dem Zusammenwirken der drei kausalen Faktoren, auf denen die Heilige Dreifaltigkeit beruht: KOGNITION, EMOTION und ERFAHRUNG. Genau das macht Elefanten zu so guten Kandidaten für die Entwicklung eines Konzepts vom Tod, und sicherlich ist es mit ein Grund, warum uns bei ihnen so interessante thanatologische Verhaltensweisen begegnen. Dennoch wäre die Annahme verfehlt, dass sich ein solches Konzept nur bei Spezies herausbildet, die kognitiv so komplex sind wie diese Dickhäuter. Schließlich haben wir gesehen, dass Tiere in der freien Natur zahlreiche Gelegenheiten haben, etwas über den Tod zu lernen; dass ein breites Spektrum von Emotionen dabei hilfreich sein kann und dass die notwendige Kognition, um zu einem Minimalkonzept vom Tod zu gelangen, ebenso unkompliziert wie bedeutsam für das Überleben ist, was für eine weite Verbreitung spricht. Dargelegt habe ich in diesem Kapitel auch, dass das Konzept vom Tod insofern dazu tendiert, in mehr als seiner minimalen Form hervorzutreten, als es bis zu einem gewissen Grad auch die Subkomponenten *Kausalität*, *Universalität* und in einigen Fällen vielleicht sogar *persönliche Sterblichkeit* umfasst.

Im nächsten Kapitel wende ich mich einem Aspekt des Todes in der Natur zu, der in der thanatologischen Literatur weithin ignoriert wurde: dem Thema Gewalt. Dabei werden wir sehen, dass uns die Art, wie sich Gewalt in der Natur äußert, sowie die damit verbundenen Verhaltensweisen noch mehr Gründe liefern für die Annahme, dass das Konzept vom Tod bei nichtmenschlichen Tieren alles andere als ungewöhnlich ist.

7
SCHRÖDINGERS OPOSSUM

Das Virginia-Opossum ist ein lustig anzusehendes Tier. Es lebt auf dem nordamerikanischen Kontinent, und Captain John Smith sagte von ihm, es habe »den Kopf eines Schweins, den Schwanz einer Ratte und die Größe einer Katze«.[1] Hätte es damals schon Google gegeben, hätten die Zeitgenossen von Captain Smith – genau, der mit der Häuptlingstochter Pocahontas – sofort gemerkt, dass das ein bisschen übertrieben war. Zweifellos aber ist es ein recht eigenartig anmutender Geselle: eine Art zerzauste Waschbärratte, die den Eindruck erweckt, als hätte sie die Nacht feuchtfröhlich durchgemacht. Das Opossum hat einen opponierbaren Zeh an den Hinterfüßen und einen unbehaarten Schwanz, mit dem es sich an die Äste der Bäume hängen kann. Außerdem ist es ein Beuteltier. Was heißt, dass es trotz seines Aussehens eines Nagers und der Tatsache, dass es nicht in Australien lebt, seine Jungen in einem Beutel am Bauch trägt, genau wie die Kängurus.

Am bemerkenswertesten am Opossum aber ist, und deshalb führe ich es hier an, sein Verhalten, wenn es sich bedroht fühlt. Spürt das Tier, dass es keine Chance hat zu entkommen, ist es auf einen Schlag wie gelähmt, kippt auf die Seite und liegt da in einer Art Fötusstellung, der Schwanz eingerollt, Augen und Mund weit offen, die Zunge heraushängend. In dieser Haltung reagiert es nicht mehr auf äußere Reize und fängt an zu speicheln, es uriniert, defäkiert und sondert eine übelriechende grüne Flüssigkeit aus den Analdrüsen ab. Die Körpertemperatur sinkt um 0,6 Grad Celsius, der Herzschlag verlangsamt sich um 46 Prozent, die Atemfrequenz um 31 Prozent. Die Zunge, normalerweise rosa, nimmt einen bläulichen Ton an. In diesem Zustand eines verwesenden Kadavers bleibt das Opossum, solange die Gefahr nicht vorüber ist, reglos liegen. Wir könnten es kneifen oder ihm gar den Schwanz abschneiden, es würde nicht reagieren (Letzteres haben psychopathisch angehauchte Wissenschaftler leider ausprobiert).[2]

Das kleine Schauspiel ist so raffiniert, dass im Englischen der Ausdruck *to play possum*, »Opossum spielen«, als Synonym verwendet wird für »sich tot stellen«. Doch so überzeugend die Maskerade auch sein mag – ohne Zweifel würden wir uns täuschen lassen, wüssten wir nichts von seinem Trick –, ist das Opossum in diesem Zustand weiterhin lebendig. In seiner völligen Reglosigkeit, mit seinen auf ein Minimum reduzierten Vitalfunktionen und dem Verströmen von Fäulnisgeruch registriert das Opossum, was ringsum vor sich geht, bereit, sein Alltagsgeschäft wieder aufzunehmen, sobald die Luft rein ist. Wie bei der Katze in dem berühmten Paradoxon des Physikers Erwin Schrödinger könnten wir sagen, dass das Opossum lebendig und tot zugleich ist.

Schrödingers Opossum, um es einmal so zu nennen, ist das letzte Teil des Puzzles, das wir hier im Buch zusammensetzen, und es ist von entscheidender Bedeutung, denn es gehört zu den Fällen, in denen sich am deutlichsten zeigt, wie verbreitet das Konzept vom Tod in der Natur ist. In diesem Kapitel werden wir uns die Gründe genauer ansehen, warum wir das mit großer Gewissheit sagen können. Letztlich beruhen sie darauf, dass das Verhalten des Opossums ein Verteidigungsmechanismus gegen Prädation ist, um nicht zur Beute von Fressfeinden zu werden also, und dieser Mechanismus nähme sich anders aus, wäre das Konzept vom Tod unter Prädatoren, den Räubern im Tierreich, nicht so verbreitet.

Um das zu verstehen, müssen wir erst einmal unseren Blickwinkel weiten und klären, welche Rolle für Tiere die Gewalt bei der Entwicklung eines Konzepts vom Tod spielt. Hierzu werden wir die hauptsächlichen Erscheinungsformen von Gewalt in der

Natur untersuchen und wie sie mit dem Konzept vom Tod in Zusammenhang stehen; ein Weg, der uns zur Prädation führt und schließlich zum konkreten Beispiel des Opossums.

Gewalt und das Konzept vom Tod

Wie wir in vorherigen Kapiteln gesehen haben, hat sich die vergleichende Thanatologie bisher überwiegend auf sowohl *intraspezifische* wie auch *affiliative* Reaktionen von Tieren auf den Tod konzentriert. Das heißt, man hat sich auf die Suche gemacht nach Verhaltensweisen, die bei Tieren auf Fürsorge und Zuneigung gegenüber sterbenden oder bereits gestorbenen Artgenossen schließen lassen. Die Beziehung zwischen Gewalt im Tierreich und dem Konzept vom Tod, über das nichtmenschliche Tiere möglicherweise verfügen, hat dagegen sehr viel weniger Beachtung gefunden. Was besonders für die *interspezifische* Gewalt gilt, das heißt die Gewalt zwischen Individuen verschiedener Spezies. Die Fixierung auf intraspezifische und affiliative Beziehungen entspringt, wie wir gesehen haben, dem emotionalen Anthropozentrismus, von dem die vergleichende Thanatologie durchdrungen ist, aber verwunderlich ist es doch, schließlich gibt es in der Natur Gewalt im Überfluss, und wie wir noch sehen werden, finden wir in gewalttätigen Kontexten – zumal bei der Prädation – einen perfekten Nährboden für die Herausbildung eines Konzepts vom Tod.[3]

Aber eins nach dem anderen. Wie schon beschrieben, interagieren Tiere manchmal mit Leichnamen auf eine Weise, die alles andere als liebevoll ist, wir können sie durchaus als gewalttätig bezeichnen. Zwar sind solche Interaktionen wichtig, da sie dem Aggressor viele Informationen über die irreversible Nichtfunktionalität des Todes liefern, aber was ich in diesem Kapitel untersuchen möchte, ist die Gewalt nicht als eine Möglichkeit, etwas über diese Nichtfunktionalität herauszufinden, sondern als die eigentliche Todesursache.

In der Natur ist ein erheblicher Anteil der Todesfälle zurückzuführen auf gewaltsame Interaktionen, davon einige in einem intraspezifischen Kontext (das heißt innerhalb ein und derselben Spezies). Tiere kämpfen oft mit Artgenossen um den Zugang zu Nahrung, Sexualpartnern oder Territorien. Die Kämpfe enden zuweilen mit dem Tod eines der Kontrahenten. Tatsächlich ist bei manchen Spezies der Prozentsatz der Tiere, die Artgenossen zum Opfer fallen, sehr hoch: Bei Braunbären liegt er bei 10 Prozent, bei Langschwanzmurmeltieren bei 15 Prozent und bei Erdmännchen (zu denen der gute Timon aus *Der König der Löwen* gehört) gar bei erschreckenden 19 Prozent.[4]

Todesfälle in einem intraspezifischen Zusammenhang sind oft Unfälle. So können wir uns zum Beispiel zwei Hirsche bei einem Dominanzkampf vorstellen, der damit endet, dass das Geweih des einen eine Schlagader des anderen durchtrennt und ihn tödlich verletzt. In dem Fall können wir annehmen, dass Hirsch Nummer eins nicht die Absicht hatte, Hirsch Nummer zwei zu *töten*. Dennoch dürfen wir nicht außer Acht lassen, welche Bedeutung dergleichen Unfälle für die Entwicklung eines Konzepts vom Tod bei den beteiligten Tieren womöglich haben.

Aus Sicht des Aggressors sind solche Interaktionen zum einen insofern interessant, als die Tatsache, dass er, und sei es unbeabsichtigt, den Tod des anderen *verursacht* hat, den Tod zu einem Ereignis machen kann, das umso größere Aufmerksamkeit verdient. Denken wir uns, wie unterschiedlich wohl die Reaktion ausfällt auf einen Hirsch in der Ferne, der zusammenbricht, weil er alt und krank ist, und auf den Zusammenbruch eines Hirsches, der noch vor ein paar Sekunden ein so kräftiger und starker Rivale war, dass er für einen Dominanzkampf infrage kam. Der Verursacher des Todes zu sein kann ebenfalls dazu beitragen, dass die zugehörigen Merkmale (insbesondere die plötzliche Nichtfunktionalität) sehr viel klarer erkennbar werden.

Zum anderen können solche Todesfälle für Dritte, die den Vorfall miterleben, überaus nützlich sein, um ein Konzept vom Tod zu entwickeln. Gewaltsame Interaktionen ziehen in der Regel die Aufmerksamkeit von Mitgliedern der Gruppe auf sich – wenn es soziale Tiere sind –, und sie gehen meist einher mit schweren Verletzungen, die wesentliche visuelle, olfaktorische und taktile Anhaltspunkte bieten, durch die sich etwas über den Tod lernen lässt.[5] So kann das Tier etwa lernen, die Farbe oder den Glanz von Blut, seinen charakteristischen Geruch oder seine warme, feuchte Schmierigkeit mit der oft folgenden irreversiblen Nichtfunktionalität in Verbindung zu bringen.

Es mag eine Binsenweisheit sein, aber ich möchte an dieser Stelle betonen, dass es keines Konzepts vom Tod bedarf, um einen anderen zu töten. Sehr wohl aber lassen sich verschiedene Grade von Intentionalität unterscheiden, mehr oder weniger nah an einem Konzept vom Tod und je nachdem, wie weit das betreffende Individuum in seinem mentalen Zustand von der Absicht entfernt ist, einen anderen zu töten.[6]

Bei Intentionalität null wären es Fälle, bei denen an dem Verhalten, das zum Tod eines anderen führt, keinerlei kognitive Prozesse beteiligt sind. Stellen wir uns zum Beispiel vor, Laura gießt die Pflanzen auf ihrem Balkon. Plötzlich überkommt sie ein gewaltiger Niesanfall, und sie lässt die Gießkanne los. Die Kanne fällt vom Balkon, landet auf dem Kopf von Lucas, der gerade unten auf der Straße steht und eine Zigarette raucht, und tötet ihn. Lauras Niesanfall ist zwar ursächlich für Lucas' Tod, der Handlung liegt aber keine Intentionalität zugrunde, da ein plötzlicher Niesanfall ein rein mechanischer Vorgang ist, völlig unabhängig von den mentalen Zuständen der betreffenden Person.

Intentionalität ersten Grades könnten wir auf Verhalten be-

Beispiel Laura	Grad der Intentionalität	Handlung ausgelöst durch kognitiven Prozess	Intention/ Emotion gerichtet auf den anderen	Absicht, den anderen zu töten	Konzept vom Tod
Niesen	0	Nein	Nein	Nein	Nicht erforderlich
Hypnose	1	Ja	Nein	Nein	Nicht erforderlich
Spielchip	2	Ja	Ja	Nein	Nicht erforderlich
Gift	3	Ja	Ja	Ja	Erforderlich

Tabelle 2: Grad der Intentionalität bei Verhalten, die zum Tod eines anderen führen.

ziehen, die im Gegensatz zum Niesen sehr wohl von kognitiven Prozessen gesteuert werden, aber keinerlei Emotion voraussetzen oder eine Absicht, die auf einen anderen gerichtet wäre, geschweige denn den Wunsch, ihm zu schaden. Nehmen wir an, Laura war bei einer Hypnosesitzung, bei der sie darauf konditioniert wurde, jedes Mal wenn sie eine Autohupe hört, einen Sprungtritt auszuführen. Stellen wir uns nun vor, sie gießt in aller Ruhe die Pflanzen auf ihrem Balkon, als sie plötzlich Lucas auf der Straße hupen hört. Bei dem Geräusch verspürt sie einen heftigen Drang, fest in die Luft zu treten. Dabei trifft sie einen der Blumentöpfe, der fällt hinunter auf die Straße und schlägt dem armen Lucas den Schädel ein. In dem Fall haben wir allerdings einen kognitiven Mechanismus, der Lauras Verhalten steuert, da sie mit ihrer Wahrnehmung ein gewisses Quantum an Information über ihre Umgebung aufgenommen hat, nur ist ihre Handlung kaum von einer Absicht getragen, sie beschränkt sich auf einen Reiz-Reaktions-Mechanismus, hervorgerufen durch eine Hypnosesitzung.

Intentionalität zweiten Grades beträfe dann Verhalten, die einer stärkeren kognitiven Kontrolle unterliegen, gesteuert von Emotionen oder Absichten, welche sich auf die Person richten, die am Ende tot ist, aber ohne die konkrete und explizite Absicht, sie zu töten. Nehmen wir an, Laura spielt mit Lucas als Partner das Kartenspiel Mus, bei dem zwei Zweierteams gegeneinader spielen und wetten. Nehmen wir weiter an, dass sie das Spiel verlieren, nachdem Lucas sich zu einem völlig absurden Einsatz entschlossen hat. Laura gehen die Nerven durch, und aus lauter Enttäuschung greift sie nach einem Chip und wirft ihn Lucas an den Kopf. Der will ausweichen, verliert dummerweise das Gleichgewicht, fällt vom Stuhl, bricht sich das Genick und ist auf der Stelle tot. In dem Fall hätten wir eindeutig eine gegen Lucas gerichtete Emotion und eine Handlung, die im Prinzip zu seinem Tod führen könnte, die aber keinesfalls mit dieser konkreten Absicht ausgeführt wird. Zwar ist Lauras Handlung eine selbstbestimmte, aber sie wollte Lucas nicht *töten*, sondern nur (auf eine etwas dramatische Art) ihre Wut an ihm auslassen.

Intentionalität dritten Grades bezöge sich auf Tötungen, die in der ausdrücklichen Absicht geschehen, den anderen umzubringen. Stellen wir uns vor, Laura ist es leid, wegen Lucas' katastrophaler Entscheidungen beim Kartenspiel Mus immer wieder zu verlieren, schafft es nicht, ihm ins Gesicht zu sagen, was für ein lausiger Spieler er ist, und beschließt, das Problem an der Wurzel zu packen und ihm Gift ins Essen zu mischen, um ihn aus dem Weg zu räumen und sich einen fähigeren Partner zu suchen. Handelte es sich bei dem Wurf mit dem Spielchip allenfalls um fahrlässige Tötung, würden wir hier von Mord sprechen, denn Laura hat die konkrete und explizite Absicht, Lucas umzubringen (zudem handelt sie nicht nur vorsätzlich, sondern auch heimtückisch).

Ein Konzept vom Tod wäre nur erforderlich bei Tötungen mit einer Intentionalität dritten Grades. Auch wenn Laura in unserem Beispiel ein Mensch ist und wir annehmen dürfen, dass sie ein Konzept vom Tod hat, käme es in den ersten drei Fällen nicht zum Tragen, sehr wohl dagegen, wenn die *explizite* Absicht vorliegt, jemanden zu töten. Tatsächlich würde ein Minimalkonzept vom Tod nicht ausreichen, es müsste schon eines sein, das die Subkomponenten *Kausalität* und *Universalität* enthält, denn die braucht es, um ein Mittel zu wählen, mit dem die Tötung erfolgen soll (in diesem Fall ein Gift), und vorherzusagen, dass es den anderen tatsächlich tötet (weil Laura weiß, dass Lucas zu der Art von Dingen gehört, die sterben können).

Normalerweise geht man davon aus, dass Tiere, die andere töten, sich allenfalls auf der zweiten Stufe der Intentionalität bewegen, da man es als gegeben annnimmt, dass ihnen ein Konzept vom Tod fehlt. Und auch wenn wir, wie in dem Beispiel mit den Hirschen, mentale Zustände annehmen können, die sich je nach Verhalten auf einen anderen richten (ausgelöst durch bestimmte Emotionen oder die Absicht, ihn im Kampf zu besiegen), wäre eine explizite Tötungsabsicht nicht vorhanden. Treffen allerdings die Argumente zu, die ich bisher vorgebracht habe, sollte das Konzept vom Tod in der Natur überaus präsent sein und oft sogar die Subkomponenten *Universalität* und *Kausalität* einschließen. Womit in den Bereich des Möglichen rückt, dass hinter einigen Todesfällen, die wir in der Natur beobachten, durchaus eine Intentionalität dritten Grades steht. In diesem Kapitel wollen wir drei Kontexte betrachten, in denen alles darauf hindeutet, dass eine solche Intentionalität zuweilen vorhanden ist: Tötung in Koalitionen, Infantizid und Prädation.

Betrachten wir zunächst die Tötungen als Folge von Angriffen in Koalitionen. Am bekanntesten ist dieses Verhalten bei unseren nächsten Verwandten, den Schimpansen. Bei solchen Kämpfen schließen sich zwei oder mehr Affen, in der Regel männliche, zusammen, um einen anderen anzugreifen, oft in der Absicht, in der sozialen Hierarchie aufzusteigen. Auch wenn solche Angriffe im Verbund nicht immer mit dem Tod des attackierten Individuums enden, sind sie doch ein eindrucksvoller Beweis dafür, wie diese Primaten ihr Gewaltverhalten zu steuern vermögen. Sehen wir uns einen Fall an, den Frans de Waal schildert, geschehen im Zoo von Arnheim in den Niederlanden:

> Luit war nur zehn Wochen Alphamännchen. Eines Nachts meldete sich die Allianz Yeroen–Nikkie mit einer blutigen Rache zurück, und die beiden Verbündeten verletzten Luit schwer. Sie bissen ihm nicht nur Finger und Zehen ab und fügten ihm überall tiefe Wunden zu, die beiden Angreifer rissen Luit auch die Hoden aus, man fand sie auf dem Boden des Geheges. Luit starb auf dem Operationstisch, zu viel Blut hatte er bei dem Kampf verloren, der in einem Nachtgehege stattgefunden hatte, darin nur die drei erwachsenen männlichen Tiere. In Anbetracht der massiven Verletzungen des Opfers und der relativ wenigen Verletzungen, die die beiden anderen aufwiesen, müssen wir von einem beträchtlichen Maß an Koordination zwischen Nikkie und Yeroen ausgehen.[7]

Nikkie und Yeroen zeigten sich derart koordiniert und gewalttätig, dass sie offenbar die explizite Absicht hatten, Luit zu verletzen. Aber hatten sie auch die Absicht, ihn zu töten? Womöglich nicht, denn die Rede ist hier von Schimpansen in Gefangenschaft, die in der Vergangenheit nur wenig oder gar keine direkte Erfahrung mit dem Tod gemacht haben dürften. Sehr wohl aber können wir uns vorstellen, dass die verschiedenen Grade an Intentionalität, wie ich sie für eine mögliche Abstufung skizziert habe, uns in dem Fall erlauben, von einer hohen Intentionalität zweiten Grades zu sprechen, denn selbst wenn sie nicht mit dem ausdrücklichen Vorsatz gehandelt haben, Luits Tod herbeizuführen, müssen ihre Absichten dem doch sehr nahe gekommen sein, schließlich haben sie, wie es aussieht, tatsächlich versucht, ihn so schwer wie möglich zu verletzen.

Wie wir jedoch im vorigen Kapitel gesehen haben, bietet sich frei lebenden Schimpansen reichlich Gelegenheit, etwas über den Tod zu lernen, sodass wir erwarten können, hier Fälle von Tötungen mit einer Intentionalität dritten Grades vorzufinden. Genau darauf deutet hin, was Stefano Kaburu, Sara Inoue und Nicholas Newton-Fisher beschreiben.[8] Die drei Primatologen konnten beobachten, wie vier Schimpansen gemeinsam den Alphamann der Gruppe (namens Pimu) attackierten und schließlich töteten. Der Überfall ging über mehr als zwei Stunden, Pimu lag die ganze Zeit praktisch reglos da, vermutlich in einem Schockzustand. Nach diesen zwei Stunden hielten die Aggressoren kurz inne, und Pimu gab Unterwerfungslaute von sich, eine Art Eingeständnis, dass er verloren hatte. Die Angreifer fielen aber erneut über ihn her, bis er schließlich starb. In dem Artikel heißt es: »Die Eskalation der Gewalt, weit über das für AL [Alofu, den neuen Alphamann] Notwendige hinaus, um PM [Pimu] zu besiegen, ist schwer zu erklären. Die Angreifer, insbesondere DE [Kalunde], schienen auf PMs Tod aus zu sein.«[9] Etwas Ähnliches wie diese Entschlossenheit hat Toshishada Nishida beobachtet, der einen bezwungenen, schon halb toten Alphamann fand und aktiv eingreifen musste, um zu verhindern, dass die anderen Schimpansen der Gruppe ihn weiter attackierten und töteten.[10]

Sowohl bei Schimpansen wie auch bei anderen Spezies können sich Angriffe in solchen »Kampfverbänden« auch gegen Individuen richten, die nicht zur Gruppe gehören, meist infolge von Streitigkeiten um Territorium oder wenn ein Mitglied einer anderen Gruppe in das eigene eindringt. Löwen zum Beispiel werden gemeinsam jeden rudelfremden Löwen angreifen, der in ihr Revier vorstößt, was oft mit dem Tod des Eindringlings endet.[11] Auch Wolfsrudel haben große Reviere, die sie mit Duftmarken und durch Heulen verteidigen. Mit diesen Zeichen warnen sie fremde Wölfe vor einem Eindringen, und so werden sie auch interpretiert: Ein Wolf, der auf eins dieser Zeichen stößt, ist eingeschüchtert und zieht sich zurück, es sei denn, der Hunger treibt ihn auf fremdes Gebiet; in dem Fall wird er keine Markierung hinterlassen, weil er weiß, dass es das Revier eines anderen Rudels ist. Trotz dieser Vorsichtsmaßnahmen treffen Wölfe aus unterschiedlichen Rudeln manchmal aufeinander, der Tod ist dann so unausweichlich, dass es als eine der Hauptursachen für die natürliche Mortalität bei dieser Spezies gilt.[12]

Zu tödlich endenden Revierstreitigkeiten kommt es nicht nur bei großen Raubtieren. Denken wir nur an Marcel, den süßen kleinen Kapuzineraffen, der in der Serie *Friends* als Haustier bei Ross lebt. Abseits der Fernsehstudios (wo sie einfach nicht hingehören) sind diese Tiere sehr aggressiv, sie verteidigen ihr Revier und greifen jeden Affen frontal an, der es wagt, hinüberzuwechseln. Julie Gros-Louis, Susan Perry und Joseph Manson berichten von mehreren Fällen extremer Aggression im Verbund gegen einzelne Affen, die versucht haben, sich einer bestehenden Gruppe anzuschließen. Auch hier deutet die Gewalt darauf hin, dass es mehr ist als nur der Versuch, einen Eindringling einzuschüchtern. Ein Beispiel:

Um 13.44 h hörten die Beobachter Alarmrufe des Neuankömmlings und liefen los, um nachzusehen. Alphamann Pablo jagte ihn über den Boden, dann schlossen sich drei weitere männliche Tiere [...] der Jagd an, während der Neuankömmling verzweifelt Alarmrufe ausstieß. Mehrere weitere Männchen schlossen sich der Verfolgungsjagd am Boden an, fassten den Neuankömmling, bissen brutal zu und rissen ihm Stücke heraus. Während sie ihn zerfleischten, kreischte er, brüllte und stieß Alarmrufe aus. Das Opfer konnte kurz entkommen, wurde aber wieder gefasst. Fünf Männchen wurden dabei beobachtet, wie sie ihm ins Fleisch bissen. Irgendwann bissen zwei Angreifer zu, während drei andere ihn festhielten. Etwa drei Minuten nach Beginn des Überfalls befreite sich das Opfer von seinen Angreifern und floh.[13]

Das Festhalten des Opfers, während andere es attackieren, ist insofern besonders interessant, als es nahelegt, dass die Angreifer nicht nur einem individuellen aggressiven Impuls gefolgt sind (dann hätten sie vermutlich bloß auf den Eindringling eingedroschen), sondern dass sie bei ihrem Überfall mit den anderen Affen *kooperiert* haben, was ein gewisses Maß an Verständnis für ihr Tun voraussetzt.

Ein solch kooperatives Verhalten ist auch charakteristisch für Angriffe von Schimpansen, wenn sie Koalitionen bilden. Zudem heben sich diese Primaten von anderen Spezies durch die Tatsache ab, dass sie gruppenfremde Individuen nicht nur angreifen, weil sich die Gelegenheit bietet, vielmehr setzen sich Gruppen von männlichen Tieren oftmals mit dem Ziel in Marsch, Schimpansen aus benachbarten Territorien zu finden und zu vernichten. Zu solchen Kämpfen kommt es, wenn die angreifende Gruppe zahlenmäßig überlegen ist, was sich relativ häufig ergibt, da die Fission-Fusion-Struktur in den Gesellschaften dieser Menschenaffen es für Angreifer wahrscheinlicher macht, dass sie Schimpansen begegnen, die allein unterwegs sind oder in kleinen Gruppen.[14]

Richard Wrangham und Dale Peterson beschreiben den Überfall einer Gruppe von sieben männlichen Tieren auf einen Schimpansen namens Godi, der zu einer anderen Gruppe gehörte und in dem Moment allein war. Kaum sah Godi sie kommen, versuchte er zu fliehen, aber einer der Angreifer, Humphrey, packte ihn am Bein, sodass er das Gleichgewicht verlor und stürzte. Während Humphrey Godi zu Boden drückte, hielt er seine Beine wie in einem Schraubstock fest. Worauf die anderen Schimpansen anfingen, Godi zu beißen und zu schlagen, sie schrien und hüpften vor Erregung. Zum Schluss warfen sie noch einen großen Stein auf ihn, dann ließen sie ihn liegen, schwer verletzt, aus Dutzenden von Wunden blutend und halb tot.[15] Die Autoren kommen zu folgendem Schluss:

> Die Verteidigung eines Territoriums ist bei vielen Arten verbreitet. Aber die Kasekala-Schimpansen beließen es nicht dabei. Sie warteten nicht erst, bis sie von Eindringlingen provoziert wurden. Manchmal durchquerten sie einen Grenzstreifen direkt und drangen über einen Kilometer weit ins Nachbargebiet ein. Auf diesen Streifzügen fraßen sie nichts. Und drei Mal konnte ich beobachten, wie sie einzelne Nachbarn angriffen. Man hatte den Eindruck, als legten sie es auf Zusammenstöße im Nachbargebiet geradezu an. Das war etwas völlig anderes als bloße Verteidigung oder Grenzpatrouillengänge. Das waren Überfälle.[16]

Wie Peterson und Wrangham anmerken, war die Brutalität und die offensichtlich hinter den Angriffen steckende Absicht von einem Ausmaß, dass ihre Entdeckung für einigen Wirbel sorgte: »Die Forscher hatten geglaubt, es sei nur unter Menschen möglich, dass Artgenossen einander absichtlich suchten und töteten.«[17]

Ein weiterer Zusammenhang, in dem uns vielleicht eine Intentionalität dritten Grades begegnet – das heißt die konkrete und explizite Absicht, ein anderes Individuum zu *töten* –, ist der Infantizid, die Kindstötung. Wie wir in vorangegangenen Kapiteln gesehen haben, ist es für wild lebende Tiere eine ordentliche Leistung, die Kindheit zu überleben, und schaffen sie es nicht, ist oftmals ein Infantizid daran schuld, bei Jungtieren vieler Spezies ist es die häufigste Todesursache. Unter Hyänen zum Beispiel liegt die Rate bei etwa 20 Prozent.[18] In manchen Gemeinschaften von Schimpansen sind es sogar bis zu 60 Prozent.[19]

Infantizid liegt vor, wenn Erwachsene ein Junges ihrer eigenen Art töten, das kann der eigene Nachwuchs sein oder auch nicht. Es ist kein einheitliches Phänomen, wir finden also nicht die eine Regel, die alle Fälle erklärt. Außerdem ist ein solches Verhalten nur schwer zu erforschen, wegen seiner vergleichsweisen Unberechenbarkeit und aufgrund ethischer Beschränkungen, sodass wir kaum etwas über sein Funktionieren wissen und jede Diskussion zu dem Thema zwangsläufig spekulativ bleiben muss. Dennoch haben wir einige Anhaltspunkte, die darauf hindeuten, dass diesem Verhalten zumindest in einigen Fällen eine Intentionalität dritten Grades zugrunde liegt.

Bevor wir uns das genauer ansehen, müssen wir zunächst eine wesentliche Unterscheidung aus der Ethologie einführen, nämlich den Unterschied zwischen *ultimaten* und *proximaten* Ursachen. Die ultimaten Ursachen eines Verhaltens wären dann die Gründe, weshalb die natürliche Selektion seine Entwicklung begünstigt hat, das heißt die evolutionären Vorteile, die es bietet. Die proximaten Ursachen wären dann die Mechanismen, die es direkt hervorrufen, das heißt das, was in der Umwelt und im Körper eines Tieres vor sich geht und das Verhalten auslöst.

Veranschaulichen lässt sich das an einem auch unter Menschen wohlbekannnten Beispiel: Sex. Wenn wir uns fragen, warum Tiere Geschlechtsverkehr haben, können wir zweierlei Antworten geben, je nachdem, ob wir die ultimaten oder die proximaten Ursachen heranziehen. Die ultimaten Ursachen für Sex wären dann die evolutionären Vorteile, die das Tier aus seinem Verhalten zieht. In dem Fall ist die Sache recht klar: Sex verschafft die Möglichkeit, sich fortzupflanzen, und wird daher von der natürlichen Selektion begünstigt, denn er trägt direkt dazu bei, dass die Gene eines Individuums an die nächste Generation weitergegeben werden. Zu erwarten ist allerdings eher, dass die meisten Tiere beim Sex nicht Fortpflanzung im Sinn haben. Das heißt, die proximate Ursache dürfte hier nicht der Wunsch nach Fortpflanzung sein, sondern ein anderer Mechanismus, ein ursprünglicherer – und sicher auch verlässlicherer –, wie es die Suche nach sexuellem Vergnügen sein kann. Unter dem Aspekt der ultimaten Ursachen könnten wir also sagen, dass Tiere Sex praktizieren, *weil er ihnen erlaubt, sich fortzupflanzen*, aber auch, unter dem Aspekt der proximaten Ursachen, *weil es sich einfach gut anfühlt*. Beide Erklärungen sind gleichermaßen gültig, da sie auf unterschiedlichen Ebenen ansetzen.

Nun denn, beim Infantizid haben wir zwar viele Hypothesen zu seinen ultimaten Ursachen, aber kaum eine Vorstellung, was ihn auf der Ebene der proximaten Ursachen auslösen könnte. Wie wir noch sehen werden, ist es jedoch zumindest bei einigen Formen von Infantizid schwer, eine proximate Erklärung für das Verhalten zu finden, ohne eine Intentionalität dritten Grades ins Spiel zu bringen, mithin eine Absicht, den Nachwuchs zu töten. Sehen wir uns also an, welche Arten von Infantizid wir in der Natur finden.[20]

Als Erstes haben wir die zufällig oder willkürlich herbeigeführte Tötung als Folge einer allgemeinen Aggression, wie sie sich bei einem Streit um Territorium zwischen zwei Gruppen von Tieren ergeben kann. In dem Fall muss keine konkrete Absicht vorliegen, ein Junges zu töten, oft ist es einfach der Umstand, dass das Kleine zur falschen Zeit am falschen Ort war. Aber auch hier gibt es aufschlussreiche Beispiele.

So berichten Erin Vogel und Alexander Fuentes-Jiménez von einer Gruppe von Kapuzineraffen, die bei ihrem Angriff auf eine andere Affengruppe eine Mutter mit ihrem Jungen in einem Fluss in die Enge trieben.[21] Während die Angreifer sie bedrohten, hielt die Mutter, halb untergetaucht im Wasser, das Affenbaby fest umklammert und stieß Alarmrufe aus. Plötzlich erschien das Betamännchen der Gruppe, zu der die Äffin gehörte. Als er nur noch etwa fünfzehn Meter entfernt war, erhob er sich und stieß einen Drohruf aus, worauf sich die Angreifer auf der Stelle zu ihm umdrehten und nun ihn verfolgten, die Äffin und ihr Baby ließen sie in Ruhe.

Was wir hier sehen, ist eine Auseinandersetzung zwischen zwei Gruppen von Affen und eine allgemeine Form von Gewalt, die zum Tod des Babys hätte führen können. Zwar schienen die Angreifer zunächst die Mutter und ihr Äffchen im Auge zu haben, doch so rasch, wie sie ihr Ziel änderten, hatten sie die beiden bei ihrem Angriff wohl eher als leichte Beute gesehen. Denkbar ist allerdings auch, dass sie sehr wohl die Absicht hatten, sie zu töten, wären sie nur nahe genug herangekommen.

In solchen Fällen von allgemeiner Gewalt lässt sich nur schwer sagen, ob eine konkrete Absicht vorliegt, das Jungtier zu vernichten, oder einfach der Wunsch, den größtmöglichen Schaden anzurichten. Allerdings sind derartige Vorfälle selten, das will ich ausdrücklich betonen. Bei den meisten Infantiziden sehen wir eine eindeutig auf den Nachwuchs gerichtete Aggression, die nicht auf einen Ausbruch allgemeiner Gewalt folgt und die in dem Moment endet, in dem das Jungtier umgebracht ist. Carel van Schaik hat daher argumentiert, was diesen Fällen zugrunde liege, seien bestimmte Mechanismen, die sich von bloßer Aggressivität unterschieden.[22]

Gleichwohl muss nicht in allen Fällen, in denen der Infantizid das Resultat eines gezielten Angriffs ist, eine Intentionalität dritten Grades vorliegen. Manchmal kann er auch die Folge mehr oder weniger stereotyper Stressreaktionen sein. So wurden Kängurumütter beobachtet, die auf der Flucht vor einem Raubtier ihr Junges aus dem Beutel nahmen und weit von sich warfen, für sie eine Möglichkeit, die Last zu verringern und zugleich den Verfolger abzulenken.[23] Bei Ressourcenknappheit sind manche Tiere auch bereit, eins ihrer Jungen zu fressen, um so die eigenen Überlebenschancen und die des anderen Nachwuchses zu erhöhen. Oft werden dann die gefressen, die am schwächsten zu sein scheinen, weil sie kleiner sind oder irgendeinen Defekt aufweisen. Aber auch solche Fälle sind nicht allzu verbreitet. Bei den meisten Infantiziden wird das Opfer nicht verzehrt.[24]

Wenn wir Infantizide aufgrund von extremer Ressourcenknappheit oder Stress einmal beiseitelassen und auch so außergewöhnliche Fälle wie den Albino-Schimpansen, der offenbar nur wegen seines besonderen Aussehens angegriffen wurde – welche Gründe könnte ein Tier haben, den eigenen Nachwuchs zu töten? Hier können wir zwei zentrale Hypothesen unterscheiden: die von der sexuellen Selektion und die von der Konkurrenz um Ressourcen.

Die Hypothese von der sexuellen Selektion besagt, dass Infantizid ein Verhalten männlicher Tiere ist, die sich mit einem weiblichen Tier paaren wollen, das noch stillt oder sich um den Nachwuchs eines anderen männlichen Tieres kümmert und für Geschlechtsverkehr nicht empfänglich ist. Durch die Tötung des Nachwuchses erhöht der Aggressor die Wahrscheinlichkeit, seine Gene weiterzugeben, da die Mutter für eine Befruchtung wieder zur Verfügung steht.[25] Diese Hypothese bewegt sich auf der

Ebene der ultimaten Ursachen, sie erklärt uns den Infantizid unter Berufung auf Gründe, warum es adaptiv sein kann, ein Junges zu töten. Die natürliche Selektion hätte dann ein solches Verhalten begünstigt, weil es die Nachkommen von Sexualkonkurrenten beseitigt und zugleich die Fortpflanzungschancen des tötenden männlichen Tieres erhöht. Was aber wären hier die proximaten Ursachen? Anders gesagt, was geht dem Aggressor durch den Kopf? Gibt es in diesem Fall vielleicht eine Intentionalität dritten Grades, das heißt die Absicht, ein Jungtier nicht nur zu attackieren, sondern sein Leben auszulöschen?

Manche Fälle von Infantizid aufgrund sexueller Selektion scheinen von stereotypen Mechanismen gesteuert zu sein, womit Erklärungen, die eine derartige kognitive Leistung voraussetzen, ausgeschlossen wären. Das gilt zum Beispiel für Nagetiere, bei denen der Infantizid recht starren Regeln gehorcht, was darauf hindeutet, dass kognitive Mechanismen kaum beteiligt sind. Die Männchen dieser Spezies töten regelmäßig Nachwuchs; der Geruch, den die Nestlinge verströmen, scheint einen unwiderstehlichen Drang auszulösen, sie zu töten. Einen so starken, dass die Weibchen einen erstaunlichen Gegenmechanismus entwickelt haben: Sind sie während der Schwangerschaft dem Geruch eines fremden Männchens ausgesetzt, können sie den Fötus wieder resorbieren, um keine Ressourcen und keine Energie auf ein Junges zu verschwenden, das zu einem vorzeitigen Tod verurteilt ist (man nennt es übrigens den Bruce-Effekt, was der Ironie nicht entbehrt, da es eine Frau war, die das Phänomen entdeckt hat: Hilda M. Bruce).[26]

Geht es jedoch um den eigenen Nachwuchs, verhalten sich männliche Nagetiere wie jeder anständige Vater, liebevoll und fürsorglich. Was nicht daran liegt, dass sie die Jungen als eigene erkennen. Bei Mäusen zum Beispiel wird die Fürsorge von einem biologischen Mechanismus bestimmt, der den Drang, die Kleinen zu töten, zwanzig Tage nach der Ejakulation hemmt, das entspricht der Trächtigkeitsdauer bei dieser Spezies. Nach zwei Monaten setzt sich der Drang spontan wieder durch, wenn der eigene Nachwuchs herangewachsen ist und in Sicherheit vor Papas mörderischen Neigungen.[27] Bei anderen Nagetieren wie etwa den Wüstenrennmäusen verschwinden diese Neigungen für immer, sobald das Männchen zum ersten Mal einen Wurf aufgezogen hat. Die Hemmung kann aber auch aufgehoben werden, wenn Männchen und Weibchen während der ersten Schwangerschaft vorübergehend getrennt sind.[28] Das heißt, verschwindet das Weibchen in der Zeit zwischen Paarung und Geburt für ein paar Tage, wird das Männchen die Nestlinge, kaum dass sie geboren sind, töten. Männchen benötigen also offenbar den Geruch und die ununterbrochene Anwesenheit des Weibchens, um von ihrem kindsmörderischen Treiben zu lassen.

Bei anderen Spezies scheinen die proximaten Ursachen für solche Infantizide auf weit weniger starren Mechanismen zu beruhen. Das gilt zum Beispiel für Primaten. Bei Schimpansen erfahren die Jungtiere, wie schon erwähnt, in der Regel die Aufmerksamkeit der ganzen Gruppe, einschließlich der männlichen Tiere, sie können also nicht die gleichen Neigungen zum Infantizid haben wie Nagetiere. Und so lösen Tötungen des Nachwuchses oft auch heftige Reaktionen von Gruppenmitgliedern aus, dann kreischen sie, protestieren und versuchen einzugreifen. Weshalb vorgebracht wurde, dass es bei diesen Menschenaffen eine soziale Norm gebe, die den Infantizid verbiete.

Claudia Rudolf von Rohr, Judith Burkart und Carel van Schaik haben die Hypothese in einem Experiment überprüft, bei dem sie einer Gruppe von Schimpansen eine Reihe von Videos vorführten, in denen zu sehen war, wie eine andere Gruppe von Schimpansen vier verschiedene Verhalten zeigte: Nüsse knacken, Babys attackieren (einschließlich Tötungen), Stummelaffen jagen (eine Affenart von ähnlicher Größe wie Schimpansenjunge) und Kämpfe zwischen Erwachsenen.[29] Dabei fanden sie heraus, dass die Schimpansen sich deutlich länger die Videos mit den Aggressionen gegen Babys anschauten als eines der anderen.

Das größere Interesse könnte tatsächlich auf eine soziale Norm zurückzuführen sein, die den Schimpansen eine Kindstötung verbietet. Erwachsene Schimpansen begegnen den Kleinen normalerweise überaus tolerant. In den Worten von Frans de Waal: »Sie können nichts falsch machen, ob sie den Rücken eines dominanten männlichen Schimpansen als Trampolin benutzen, anderen Futter aus der Hand stehlen oder ein schon älteres Jungtier so fest wie möglich schlagen.«[30] Daher wird in der Studie das größere Interesse der Affen an den Videos mit einem Infantizid dahingehend gedeutet, dass die Bilder ihren Erwartungen an ein sozial akzeptables Verhalten zuwiderliefen.

Eine soziale Norm, die einen Infantizid verbietet, ergäbe jedoch nur dann einen Sinn, wenn es ein von kognitiven Mechanismen gesteuertes Verhalten wäre, ein Verhalten also, für oder gegen das die Schimpansen sich entscheiden könnten. Das scheint tatsächlich so zu sein, sowohl bei Schimpansen wie auch bei anderen Primaten, da der Infantizid hier offenbar auf bestimmten Entscheidungsregeln mehr denn auf starren und stereotypen Mechanismen wie bei Nagetieren beruht. Van Schaik zufolge stützen männliche Primaten ihre Entscheidung, ein Junges anzugreifen oder nicht, auf eine ganze Reihe von Erwägungen.[31]

Die erste dieser Regeln wird sich aus dem Umstand ergeben, dass die Vaterschaft nicht feststeht. Da die männlichen Tiere, dürfen wir annehmen, ihren eigenen Nachwuchs nicht als solchen erkennen, stützen sie ihre Entscheidungen auf die gemeinsame Paarungsgeschichte mit der Mutter des Jungtiers, um so die Wahrscheinlichkeit zu verringern, ein eigenes Kind zu töten. Dabei scheint die bloße Tatsache, sich gepaart zu haben, nicht auszureichen, um einen Infantizid zu verhindern, offenbar spielen sowohl die Häufigkeit der Paarung als auch ihr jeweiliger Zeitpunkt eine Rolle. Angesichts der Bedeutung dieser Regel neigen bei einigen Primatenarten die weiblichen Tiere zu einer hohen Promiskuität. So stellen sie sicher, dass die Vaterschaft ihrer Babys nicht eindeutig einem bestimmten männlichen Tier zugeordnet werden kann und die Kleinen vor einem möglichen Infantizid geschützter sind.[32]

Die zweite Regel bezieht sich darauf, wie hoch die Chance ist, sich in der Zukuft zu paaren. Männliche Schimpansen, die ein Junges töten, sind zumeist solche, die vor kurzem dominant geworden sind oder mit hoher Wahrscheinlichkeit dominant werden. Das ist auch eine einleuchtende Regel, denn in einer Gemeinschaft, in der männliche Tiere mit einem sehr niedrigen Rang nie die Gelegenheit haben, sich zu paaren, wäre es nicht eben sinnvoll, wenn sie den Nachwuchs anderer umbrächten und sich den Zorn der Mutter und ihrer Verbündeten einhandelten.

Die dritte Regel betrifft das Alter des Nachwuchses. Zu Infantiziden kommt es, wie schon gesagt, am ehesten in Zeiten, in denen die Mutter am meisten investiert, oft in der Stillphase, da sie dann kein Interesse daran hat, sich auf wen auch immer einzulassen. Van Schaik weist darauf hin, dass bei einigen Spezies die jüngeren Tiere ein anderes Fell haben, was ein Stimulus für eine Tötung sein kann. Viele andere Reize können sie aber auch auslösen, eine geringere Größe etwa oder die besondere Aufmerksamkeit vonseiten der Mutter.

Die letzte Regel, vielleicht auch die aufschlussreichste mit Blick auf eine Intentionalität dritten Grades, betrifft die Einschätzung unmittelbarer Risiken. Mütter verteidigen ihre Babys normalerweise mit aller Macht und können sogar vom Vater oder von anderen weiblichen Mitgliedern der Gruppe Hilfe anfordern. Bei den meisten Infantiziden scheitern sie jedoch mit ihrer Verteidigung, und der Angreifer trägt keine Verletzung davon. Tatsächlich ist es, so van Schaik, »ein sehr ungleicher Kampf, bei dem der potenzielle Kindstöter dem Mutter-Kind-Paar oft stundenlang, wenn nicht über Tage und Wochen folgt [...] und nur abwarten muss, dass die Mutter kurz nicht aufpasst, um über das Baby herzufallen«.[33] Was nahelegt, dass der Infantizid von kognitiven Mechanismen gesteuert wird, denn offenbar wählen die männlichen Tiere den Zeitpunkt des Angriffs sehr sorgfältig und reagieren nicht bloß automatisch auf bestimmte Signale wie den Geruch oder das Aussehen des Nachwuchses. Außerdem wird die Mutter bei solchen Angriffen nur selten verletzt, was ebenfalls ein Hinweis darauf wäre, dass das eigentliche Ziel des Überfalls das Baby ist.

Ein weiteres Indiz für eine Intentionalität dritten Grades sind Tötungen bei einem koordinierten Angriff durch zwei oder mehr Individuen. Jared Towers und Mitwirkende beschreiben den Fall eines männlichen Orcas, dessen Mutter, schon in der Menopause, ihm half, ein Jungtier zu fangen und zu töten.[34] (Bei dieser Delfinart leben die weiblichen Tiere noch viele Jahre, nachdem sie aufgehört haben, sich fortzupflanzen, und tragen mit ihrem gesammelten ökologischen Wissen zum Fortpflanzungserfolg ihrer Nachkommen bei.[35]) Mutter und Sohn verfolgten das Kalb und seine Familie über mehrere Kilometer, und als es dem Sohn gelang, es zu schnappen, positionierte sich die Mutter zwischen ihn und die Familienmitglieder des kleinen Orcas, sodass sie das Kalb nicht retten konnten, während der Sohn alles daransetzte, es unter Wasser zu drücken, bis er es schließlich ertränkt hatte. Zwar versuchte die Mutter des Kleinen mit allen Mitteln einzugreifen, attackierte den Angreifer sogar heftig, aber die Verteidigungsaktion dauerte nur wenige Minuten und endete abrupt, was die Autoren mit dem raschen Tod ihres Babys in Verbindung bringen. Der Fall lässt vermuten, dass die Angreifer die Absicht hatten, das Kalb zu töten, aber auch, dass seine Mutter die Bedeutung des Geschehens schnell erkannte. Das Verhalten der Aggressoren wird beschrieben als »zielgerichtet, da die Verfolgung zu einem Angriff führte, der so lange aufrechterhalten wurde, bis ein bestimmtes Ergebnis erreicht war. Danach änderte sich ihr Verhalten sofort«.[36] Die plötzliche Verhaltensänderung nach Erreichen des Ziels deutet auch hier wieder auf eine Intentionalität dritten Grades, das heißt, sie wollten das Kalb nicht nur attackieren, sondern auch töten.

Die zweite große Hypothese, die solche von kognitiven Mechanismen gesteuerten Infantizide erklären würde, wäre die von der Konkurrenz um Ressourcen. Der Selektionsdruck wäre in dem Fall die größere Verfügbarkeit von Ressourcen, die mit dem Tod eines Jungtiers einhergeht. Eine solche Art von Infantizid wird in der Regel, anders als ein Infantizid aufgrund sexueller Selektion, von weiblichen Tieren begangen.

Dieter Lukas und Elise Huchard haben die Faktoren analysiert, die bei diesen Infantiziden im Spiel sind.[37] Demnach ist die Wahrscheinlichkeit umso größer bei Spezies, die an Orten mit widrigen klimatischen Bedingungen leben, wo Nahrung knapp ist oder nicht zuverlässig zu finden. Indem Mütter den Nachwuchs anderer Mütter töten, sichern sie sich mehr Nahrung für ihren eigenen. Manche weiblichen Tiere sind auch territoriale Tiere und töten die Jungen anderer, wenn die versuchen, in ihr Gebiet herüberzuwechseln.

Die meisten dieser Infantizide kommen jedoch bei Spezies vor, bei denen die weiblichen Tiere zusammenleben oder ihren Nachwuchs gemeinsam aufziehen. Manchmal ereignen sich solche Vorfälle, wenn ein Jungtier versucht, an der Brust einer anderen Mutter zu saugen. Indem sie es tötet, verteidigt sie (auf eine etwas unverhältnismäßige Weise) den Zugang ihres Nachwuchses zur eigenen Milch. Bei Spezies, die bei der Aufzucht kooperieren, wäre die Tötung der Jungen anderer Mütter ebenfalls adaptiv, denn so würde sich der Anteil der Fürsorge, die sie für den eigenen Nachwuchs aufbringen können, erhöhen. Außerdem verteidigen Mütter durch die Tötung von Jungtieren anderer den zukünftigen sozialen Status der eigenen, da mögliche Rivalen damit ausgeschaltet sind.

All das wären Erklärungen für einen Infantizid unter dem Gesichtspunkt der ultimaten Ursachen. Was aber geschieht dann auf der proximaten Ebene? Auch hier können wir nur spekulieren, wobei in manchen Fällen einiges für eine Intentionalität dritten Grades spricht. So wurden etwa koordinierte Angriffe mehrerer weiblicher Hyänen auf Jungtiere beobachtet. Während einige Hyänen die Mutter ablenkten, indem sie sie attackierten und von ihren Jungen fernhielten, schlich sich eine andere an und tötete sie.[38] So lässt sich bei manchen dieser Infantizide auch ein offensichtlich kontrolliertes Vorgehen und eine konkrete, auf die Jungtiere gerichtete Absicht erkennen. Sarah Blaffer Hrdy beschreibt das Verhalten dominanter weiblicher Wildhunde bei ihren Angriffen auf die Welpen untergeordneter Weibchen als »systematisch, zielgerichtet und aus anthropozentrischer Sicht vorsätzlich, da [...] das angreifende Tier auf eine Gelegenheit wartete, unbeobachtet von der Mutter in den Bau mit den Welpen einzudringen«.[39] Diese Vorsätzlichkeit und Zielgerichtetheit verweist wiederum auf eine Intentionalität dritten Grades.

Infantizide und Angriffe in Koalitionen sind für unser Thema sicher interessant, aber es bleiben doch isolierte und eher seltene Ereignisse, und so dürfte der Lerneffekt für Individuen, die die Taten begehen oder bezeugen, auch begrenzt sein. Wollen wir wirklich einschätzen, welche Bedeutung die Gewalt für die Entwicklung eines Konzepts vom Tod bei Tieren hat, müssen wir uns noch einen letzten Kontext ansehen, in dem diese Gewalt sehr viel gewöhnlicher und verbreiteter ist: bei der Prädation.

Unser Planet beheimatet unzählige räuberische Spezies mit einem überaus breiten Spektrum an Techniken, um Beute zu erkennen, ihr aufzulauern und sie zu überwältigen, Techniken, die ihrerseits beispielhaft sind für verschiedene Grade kognitiver Komplexität. Daher können wir auch hier keine einheitliche Regel finden, die sich auf jeden dieser Fälle anwenden ließe. Sehr wohl aber können wir noch einmal zu der Tabelle mit den Graden von Intentionalität greifen (siehe oben, Tabelle 2) und eine etwas grobe, hoffentlich aber hilfreiche Klassifizierung vornehmen.

Manche Prädatoren agieren mit einer Intentionalität null. So etwa viele fleischfressende Pflanzen. Kannenpflanzen zum Beispiel haben zu einer Falle umgeformte Blätter, in die Insekten hineingezogen werden und aus denen sie nicht mehr herauskommen. Am Boden dieser kannenförmigen Fallgruben sind Verdauungssäfte, die den Körper des armen Tierchens auflösen, sobald es erschöpft hineingeraten ist, und so kann sich die Pflanze von ihm ernähren. Hier wird die Prädation von keinerlei Kognition gesteuert, denn die Pflanze muss keine Information verarbeiten und sich auch nicht auf irgendeine Weise verhalten; sie ist einfach da, und der Prozess, der zum Tod der Beute führt, ist ein rein mechanischer.

Eine Intentionalität ersten Grades hätten wir dann bei Prädatoren, bei denen kognitive Prozesse zwar eine Rolle spielen, aber recht schlicht sind, man könnte auch nicht sagen, dass sie sich auf die Beute als solche richten. Hier ließen sich Formen von räuberischem Verhalten einordnen, die letztlich nur stereotype Reaktionen auf bestimmte Sinnesreize sind, welche normalerweise von der Beute ausgehen. Diese Räuber sind in der Regel Lauerjäger. Nehmen wir eine Kröte, die die meiste Zeit des Tages stillsitzt und darauf wartet, dass ein Insekt auftaucht, das sie mit ihrer klebrigen Zunge fangen kann. Sehr wahrscheinlich handelt die Kröte nicht mit einem Konzept von Beute, vielmehr muss sie, wenn sie einen Fleck sieht, der eine bestimmte Farbe hat und sich auf eine bestimmte Weise bewegt, einfach die Zunge vorschnellen lassen. Ihr Verhalten bedarf einer minimalen Kognition (ein gewisses Maß an Information über die Umgebung ist zu verarbeiten), es ähnelt aber einem Reiz-Reaktions-Mechanismus, genau wie bei Laura, die mit einem Sprungtritt antwortet, wenn sie ein Auto hupen hört.

Nun könnte man argumentieren, eine solche Intentionalität ersten Grades finde sich auch bei einigen fleischfressenden Pflanzen wie der Venusfliegenfalle.[40] Diese Pflanze hat Blätter mit dem Aussehen eines furchterregenden Mauls, die wie ein Fangeisen um die Insekten, von denen sie sich ernährt, zuklappen. Auf den Fangblättern sitzen haarfeine Fühlborsten. Landet ein Insekt auf der Pflanze und berührt innerhalb von fünfzehn bis zwanzig Sekunden zweimal eine dieser Borsten, schließt sich die Falle, und das Insekt ist gefangen. Das arme Ding versucht nun zu entkommen und berührt dabei noch weitere Male die Borsten. Bei der dritten Berührung beginnt die Pflanze, ein Verdauungssekret auszuscheiden, und bei der fünften fängt sie an, Nährstoffe aus ihrer Beute aufzunehmen. Zwar betrachtet man Pflanzen gemeinhin nicht als Wesen mit kognitiven Prozessen, aber der Mechanismus ist derart ausgefeilt, dass manche Autoren so weit gehen, hier von einem rudimentären Zahlenverständnis und einem Gedächtnis zu sprechen.[41] So gesehen könnten wir dieser Pflanze vielleicht eine Intentionalität ersten Grades beimessen.

Anders als bei unserer Venus dürfen wir bei der Kröte eine etwas komplexere Kognition erwarten (schließlich muss sie Geschwindigkeiten berechnen, Entfernungen und den genauen Zeitpunkt für einen Angriff). Deshalb könnten wir von einer niedrigen Intentionalität ersten Grades bei der Pflanze und einer hohen Intentionalität ersten Grades bei der Amphibie sprechen. Jedenfalls zeigen sowohl die Kröte als auch die Venusfliegenfalle

Abbildung 13: Eine Venusfliegenfalle schnappt zu.

eine stereotype Reaktion auf bestimmte Reize, die im Allgemeinen Beute signalisieren. Es sind sehr starre Verhalten und gänzlich abhängig von bestimmten Sinnesreizen. Ein bösartiger Mensch könnte die Kröte leicht mit einem Video austricksen, das insektenähnliche Flecken und Bewegungen zeigt[42], so wie er auch die Venusfliegenfalle täuschen könnte, wenn er ihre Fühlborsten mit einem Stöckchen stimulierte (oder mit dem Finger, falls er sich traut). Sowohl die Kröte als auch die Venusfliegenfalle würden wie gewohnt reagieren, für uns ein Beleg, dass sie nicht mit einem Konzept von Beute agieren (so wenig wie die Ameisen mit ihrer Nekrophorese aus dem zweiten Kapitel, die ebenfalls ohne ein Konzept vom Tod handeln).

Eine Intentionalität zweiten Grades hätten wir dann bei Prädatoren, die sich von Emotionen oder Absichten leiten lassen, welche eindeutig auf die Beute als solche gerichtet sind, was nicht zwangsläufig heißt, dass sie über ein Konzept vom Tod verfügen. Hier würden wir vor allem jene Räuber einordnen, die im Gegensatz zur Kröte aktiv nach ihrer Beute suchen, ihr auflauern und sie jagen. Die Prädation hat hier auch eine angeborene Komponente – den Jagdinstinkt –, sehr viel stärker aber hängt sie vom Lernen ab, womit das Tier seine Techniken zum Auflauern und Überwältigen verbessern kann. Außerdem zeigen diese Prädatoren oft eine große Flexibilität in der Ausführung, und wir beobachten auch Emotionen, die eindeutig auf das Jagen selbst gerichtet sind.

Die Emotionen sind darauf zurückzuführen, dass für viele Spezies, deren Überleben vom Erfolg beim Fangen und Töten der Beute abhängt, die Jagd verbunden ist mit Spiel und Vergnügen. Wer schon mal mit einer Katze zusammengelebt hat, kennt das vielleicht. Maxeen Biben beschreibt es so:

> [Prädatorische] Verhaltensmuster […] weisen viele Merkmale auf, die man gemeinhin als spielerische versteht. […] Mit Spiel meine ich ein aktives Verhalten, bei dem die Aufmerksamkeit der Katze auf die Beute gerichtet ist oder bei dem die Beute berührt, mit ihr etwas gemacht oder sich an sie herangeschlichen wird, jedoch ohne sie zu verletzen. Diese Verhaltensmuster mögen als unnötig für die Prädation angesehen werden, da die Beute nach nur minimalen Präliminarien leicht getötet werden könnte […].[43]

Auch wenn diese »Präliminarien« nicht unbedingt notwendig sind, können spielerische Elemente sehr wohl eine wichtige evolutionäre Funktion haben. Dass die Jagd mit Spiel und Vergnügen verbunden ist, verschafft dem Tier einen deutlichen Anreiz für ein Verhalten, das, wie wir noch sehen werden, alles andere als ungefährlich ist, für sein Überleben aber entscheidend. Schließlich sind Verhaltensweisen, die am meisten dazu beitragen, unsere Überlebens- und Fortpflanzungschancen zu erhöhen, oft genau solche, die uns am meisten Spaß machen – eine einfache, aber geniale Strategie, die die Evolution uns mitgegeben hat.

Bei vielen jagenden Räubern sehen wir also eine Intentionalität zweiten Grades, das heißt ein Verhalten, das bei anderen zum Tod führt und bestimmt wird von darauf ausgerichteten mentalen Zuständen, nur schließt dies nicht zwangsläufig ein Konzept vom Tod ein, die explizite Absicht, die Beute zu töten. Für Tiere, deren Überleben von der Jagd abhängt, kann die Jagd nicht abhängig sein von etwas so Zufälligem wie ihrer Fähigkeit, ein Konzept vom Tod zu entwickeln. Sicher haben sie eindeutig ein Konzept von der Beute, und die Prädation unterliegt hier komplexen kognitiven Mechanismen und Lernprozessen, aber es ist auch normal, dass bestimmte Reize eine unwiderstehliche Anziehungskraft auf sie ausüben, was das räuberische Verhalten noch verstärkt. Wenn eine Katze wie verrückt dem Lichtpunkt eines Laserpointers hinterherjagt, dann weil er für vieles steht, was sie bei einer Beute als attraktiv ansieht. Sie kann nicht anders, als auf diesen Reiz anzuspringen, selbst wenn er nicht verstärkt wird durch einen zu erwartenden Schmaus.

Bei vielen Prädatoren dürfen wir annehmen, dass sie sich nur auf der Ebene einer Intentionalität zweiten Grades bewegen, doch beim Jagen und Überwältigen ergeben sich optimale Bedingungen für die Herausbildung eines Konzepts vom Tod, weshalb es mehr als wahrscheinlich ist, dass wir hier oftmals auch eine Intentionalität dritten Grades antreffen: eine Absicht, die irreversible Nichtfunktionalität der Beute herbeizuführen. Um das zu erkennen, müssen wir noch einmal die Heilige Dreifaltigkeit des Konzepts vom Tod bemühen. Wir erinnern uns, sie besteht aus den drei kausalen Faktoren KOGNITION, EMOTION und ER-

FAHRUNG. Im Folgenden wollen wir uns ansehen, welch große Rolle diese drei bei vielen räuberischen Tieren spielen.

Beginnen wir mit dem kausalen Faktor EMOTION. Wie bereits erwähnt, ist die Jagd für viele Prädatoren verbunden mit dem Spiel. Zugleich löst die Aussicht auf den Verzehr von frischem Fleisch oft starke Emotionen aus. Dale Peterson und Richard Wrangham beschreiben die Reaktionen von Schimpansen in diesem Zusammenhang so:

> Und überall sind sie beim Jagen und Töten äußerst erregt. Der Dschungel wird lebendig, allenthalben ertönt Menschenaffengebell, -geschrei und -geheul, und in allen Richtungen galoppieren Schimpansen umher. Unter Umständen wird das erlegte Äffchen noch bei lebendigem Leib verspeist und schreit laut, während es schon zerrissen wird. Dominante Männchen versuchen immer, sich der Beute zu bemächtigen, was zu Kämpfen, Angriffen und wütendem Geschrei führt. Ein bis zwei Stunden lang oder noch länger zerreißen die vor Aufregung zitternden großen Affen den kleinen und fressen ihn. Dies ist Blutgier in ihrer gröbsten Form.[44]

Bei manchen Tieren scheint diese »Blutgier« über rein Prädatorisches hinauszugehen. Das ist zum Beispiel bei einigen Walen der Fall. Steven Ferguson, Jeff Higdon und Kristin Westdal haben eine Reihe kanadischer Inuit befragt zu dem räuberischen Verhalten, das sie bei Orcas in ihrer Gegend beobachtet hatten. Die Schilderungen der Interviewten deuten darauf hin, dass bei dieser Spezies die Jagd oftmals von etwas motiviert ist, was sich mit Hunger allein nicht erklären lässt:

> Die Interviewten berichteten, dass Orcas Narwale [die »Einhörner« des Meeres] rammen, um ihnen »die Rippen zu brechen«,

> und dass Orcas mit den Narwalen »spielen«, oder mit Stücken von ihnen, und dass sie sie herumwerfen. Ein Befragter gab eine Beschreibung aus zweiter Hand, wonach Orcas mit einem Narwal »Fußball spielen«, und ein anderer hatte beobachtet, wie Orcas Narwale mit einem Schwanzhieb töten. [...] Ein Befragter aus Pond Inlet beschrieb, wie zwei Orcas einen Narwal bissen und auseinanderrissen, sie ließen nur den Kopf und den Schwanz zurück und nahmen das »Fleisch dazwischen« mit. Zwei Befragte berichteten, dass Orcas auch Narwale ertränken. [...] Einige Teilnehmer erwähnten, dass Orcas manchmal töten und ein Stückchen von ihrer Beute fressen und den Rest zurücklassen, manchmal auch überhaupt nichts fressen. [...] Acht Befragte sagten, dass Orcas manchmal »aus Spaß töten«, dass sie töten, ohne zu fressen, oder dass sie mit Tieren »spielen«.[45]

Diesen Anekdoten entnehmen wir, dass das Attackieren anderer Tiere – vielleicht auch ihre Tötung – für Orcas etwas so Unterhaltsames ist, dass sie es auch dann tun, wenn sie keinen Hunger haben. (Ich muss da an die fröhlichen Burschen in Manganeses de la Polvorosa denken, die bis vor nicht allzu langer Zeit dem Brauch frönten, beim alljährlichen Dorffest eine lebende Ziege vom Glockenturm der Kirche zu werfen.)

Bei Delfinen beobachten wir Vergleichbares (wer sein Bild von ihnen als liebevolle, ewig lächelnde Freunde bewahren möchte, möge den Absatz überspringen). Mark Cotter, Daniela Maldini und Thomas Jefferson haben untersucht, wie diese Spezies Jagd auf Schweinswale macht (ein Tier, das den Delfinen sehr ähnlich sieht).[46] Sie beobachteten, dass Delfine bei ihren Angriffen vier verschiedene Techniken anwenden. Diese sind: 1) *Einquetschen* der Schweinswale zwischen zwei Delfinen, womit sie sie aus dem Wasser schleudern und ihnen auch schon mal die Rippen brechen; 2) *Ertränken* der Schweinswale, indem sie ihre Köpfe unter Wasser halten, sodass sie keine Luft mehr bekommen; 3) *Hochwerfen* der Schweinswale mit schnellen und heftigen Bewegungen des Kopfes oder der Schwanzflosse; 4) *Rammen* der Schweinswale, indem sie ihnen mit dem Kopf voran und hoher Geschwindigkeit in die Flanken stoßen, oft mehrmals hintereinander oder im Verbund mit mehreren Delfinen. Diese Angriffe, die nicht selten zum Tod des Schweinswals führen, sind ein recht häufiges Phänomen, allerdings liegen ihm keine prädatorischen Motive zugrunde, da sich die Delfine hier nicht von ihren Opfern ernähren. Auch scheinen es keine Kämpfe um Territorium oder zur Verteidigung zu sein, da Schweinswale normalerweise nicht dieselben Meeresgebiete wie die Delfine aufsuchen und Delfine auch nicht angreifen. Daher vermuten die Autoren, dass es sich eher um eine Art Spiel handelt, eine Möglichkeit für die Delfine, ihre Kampftechniken zu testen und zu jenen Artgenossen, mit denen sie ihre Angriffe koordinieren, eine engere Beziehung zu knüpfen.

Die Beispiele zeigen, dass solche Raubtiere oft große Freude an der Jagd haben, eine so große, dass es schon mal zum Selbstzweck wird. Daher ist der Faktor EMOTION bei der Prädation häufig sehr ausgeprägt. Hinzu kommt, dass es für sie wichtige Anreize gibt, dem Jagen nicht nur einen hohen emotionalen Wert beizumessen, sondern auch auf den konkreten Moment zu achten, wenn ihre Beute stirbt.

Der erste dieser Anreize besteht darin, dass sich mit dem Tod eines Beutetiers der Magen füllt und die Wahrscheinlichkeit erhöht, einen weiteren Tag zu überleben. Wie wir in den vorherigen Kapiteln gesehen haben, kann der Tod eines Tieres für die ihm Nahestehenden einen so großen Verlust bedeuten, dass sie manchmal wochen- oder auch monatelang trauern, ein Beispiel dafür sind jene Primaten, die den Leichnam ihres toten Babys längere Zeit mit sich herumtragen, zurückzuführen auf die emotionale Bindung zwischen Mutter und Kind. Bei der Prädation aber wird der Tod der Beute nicht als Verlust betrachtet, sondern ganz im Gegenteil als Gewinn. Der Tod ist hier ein Grund zur Freude. Weshalb wir annehmen können, dass die vom Tod ausgelöste Emotion derjenigen der Mutter, die ihr Junges verliert, entgegengesetzt ist, aber nicht unbedingt weniger stark.

Der zweite Anreiz, dem Augenblick des Todes Beachtung zu schenken, hat mit der meist extrem geringen Erfolgsquote der Jäger zu tun. Beutetiere haben ein ebenso großes Interesse, zu überleben, wie Räuber, sie zu jagen. Was im Laufe der Evolutionsgeschichte zu einem Wettrüsten zwischen Raub- und Beutetieren geführt hat. So haben Jagdtiere gewöhnlich bestens entwickelte Muskeln, hervorragende sensorische Systeme, und sie gehören zu den schnellsten Tieren der Welt. Beutetiere dagegen haben sich ausgefeilte Verteidigungsmechanismen zugelegt, darunter hochentwickelte Strategien der Tarnung, der Flucht und der Abschreckung.

Je nach Wirksamkeit dieser Verteidigungsmechanismen haben Prädatoren unterschiedlich großen Erfolg, meist ist er jedoch gering. Für einen Löwen zum Beispiel liegt die Chance, ein Warzenschwein zu erwischen (einen »Pumba« wie in *Der König der Löwen*), bei 47 Prozent, bei der Jagd auf Gazellen, Zebras oder Gnus sind es 30 Prozent und auf Antilopen 14 Prozent.[47] Für Rotschwanzbussarde sind Streifen-Backenhörnchen eine leichte Beute, und trotzdem schaffen sie es nur, etwa 30 Prozent der gejagten Tiere zu fangen. Bei Baumwollschwanzkaninchen ist es noch schwieriger, weil sie Haken schlagen, was die Chancen, sie zu ergreifen, auf 18 Prozent reduziert. Grauhörnchen sind für sie die am schwersten zu fassende Beute, weil sie überaus schnell reagieren und ihre Fluchtbewegungen dreidimensional sind und damit kaum vorherzusehen. Hier sind die Bussarde nur in 12 Prozent aller Versuche erfolgreich.[48]

Der letzte große Anreiz, auf den Tod der Beute zu achten, betrifft den Umstand, dass ein lebendes Beutetier oft eine Gefahr darstellt. Unter den Verteidigungsmechanismen dieser Tiere finden wir körperliche Merkmale wie Hörner, Klauen oder spitze Hufe, die in Verbindung mit einem aggressiven Verhalten äußerst gefährlich sein können. Und einer der Gründe, warum Bussarde es bei der Jagd auf Grauhörnchen so schwer haben, ist das berüchtigte Temperament dieser Nager. Einmal gepackt, lassen sie sich nicht so leicht überwältigen, sie winden sich wie verrückt und versuchen, ihren Angreifer zu kratzen oder zu beißen.[49] Auch Ratten sind eine schwer zu tötende Beute. Anders als Mäuse, deren Verteidigung hauptsächlich darin besteht, zu flüchten und sich zu verstecken, können Ratten höchst aggressiv reagieren und Angreifer erheblich verletzen.[50] Und gar nicht so selten kommt es vor, dass ein Löwe durch die Hand (Hörner? Hufe?) eines Büffels stirbt, den er zu jagen versucht.[51] Außerdem laufen Jäger fast immer Gefahr, von einer Beute angegriffen zu werden, die dem Anschein nach tot ist und plötzlich »wiedererwacht«. Aus all diesen Gründen dürfen wir annehmen, dass sie sehr genau auf den Moment des Todes achten, denn so müssen sie nicht länger auf der Hut sein und können das Mahl, das sie erwartet, genießen.

Kommen wir nun zum Faktor KOGNITION. Große Prädatoren sind kognitiv komplex, und zum Jagen gehört, auch wenn es zum Teil instinktiv geschieht, ein Lernprozess, durch den das Tier seine Techniken des Auflauerns und Überwältigens verfeinern kann.

Die Vielfalt der Methoden, mit denen Orcas und Delfine Narwale und Schweinswale töten, zeigt uns, dass ihr Verhalten einer kognitiven Kontrolle unterliegt. Auch Löwen passen ihre Techniken an die Größe und Gefährlichkeit ihrer Beute an. Kleinere Beutetiere werden mit einem Biss in den Nacken gepackt, der ihnen das Genick bricht und sie praktisch auf der Stelle tötet. Größere Beutetiere wie Zebras oder Gnus tötet der Löwe, indem er sie mit einem Biss in die Kehle oder die Schnauze erstickt. In dem Fall hält der Löwe sie so viele Minuten in seinem Griff, wie es dauert, bis die Beute sich nicht mehr regt. Die größten und gefährlichsten Beutetiere, Giraffen etwa oder Büffel, werden von mehreren Löwen gemeinsam getötet.[52] Bei Hauskatzen können wir ebenfalls unterscheiden zwischen Spiel mit der Beute und dem eigentlichen Akt des Tötens. In ihrer Studie zum Raubtierverhalten bei Katzen merkt Biben an, dass die Tötung »nur selten ein ›Unfall‹ aufgrund lebhaften Spielens war. In den allermeisten Fällen war der tödliche Biss ein anderer als bei den vorangegangenen Spielaktivitäten.«[53] Was wiederum auf eine kognitive Kontrolle verweist und nahelegt, dass die Katze *entscheidet*, wann sie ihre Beute tötet.

Diese Beispiele zeigen, dass wir bei der Prädation mit einer Intentionalität dritten Grades rechnen können. Eine solche Intentionalität aber setzt ein Konzept vom Tod voraus. Was sagt uns nun, dass ein Tier den Tod der Beute auch als Übergang zu einer *irreversiblen Nichtfunktionalität* begreift?

Einige Gründe haben wir uns bereits angesehen. Sowohl die Bedeutung der Jagd für das Überleben als auch die geringe Erfolgsquote bei Jägern sowie die Gefahr, die von lebenden Beutetieren ausgeht, sind sämtlich Anreize, auf den Moment des Todes zu achten, insbesondere auf die sich anschließende irreversible Nichtfunktionalität. Eine funktionale Beute ist eine, die fliehen und sich verteidigen kann, der Räuber hat also ein Interesse daran, genau zu erfassen, wann das Opfer nichtfunktional geworden ist. Außerdem verfallen manche Beutetiere, wenn sie angegriffen werden, in einen Schockzustand und bewegen sich nicht mehr; andere – wie das Opossum – tun gar aktiv so, als wären sie tot. Wird das angreifende Tier aus irgendeinem Grund abgelenkt oder lässt in seiner Wachsamkeit nach, kann die Beute entkommen, es gibt also auch hier einen Anreiz, etwas über die Irreversibilität zu lernen. Darüber hinaus kann die aktive Mitwirkung am Auseinandernehmen eines Kadavers lehrreich sein und vermitteln, dass es ab einem bestimmten Punkt für die Beute kein Zurück mehr gibt.

Das Konzept vom Tod erfordert, wir erinnern uns, eine gewisse Vorstellung von den Vitalfunktionen, die für die Individuen einer bestimmten Art charakteristisch sind, denn es sind genau die Funktionen, die als mit dem Tod endend verstanden werden müssen. Nun gibt es gute Argumente für die Annahme, dass Raubtiere eine sehr klare Vorstellung von den typischen Funktionen ihrer Beute haben. Was wiederum daran liegt, dass sie aufgrund der geringen Erfolgsquote und der Bedeutung der Jagd für ihr Überleben gezwungen sind, auf jedes Anzeichen eines anormalen Verhaltens oder einer partiellen Nichtfunktionalität ihrer Beute zu achten, schließlich lässt sie sich dann leichter fangen. Genau das scheint auch der Fall zu sein, denn sehr junge oder sehr alte Tiere, kranke oder in irgendeiner Form behinderte werden mit einer sehr viel größeren Wahrscheinlichkeit von einem Raubtier getötet als solche, bei denen alle typischen Fähigkeiten intakt sind.

Das Phänomen ist in zahlreichen Studien dokumentiert. Bereits in den 1950er Jahren untersuchte Lois Crisler die Jagdgewohnheiten von Polarwölfen und stellte fest, dass sie große Schwierigkeiten haben, gesunde Karibus zu jagen. Selbst die Kälber sind schwer zu jagen, wenn sie mit dem Rest der Herde zusammen sind, weil die Herde einen schützenden Kreis um sie bildet. Die meisten Jagdszenen, die Crisler beobachten konnte, betrafen kranke oder behinderte Karibus.[54] In einer neueren Studie über das Verhalten von Jagdhunden wurde festgestellt, dass die gefassten Beutetiere, auch wenn ihre höhere Verwundbarkeit für uns Menschen mit dem bloßen Auge nicht immer zu erkennen ist, ein breites Spektrum an Abweichungen im Hinblick auf ihre typische körperliche Beschaffenheit aufwiesen, zumeist aufgrund von Krankheiten. Zwar haben die Beutetiere einen starken Anreiz, so zu tun, als wären sie gesund und munter, ihren erhöhten Stresspegel aber können die Hunde offenbar olfaktorisch wahrnehmen, was ihnen hilft, die verwundbarsten auszuwählen.[55]

Auch kranke Maultierhirsche werden mit einer höheren Wahrscheinlichkeit von einem Puma gejagt, wie Caroline Krumm und Mitwirkende feststellten. Zwar sind die Hirsche durch die Krankheit logischerweise weniger aufmerksam und nicht so gut in Form, aber Pumas lernen offenbar, solche Individuen zu erkennen und aktiv zu verfolgen.[56] Was sich mit dem Verhalten deckt, das wir bei Löwen beobachten. Den lieben langen Tag sehen sie viele potenzielle Beutetiere, aber jagen tun sie nur einen kleinen Teil. Laut George Schaller, der viele Jahre das Verhalten dieser Spezies in der Serengeti erforscht hat, beurteilen sie die Chancen, Beutetiere zu ergreifen, »unzweifelhaft« nach ihrer offensichtlichen Verwundbarkeit: »Die meisten werden mit einem kurzen Blick bedacht, manche sind es wert, näher angeschaut zu werden, ein paar entlocken eine Angriffsbewegung, aber nur sehr wenige werden tatsächlich verfolgt.«[57]

Prädatoren sind so auf die Funktionalität der Beute fixiert, dass manche der gejagten Tiere es sogar zu ihrem Vorteil nutzen. Einige Vogelarten wie der Seeregenpfeifer oder der Flötenregenpfeifer tun zum Beispiel gerne so, als hätten sie einen gebrochenen Flügel und könnten nicht fliegen, um die Aufmerksamkeit auf sich zu lenken und den Räuber vom Nest fortzulocken. Meist sind es Spezies, die auf dem Boden brüten, ihre Nester sind also für viele Feinde zugänglich.[58] Indem sie eine solche partielle Nichtfunktionalität vortäuschen, geben sie sich als leichte Beute aus, ziehen alle Aufmerksamkeit auf sich und hindern den Räuber daran, die eigentliche Speise zu entdecken. So riskant dergleichen Verhalten auch sein mag, ist die Überlebenswahrscheinlichkeit des Nachwuchses doch umso größer, je übertriebener der Vogel sein Schauspiel aufführt und je näher er sich damit an das angreifende Tier herantraut.[59]

Abbildung 14: Ein Seeregenpfeifer täuscht einen gebrochenen Flügel vor.

Das Verhalten ist überaus interessant, denn auch wenn es genetisch vererbt wird, hat es doch eine klare kognitive Komponente. Der Vogel lockt den Räuber nie zum Nest, sondern immer von ihm weg, er muss seinen Standort wie auch das Nest also jederzeit im Auge behalten. Tatsächlich schaut der Vogel häufig in die Richtung des Räubers und legt noch einen drauf, wenn seine Show nicht gleich verfängt.[60] Doch auch unabhängig von den proximaten Mechanismen, die das Verhalten auslösen, zeigt uns die Strategie dieser Vögel sehr deutlich, dass Prädatoren die Funktionalität ihrer Beute durchaus überwachen, denn ohne ließe sich weder das Verhalten des Vogels noch sein Erfolg erklären. Ebendieser Zug zur Überwachung der Funktionalität erlaubt es den Prädatoren, die (scheinbar) partielle Nichtfunktionalität des Vogels zu erkennen und ihn somit als »leichte« Beute einzustufen.

Der letzte Faktor der Heiligen Dreifaltigkeit, die ERFAHRUNG, ist bei der Prädation ebenfalls stark beteiligt. Ein Raubtier, das bis zur Geschlechtsreife überlebt, sammelt hundertfach, wenn nicht tausendfach Erfahrung mit dem Tod. Zwar handelt es sich hier meist um den Tod von Tieren einer anderen Spezies, weshalb es keine emotionale Bindung geben wird, doch aus den bereits genannten Gründen werden diese Todesfälle sehr wohl Emotionen auslösen und Anlass sein für eine besondere Aufmerksamkeit im Hinblick auf Nichtfunktionalität und Irreversibilität. Und selbst wenn diese Tode kaum eine Emotion auslösen, könnte die schiere Menge an Erfahrung den relativen Mangel an Interesse leicht kompensieren. Schließlich haben Raubtiere *Tag für Tag* Gelegenheit, etwas darüber zu lernen, wie sich ihre Beute typischerweise verhält, welche Eigenschaften sie zu einem leichten Fang machen, welche Techniken zum Auflauern und Überwältigen am besten funktionieren, wie sich die Beute dazu bringen lässt, sich nicht mehr zu bewegen, und welche Anzeichen darauf hindeuten, dass die Veränderung ihres Zustands unumkehrbar ist.

Bei Raubtieren spielen demnach die drei Faktoren, die zur Heiligen Dreifaltigkeit des Konzepts vom Tod gehören, in hohem Maße hinein. Vieles von dem Gesagten gilt auch für Beutetiere, zumal für solche, die in großen Herden leben und ständig von bestimmten Raubtieren bedroht sind. Wir dürfen also annehmen, dass sie ein ebenso großes Interesse daran haben, nicht gejagt zu werden, wie das Raubtier ein Interesse daran hat, sie zu jagen, wenn nicht ein noch größeres. Weshalb es für sie ein starker Anreiz ist, auf das Verhalten des Raubtiers zu achten, und tatsächlich sehen wir, dass sie sich der Gefahr, die von einer jeden Spezies ausgeht, vollkommen bewusst sind. Schaller beschreibt es so:

> Beutetiere kennen das Potenzial eines jeden Raubtiers bestens und reagieren auf so kleine Nuancen im Verhalten, dass ich bei meinen eher zufälligen Beobachtungen nur die offensichtlichsten Signale, auf die sie ansprachen, erkennen konnte.

> Eine Gazelle zum Beispiel hat als Reaktion auf einen Schakal die geringste Fluchtdistanz und eine zunehmend größere auf Hyänen, Löwen und Leoparden, auf Geparden und schließlich Wildhunde, denen sie ausweicht, sobald ein Rudel auf einen Kilometer oder mehr in Sichtweite kommt […]. Ähnlich lassen Gnus und Zebras Wildhunde und Geparden bis auf 20 m herankommen, ohne zu fliehen, während einem Löwen bei 40 m oder mehr ausgewichen wird. Sind in der Herde jedoch gefährdete Jungtiere, wird sich zurückgezogen, wenn diese Raubtiere noch 100 m entfernt sind. Gnus und Zebras zeigen sich recht entspannt gegenüber Hyänen und lassen sie bis auf 10 m herankommen. Wahrscheinlich können die Tiere am Verhalten einer Hyäne erkennen, ob sie auf der Jagd ist.[61]

Beutetiere sind gegenüber Raubtieren also nicht gleichermaßen ängstlich und scheu, sie passen ihr Verhalten vielmehr der Gefahr an, die von einer jeden Spezies ausgeht, ebenso dem Grad der Verwundbarkeit ihrer Herde zu einem bestimmten Zeitpunkt. Was ein Zeichen dafür ist, dass sie darauf achten, wie sich ein Raubtier verhält und welche Folgen ein Angriff haben kann.

Erreicht ein solches Beutetier die Geschlechtsreife, wird es dutzendfach gesehen haben, wie Gruppenmitglieder Opfer von Prädation wurden. Der Faktor ERFAHRUNG dürfte daher sehr hoch sein. Fred Bercovitch hat, wir haben es schon angemerkt, darauf hingewiesen, dass sich in der thanatologischen Literatur keine Beschreibungen von Beutetieren mit ihren Reaktionen auf den Tod finden, sofern die Tiere in großen Herden leben, was er auch nicht anders erwartet, da diese Spezies in der Regel keine komplexen sozialen Systeme kennen, woraus Bercovitch schließt, dass es für sie auch keinen Grund gibt, auf den Tod eines Artgenossen emotional zu reagieren.[62] Aus dieser Bewertung spricht jedoch emotionaler Anthropozentrismus. Gut möglich, dass die

Tiere es als zu gefährlich empfinden, in einem Gebiet, wo jagende Tiere unterwegs sind, Emotionen zu zeigen. Oder sie sind so an den Tod von Artgenossen gewöhnt, dass ihnen ein solches Ereignis nicht mehr der Beachtung wert erscheint.

Dennoch kommt es nicht selten vor, dass Beutetiere gegen das Schicksal, das die meisten von ihnen erwartet, protestieren. Laut Schaller verteidigen Mütter ihren Nachwuchs gewöhnlich energisch gegen Angriffe von Raubtieren, und bei Spezies mit einem stärkeren sozialen Zusammenhalt schreiten auch andere Mitglieder der Herde ein. Gleichwohl lassen diese Verteidiger rasch ab und fliehen, sobald sie sehen, dass die Angreifer zu viele sind oder zu groß und ihr eigenes Leben in Gefahr ist.[63] Hier setzt sich also ein Selbsterhaltungstrieb durch, ein oft so starker, dass er altruistische Motive verdrängt.

Angesichts seiner Bedeutung dürfte dieses Abwehr- oder Fluchtverhalten in vielen Fällen gesteuert sein durch sehr ursprüngliche Mechanismen, durch die Mutter-Kind-Bindung etwa oder eine angeborene Angst vor bestimmten Reizen. Sehen wir jedoch, wie flexibel es ist, deutet auch hier alles darauf hin, dass kognitive Mechanismen einwirken. Außerdem ist aufgrund der gesammelten Erfahrung die Wahrscheinlichkeit eher gering, dass sich diese Tiere der Folgen eines Angriffs gänzlich unbewusst wären. Sodass auch nicht ausgeschlossen werden kann, dass sie eine gewisse Vorstellung von der eigenen Sterblichkeit haben, mithin von dem, was ihnen passieren könnte, wenn es einem Räuber gelänge, sie zu erlegen. Bei Spezies, die sowohl Räuber als auch Beute sind, wo also viele der genannten Faktoren zusammenkommen, wird das als Möglichkeit gar noch plausibler.

So weit der kleine Überblick über Tötungen in Koalitionen, Infantizid und Prädation. Dabei haben wir gesehen, dass Gewalt, sowohl inter- wie auch intraspezifische Gewalt, von fundamentaler Bedeutung ist, wenn wir der Frage nachgehen, wo uns in der Natur überall ein Konzept vom Tod begegnet. Und das nicht nur, weil dort ein Tier so leicht von einem anderen getötet wird, sondern auch wegen der typischen Merkmale, mit denen solche Ereignisse oft einhergehen und die sie für die Beteiligten zu einem perfekten Nährboden machen, auf dem sich ein Konzept vom Tod entwickeln kann.

Thanatose und das Konzept vom Tod

Nun können wir zurückkommen zu dem Beispiel, mit dem wir das Kapitel begonnen haben: Schrödingers Opossum. Das Opossum ist, wir erinnern uns, dieses skurrile Tier, das sich, fühlt es sich bedroht, mit einer leichenartigen Version seiner selbst tarnt. Es ist ein Abwehrmechanismus, bekannt als *Thanatose*, der sich im Laufe der Evolutionsgeschichte mehrmals unabhängig voneinander herausgebildet zu haben scheint und eben darin besteht, sich tot zu stellen. Die Thanatose ist das letzte noch fehlende Teilchen in unserem Puzzle, denn allein die Existenz eines solchen Mechanismus deutet stark darauf hin, dass das Konzept vom Tod in der Natur weit verbreitet ist.[64] Was nicht heißt, dass das Opossum selbst *versteht*, dass es sich tot stellt, oder dass es das *absichtlich* tut, sondern dass wir, um die Thanatose zu erklären, ein Konzept vom Tod *bei den getäuschten Räubern* voraussetzen müssen. Sehen wir uns das Argument näher an.

Dafür müssen wir die Thanatose zunächst abgrenzen von einem ähnlichen – und evolutionär vielleicht verwandten – Phänomen, mit dem sie oft verwechselt wird: der tonischen Immobilität. Viele Spezies, die sich bedroht fühlen und nicht fliehen können, verfallen in eine Art Lähmung, einen Zustand der Ruhe, der die Wahrscheinlichkeit, angegriffen oder gefressen zu werden, verringert. Genau das kennt man als tonische Immobilität, und wir finden sie in einem breiten Spektrum von Spezies, von Insekten bis hin zum Menschen.[65]

Ist die tonische Immobilität ein Verhalten, das sich gewissermaßen an der Oberfläche abspielt und bei manchen Spezies lediglich einhergeht mit einer erhöhten Herzfrequenz[66], bleibt das Tier bei der Thanatose nicht nur ruhig, es ahmt vielmehr aktiv die typischen Merkmale eines Leichnams nach. Beim Opossum werden, wir erinnern uns, die Vitalfunktionen und die Körpertemperatur auf ein Minimum reduziert; die Körperhaltung und der Gesichtsausdruck imitieren einen Kadaver; das Tier uriniert und defäkiert, die Zunge wird blau, und die Analdrüsen verströmen einen Geruch wie von Verwesung. Zwar ist nicht ausgeschlossen, dass sich die Thanatose aus der tonischen Immobilität entwickelt hat, aber sie ist weit mehr als ein einfaches Erstarren: Das Tier tut so, als wäre es tot. Daher reservieren wir, auch wenn beide Begriffe oft gleichbedeutend verwendet werden, den Begriff *Thanatose* (von griechisch *thánatos*, »Tod«) lieber für diese spektakuläreren kleinen Shows.

Das Opossum ist vielleicht das Tier mit der ausgeklügeltsten und markantesten Thanatose, aber es ist nicht das einzige, auch andere kennen ein Verhalten, das diese Bezeichnung verdient. Truthahngeier legen sich, wenn sie sich bedroht fühlen, auf den Bauch, die Flügel ausgestreckt, Kopf am Boden. So bleiben sie völlig ruhig liegen und reagieren nicht einmal, wenn man sie mit einem Stock schlägt oder vom Boden aufhebt. Howard Vogel erzählt von einem Jäger, der dachte, er hätte einen dieser Geier erlegt, worauf er ihn in seinen Sack steckte, die zwei Meilen nach Hause lief und ihn im Garten fallen ließ, dem Anschein nach schlaff und leblos, doch als er mit seinen Kindern aus dem Haus kam, um ihnen den Fang zu zeigen, sahen sie, wie der Geier fröhlich im Garten herumschnüffelte. Kaum kamen sie näher heran, stellte er sich wieder tot.[67]

Bei Fröschen besteht die Thanatose darin, reglos dazuliegen, im Allgemeinen mit offenen Augen, die Gliedmaßen schlaff und

Abbildung 15: Frosch der Spezies *Acanthixalus spinosus* in Thanatose.

von sich gestreckt, ohne auf Interaktionen zu reagieren. Manche Arten strecken auch die Zunge heraus oder verströmen aus dem Maul einen Geruch ähnlich wie Ammoniak.

Auch manche Schlangen zeigen ausgefeilte Formen von Thanatose. Die Ringelnatter zum Beispiel liegt dann mit dem Bauch nach oben und offenem Maul, heraushängender Zunge und verdrehten Augen, und wenn man sie aufhebt, ist sie völlig schlaff.[68] Gordon Burghardt erzählt, dass Schlangen der Gattung *Heterodon* ihrer Thanatose einen dramatischen »Tod« vorausschicken, sich windend und wie wild in alle Richtungen zappelnd, dabei defäkieren sie und beißen sich sogar selbst. Danach rollen sie den Schwanz ein, legen sich mit dem Bauch nach oben und bleiben ruhig liegen, mit offenem Maul und hängender Zunge, Blut läuft heraus, ohne irgendein Anzeichen von Atmung. Man kann sie anstupsen und hochheben, sie rühren sich kein Stück. Nur einen Fehler machen sie bei ihrem beeindruckenden Schauspiel, so Burg-

Abbildung 16: Ringelnattern in Thanatose. Unten rechts eine vom Boden aufgehobene Schlange, die schlaff herunterhängt.

hardt, denn legen wir sie zurück auf den Boden, mit dem Bauch nach unten, drehen sie sich sofort wieder um.[69]

Die tonische Immobilität unterscheidet sich von der Thanatose aber nicht nur durch ihre größere Einfachheit, sondern auch durch die Art und Weise, wie in den meisten Fällen ein Räuber abgewehrt wird, da sie in anderen Phasen der Prädation ins Spiel kommt. Um das zu verstehen, müssen wir die verschiedenen Funktionen der möglichen Abwehrmechanismen der Beutetiere betrachten. Wie wir gesehen haben, hat die Prädation im Laufe der Evolutionsgeschichte zu einem Wettrüsten geführt, was die Entwicklung ausgeklügelter Abwehrmechanismen bei der Beute (und entsprechender Anpassungen bei ihren Fressfeinden) begünstigt hat. Diese Mechanismen können in jeder Phase der Prädation wirksam werden: 1) beim Aufspüren der Beute, 2) beim Erkennen der Beute als geeignet, 3) bei der Überwältigung und 4) beim Verzehr.[70]

Mechanismen gegen das Aufgespürtwerden verhindern, dass der Räuber die Beute sensorisch wahrnimmt. Hierzu gehören Verhaltenstendenzen wie etwa, Gebiete oder Tageszeiten zu meiden, die die Wahrscheinlichkeit erhöhen, auf Fressfeinde zu stoßen; sich in großer Zahl zusammenzuschließen, um das Risiko für das einzelne Tier zu verringern; oder sich zu verstecken, sobald ein Räuber entdeckt wird. Dazu können wir auch alle Tarntechniken zählen, die Beutetiere anwenden, um mit der Umgebung zu verschmelzen und der Wahrnehmung durch Feinde zu entgehen.

Mechanismen gegen das Erkanntwerden würden die sensorische Wahrnehmung der Beute zwar nicht verhindern, sehr wohl aber, dass sie als genießbar oder gar schmackhaft erscheint. Hier wäre die Mimese zu nennen, die Anpassung an unbelebte Gegenstände. Manche Insekten haben die Form von Stöcken oder Blättern, was den Räuber nicht (wie bei der Tarnung) daran hindert, sie zu sehen, es sorgt aber dafür, dass sie nicht aussehen wie das essbare Tierchen, das sie in Wirklichkeit sind. Zu den Mechanismen gegen das Erkanntwerden gehören auch solche, die das Beutetier größer oder gefährlicher erscheinen lassen, als es tatsächlich ist, sowie *Aposematismus*, das heißt die Verwendung von Warnsignalen, oft mithilfe leuchtender Farben, die dem Fressfeind zu verstehen geben, dass das Tier giftig ist und zum Verzehr nicht geeignet. Einige aposematische Spezies ähneln einander, ein als *Müller'sche Mimikry* bekanntes Phänomen, durch das Feinde angehalten werden sollen, sie zu meiden. Die gelben und schwarzen Streifen, die Bienen und Wespen gemeinsam haben, sind ein Beispiel für eine Müller'sche Mimikry, so profitieren die Wespen davon, dass manche Fressfeinde gelernt haben, alles zu meiden, was wie eine Biene aussieht, und umgekehrt. Dieses Phänomen hat dazu geführt, dass einige Spezies, die selbst über keine Abwehrmechanismen verfügen, das Aussehen von Spezies nachahmen, die welche haben, bekannt als *Bates'sche Mimikry*. Manche Fliegen zum Beispiel haben gelbe und schwarze Streifen, obwohl sie ungiftig sind. So machen sie sich zunutze, dass einige Feinde aufgrund ihrer Erfahrung mit anderen Spezies diese Farben mit Giftigkeit assoziieren.

Mechanismen gegen das Überwältigtwerden sollen verhindern, dass die Beute, ist sie erst aufgespürt und als etwas Fressbares identifiziert, tatsächlich gefangen oder überwältigt wird. Manche Beutetiere schaffen es, indem sie einfach fliehen. Wozu auch gehören kann, dass sie einen Körperteil abwerfen, um den Jäger abzulenken und Zeit zu gewinnen, so machen es etwa Eidechsen mit ihrem Schwanz. Hier begegnen uns auch Kampfmechanismen. Wie bereits angesprochen, verteidigen sich manche Tiere, wenn sie angegriffen werden, durch Beißen oder Kratzen. Viele andere sind bewehrt mit Hörnern, Scheren oder Stacheln oder besitzen chemische Abwehrmechanismen wie zum Beispiel die Stinktiere mit ihrem berüchtigten »Furzen«. Beutetiere können auch darauf setzen, den Feind zu erschrecken, etwa indem sie plötzlich ihre Größe ändern, grelle Farben zeigen oder laute Geräusche machen. Unter den Mechanismen gegen das Überwältigtwerden finden wir auch das Ablenken oder Anlocken des Räubers, um ihn vom Nachwuchs fernzuhalten, wie gesehen bei den Vögeln, die so tun, als hätten sie einen gebrochenen Flügel.

Zum Schluss noch die *Mechanismen gegen das Verzehrtwerden*, die verhindern sollen, dass die schon gefangene Beute gefressen wird. Einige Spezies sind giftig, andere schmecken scheußlich, wieder andere sind für Räuber, die nicht kauen können, schwer zu schlucken. Mechanismen gegen das Verzehrtwerden sind die letzte Verteidigungslinie, ein letzter Versuch, das Leben zu retten, wenn längst alles dagegenspricht.

Nun zurück zu unserer Unterscheidung zwischen Thanatose und tonischer Immobilität, mit denen das angreifende Tier auf jeweils andere Weise abgewehrt wird, da sie in der Regel in verschiedenen Phasen der Prädation zum Einsatz kommen. Tonische Immobilität ist zunächst ein Mechanismus gegen das Aufgespürt- und Verzehrtwerden, Thanatose im Wesentlichen ein Mechanismus gegen das Erkannt- und Überwältigtwerden. Sehen wir sie uns genauer an.

Als Mechanismus gegen das Aufgespürtwerden funktioniert die tonische Immobilität, weil die Beute, indem sie reglos verharrt, besser mit der Umgebung verschmelzen kann, was zur Tarnung beiträgt. Zudem reagieren manche Fressfeinde nur auf Bewegung, mit der tonischen Immobilität wird also ein Schlüsselreiz ausgeschaltet, der die Aufmerksamkeit weckt.[71] Diese Technik ist auch für Tiere hilfreich, die in Gruppen leben, da sie die Wahrscheinlichkeit erhöht, dass andere Mitglieder, die sich weiterhin regen, zum Ziel werden.[72] Manche Spezies wenden die Technik sogar in nichtprädatorischen Zusammenhängen an. So verfallen etwa junge Feuerameisen in tonische Immobilität, wenn eine fremde Gruppe Ameisen ihre Kolonie angreift. Da diese Spezies zum Angreifen ein kinetisches Signal benötigt, stellen die jungen Ameisen durch ihr Erstarren sicher, dass sich der Angriff nur gegen die erwachsenen Ameisen richtet, die körperlich besser gerüstet sind.[73]

Außerdem kann tonische Immobilität auch als Mechanismus gegen das Verzehrtwerden funktionieren. Bei einigen Froscharten etwa, die giftig sind, besteht die tonische Immobilität darin, die Gliedmaßen zum Körper hin einzuklappen, was ihre Größe erheblich verringert. Wird an den Gliedmaßen gezogen, werden sie nicht schlaff, sondern klappen zurück. So schützen sich die Frösche vor möglichen Wunden, wenn ein Fressfeind sie ins Maul

Abbildung 17: Frosch der Spezies *Phylomedusa bahiana* in tonischer Immobilität.

nimmt, und erhöhen die Wahrscheinlichkeit, dass er sie vollständig ausspuckt, nachdem er gemerkt hat, dass sie giftig sind.[74]

Dagegen geht bei anderen Arten die tonische Immobilität einher mit einer Vergrößerung der Tiere. Manche Heuschrecken zum Beispiel nehmen eine starre Haltung ein und strecken dabei die Gliedmaßen aus. Da Frösche nicht kauen, sondern ihre Beute im Ganzen verschlucken, sorgen Heuschrecken auf diese Weise dafür, dass sie nicht ins Maul passen. Diese Technik erhöht auch die Wahrscheinlichkeit, dass die Zunge oder die Mundhöhle des Frosches verletzt und die Heuschrecke wieder ausgespuckt wird.[75]

Während die Funktion der tonischen Immobilität eindeutig die Abwehr ist, ist man sich in der Ethologie bei der Thanatose nicht einig über die konkreten Vorteile, die sie bietet, und demnach auch nicht über die Gründe, weshalb sie sich entwickelt hat.

Abbildung 18: Frosch der Spezies *Pelophylax nigromaculatus* beim erfolglosen Versuch, eine Heuschrecke in tonischer Immobilität zu verschlucken.

Was bringt es einem Tier, das seine Haut retten will, so zu tun, als wäre es schon tot? Dazu gibt es verschiedene Hypothesen, aber sie alle verstehen die Thanatose als einen Mechanismus gegen das Erkannt- oder Überwältigtwerden.

Thanatose als Mechanismus gegen das Erkanntwerden würde bewirken, dass die Beute in den Augen des Fressfeinds als wenig schmackhaft erscheint. Zum Beispiel weil er in der Vergangenheit gelernt hat, dass Beute, die schon lange tot ist, widerlich schmeckt, oder er hat eine angeborene Aversion gegen verwesende Leichen (eine Nekrophobie). Rosalind Humphreys und Graeme Ruxton weisen darauf hin, dass Prädatoren, wäre dies der Fall, nicht sehr schlau sein dürften, da die Thanatose normalerweise nur durch körperlichen Kontakt zwischen Beute und Räuber ausgelöst wird, Letzterer wird also Gelegenheit gehabt haben, festzustellen, dass das Individuum, das nun tot aussieht, vor wenigen Augenblicken noch quicklebendig war.[76] Beruht aber das, was hier am Werk ist, tatsächlich auf einer – angeborenen oder erlernten – Aversion gegen Leichen, sagt uns das noch lange nichts darüber, wie schlau oder dumm das Tier ist. Beute in Thanatose zu verschmähen, die eben noch lebendig zu sein schien, wäre nicht viel anders, als eine Konservendose wegzuschmeißen, nachdem wir sie geöffnet und festgestellt haben, dass sie voller Schimmel ist. So normal die Dose zunächst aussehen mag und auch wenn es keine logische Erklärung dafür gibt, warum der Inhalt verschimmelt sein sollte, würden wir uns beim Öffnen doch so sehr ekeln, dass wir sie kurzerhand in den Müll werfen.

Zwar ist nicht auszuschließen, dass Thanatose manchmal funktioniert, indem sie Ekel bereitet, aber als alleinige Erklärung für ihre Herausbildung ist das wenig plausibel. Es gibt nun mal viele Möglichkeiten, sich die Fähigkeit von Tieren, Ekel zu empfinden, zunutze zu machen, darunter so einfache wie schlecht zu schmecken oder der Einsatz chemischer Abwehrstoffe. Würde die Thanatose nur darauf abzielen, beim Fressfeind Ekel zu erzeugen, ließe sich kaum erklären, warum sie derart komplex ist. Das Opossum zum Beispiel sondert manchmal, um Ekel zu erregen, die stinkende Flüssigkeit aus den Analdrüsen ab. Warum muss es dann auch noch reglos daliegen, seine Vitalfunktionen reduzieren, eine bläuliche Zunge zeigen und so weiter? Das Opossum in Thanatose scheint darauf aus zu sein, nicht nur einen ekligen Eindruck zu machen, sondern auch einen *toten*. (Noch einmal, das soll nicht heißen, dass es tot aussehen *will*. Bitte um Geduld.)

Allerdings zeigen manche Tiere, wir haben es gesehen, von Geburt an eine Tendenz zur Nekrophobie, das heißt zu einer stereotypen, nicht durch ein Konzept vom Tod vermittelten Abneigung gegen Kadaver. Wäre es also denkbar, dass die Thanatose bei Prädatoren durch Aktivierung einer Nekrophobie funktioniert und daher diese Form annimmt? Das ist durchaus möglich, nur taugt es ebenfalls nicht als Erklärung für die Thanatose in ihrer ganzen Komplexität. Denn Nekrophobie ist, wie ich im zweiten Kapitel erläutert habe, an ganz bestimmte sensorische Reize gebunden (wie Cadaverin oder Putrescin). Diese Reize müssen, um Nekrophobie auszulösen, nicht einmal einhergehen mit dem Vorhandensein von etwas Totem. In einer neueren Studie haben James Anderson, Hanling Yeow und Satoshi Hirata festgestellt, dass Schimpansen einen toten Vogel und einen Gartenhandschuh gleichermaßen abstoßend finden, wenn ihnen ein Geruch von Putrescin anhängt.[77] Die meisten Elemente der Thanatose wären also irrelevant, hätten wir es mit einem Mechanismus zu tun, dessen »Aufgabe« es lediglich wäre, eine solche stereotype Reaktion hervorzurufen. Hat sich dergleichen Verhalten aber entwickelt, um die Nekrophobie von Fressfeinden auszunutzen, dürfen wir erwarten, dass es eine Nekrophobie ist, der ein Konzept vom Tod zugrunde liegt. Demnach würde der Trick des Opossums nicht nur funktionieren, weil das Tier Ekel hervorruft, sondern auch, weil der Ekel daher rührt, *dass es tot aussieht* (und der Räuber gelernt hat, dass tote Individuen schlecht schmecken oder auf den Magen schlagen, nur als Beispiel). In dem Fall wäre das Konzept des Räubers vom Tod für den Erfolg des Mechanismus mit entscheidend.

Eine andere Möglichkeit, wie Thanatose als Mechanismus gegen das Erkanntwerden funktionieren könnte, wäre, wenn sie die Motivation von Prädatoren, die sich auf lebende Beute spezialisiert haben, einfach verringerte.[78] Vielleicht beschließt ein Räuber, der nicht besonders hungrig ist und einfach Spaß an der Jagd hat, die Beute in Thanatose beiseitezulassen, weil er denkt, dass sie schon vorher tot war oder von ihm bereits getötet wurde, worauf er sich auf die Suche nach anderen Opfern macht. So könnte die Beute unversehrt entkommen. Aber auch hier wäre ein Konzept vom Tod am Erfolg der Abwehr beteiligt.

Gelegentlich wurde vorgebracht, Thanatose funktioniere nicht als ein Mechanismus gegen das Erkanntwerden, sondern als einer *gegen das Überwältigtwerden*, und der halte den Räuber, der die Beute als leckeres Häppchen identifiziert hat, davon ab, sie tatsächlich zu töten. Der Gedanke dahinter ist, dass Thanatose die Aufmerksamkeit des angreifenden Tiers erlahmen lässt, wenn es denkt, es habe die Beute bereits getötet, was ihre Chancen erhöht, ohne einen Kratzer zu entwischen. Manche Räuber behandeln ihre Beute fast schon zärtlich, oder sie lassen sie für einen Moment los, bevor sie sie fressen. Andere verstecken ihre Beute nach dem Töten noch für eine Weile. Täuscht ein Tier in so einer Situation den eigenen Tod vor, kann es sein, dass es mit heiler Haut davonkommt.[79]

Patrick Gregory und Mitwirkende merken an, dass Thanatose als Mechanismus gegen das Überwältigtwerden zumal in solchen Fällen funktioniert, in denen zwischen Fang und Verzehr eine gewisse Zeit vergeht. Demnach könnte es auch gegenüber Räubern funktionieren, die mehrere Beutetiere auf einmal zu töten versuchen, da sich ihre Aufmerksamkeit, bevor sie mit dem Fressen beginnen, von einer Beute auf die nächste richtet.[80] Humphreys und Ruxton vermuten Ähnliches. Für sie ist Thanatose dann am effektivsten, wenn das Sicherstellen, dass die Beute auch wirklich tot ist, mit Kosten verbunden ist. Das kann etwa der Fall sein, wenn der Räuber die Möglichkeit hat, mehrere Tiere zu jagen, ihm aber nur eine kurze Zeit zur Verfügung steht, in der sie in Reichweite seines Mauls sind.[81] Diese Erklärungen setzen allerdings voraus, dass der Räuber ein Konzept vom Tod hat, denn nur mit einem solchen kann er sich (wenn auch irrtümlich) begreiflich machen, dass die Nichtfunktionalität des Opfers irreversibel ist.

Mit den genannten Hypothesen hätten wir die Komplexität der raffinierteren Formen von Thanatose aber immer noch nicht erklärt, denn damit ein Räuber seine Beute für tot hält, würde es im Prinzip ausreichen, wenn das Tier reglos und schlaff daläge, das heißt in einer Art tonischer Immobilität. Das ganze zusätzliche Brimborium, mit dem Tiere wie das Opossum oder die Ringelnatter aufwarten, wäre dann unnötig. Aber gerade diese »Ausschmückungen« legen nahe, dass ihr Verhalten darauf abzielt, sich das Konzept *vom Tod* bei Prädatoren zunutze zu machen, schließlich sind sie sowohl ein Zeichen für die Nichtfunktionalität wie auch für die Irreversibilität. Die Reglosigleit, das Herunterfahren der physiologischen Funktionen und das Fehlen jeglicher Reaktion erwecken den Anschein, dass die Vitalfunktionen des Organismus zusammengebrochen sind, während die Absonderung von Blut, der Verwesungsgeruch, die blaue Zunge und andere Anzeichen suggerieren, dass der Verlust der Funktionalität nicht mehr rückgängig zu machen ist – was wir bei einem schlafenden oder bewusstlosen Individuum sehr wohl erwarten dürfen.

Auch die Tatsache, dass ein Tier in tonischer Immobilität für tot gehalten werden kann, stützt das Argument, wonach die Thanatose darauf abzielt, das Konzept der Prädatoren vom Tod auszunutzen, denken wir nur an die evolutionäre Beziehung zwischen Thanatose und tonischer Immobilität. Tonische Immobilität kann sehr wohl manchmal als Mechanismus gegen das Überwältigtwerden funktionieren, da Tiere, die sie einsetzen, oft aussehen wie ein frischer Kadaver. Es ist also durchaus plausibel, dass die Thanatose sich aus diesem Verhalten entwickelt hat, eben indem sie davon profitiert, dass Räuber ein Tier in tonischer Immobilität für tot halten können. Opossum und Co. hätten sich dann im Laufe der Evolution darauf spezialisiert, ein leichenhaftes Aussehen zu perfektionieren und somit die Wahrscheinlichkeit zu erhöhen, dass Fressfeinde sich in dieser Hinsicht irren.

Trotzdem wäre es ein Trugschluss zu glauben, wir brauchten nur eine einzige Hypothese zu finden, die alle Fälle von Thanatose in ihrer ganzen Komplexität erklärt. Schließlich kann es gut sein, dass es mehr als einen Grund für die Entwicklung der Thanatose gibt, so wie es auch vorstellbar ist, dass die Thanatose ein und demselben Tier im Laufe seines Lebens mal als Mechanismus gegen das Erkanntwerden und mal als Mechanismus gegen das Überwältigtwerden dient. Vermutet wurde auch, dass Thanatose womöglich einfach deshalb funktioniert, weil es einigen Räubern unheimlich wäre, würde ein Beutetier nicht eindeutig signalisieren, ob es lebendig ist oder tot, weshalb sie dieses seltsame Viech lieber in Ruhe ließen.[82] Thanatose entspräche dann anderen Abwehrmechanismen, bei denen ihnen ein Schreck eingejagt wird. Allerdings würde die Hypothese immer noch voraussetzen, dass der Räuber das Verhalten als uneindeutiges Signal im Hinblick auf *Leben und Tod* interpretiert, es bedürfte also auch hier, soll es funktionieren, eines Konzepts vom Tod.

Zwar sind das alles ungemein faszinierende Fragen, aber mir geht es an dieser Stelle nicht darum, ein für alle Mal zu klären, aus welchen konkreten Gründen die natürliche Selektion die Herausbildung der Thanatose als Abwehrmechanismus begünstigt hat. Ich möchte vielmehr dahingehend argumentieren, dass *wenn* die Thanatose sich entwickelt hat, dann weil ein Tier einen – wie auch immer gearteten – Vorteil davon hat, gerade so zu tun, als wäre es *tot*. Dass dem so ist, wissen wir, weil die Thanatose eine Reihe völlig heterogener Merkmale aufweist, deren einzige Gemeinsamkeit darin besteht, dass sie für Tote charakteristisch sind. Und worin besteht das Gemeinsame, wenn ein Tier reglos mit dem Bauch nach oben liegt, nicht auf Interaktionen reagiert, Maul und Augen weit offen hält, Blut speit und auch noch defäkiert? Worin das Gemeinsame, wenn es eine blaue Zunge hat, faulig stinkt, kalt ist und keine Anzeichen von Atmung zeigt? Die einzige mögliche Erklärung dafür, warum diese Merkmale *gemeinsam* auftreten, als Teil ein und desselben Verhaltens, ist die Tatsache, dass das Tier so tut, als wäre es tot.

Was nicht heißen soll, dass Opossums und Ringelnattern zwangsläufig ein Konzept vom Tod hätten und ihrem Verhalten die *Absicht* zugrunde läge, für tot gehalten zu werden. Es scheint vielmehr ein genetisch vererbtes Verhalten zu sein, das nicht erlernt werden muss und das die Tiere automatisch zeigen, wenn sie sich bedroht fühlen. (Wobei wir nicht vergessen dürfen, dass sie bei der Ausführung ein recht breites Spektrum aufbieten, sowohl intraindividuell als auch interindividuell, und dass der Zeitpunkt, an dem sie ihre kleine Show beenden, offenbar einer gewissen kognitiven Kontrolle unterliegt.[83]) Doch unabhängig von der Frage, ob sie sich bewusst sind, dass sie sich tot stellen, können wir mit Sicherheit sagen, dass die typischen Merkmale der Thanatose bei den genannten Spezies ein deutlicher Hinweis darauf sind, dass der *Selektionsdruck*, der sie ausgeprägt hat, auf dem Konzept ihrer Fressfeinde vom Tod beruht. Vielleicht hat das Opossum kein Konzept vom Tod, sicherlich aber zumindest einige der Tiere, die sich im Laufe ihrer Evolutionsgeschichte von ihm haben ernähren wollen.

Hinter den meisten Verhalten oder typischen Merkmalen der Tiere steht nun mal ein Selektionsdruck, und der hat ihre Herausbildung begünstigt. Zuweilen rührt ein solcher Druck daher, wie die Feinde eines Beutetiers die Welt begreifen, denn es entscheidet darüber, ob das Tier mit größerer oder geringerer Wahrscheinlichkeit gejagt wird, ob es überleben und sich fortpflanzen kann.

Blattförmige Insekten etwa müssen keinen Begriff vom Blatt haben, auch nicht die Absicht, wie eines auszusehen. Haben sich Insekten, die so aussehen, aber entwickelt, dann weil ihre Fressfeinde kein Interesse daran haben, Blätter zu verzehren. Im Laufe der Evolution werden Vorfahren dieser Insekten, die am meisten einem Blatt ähneln, mit einer geringeren Wahrscheinlichkeit gefressen worden sein und sich mit einer größeren Wahrscheinlichkeit fortgepflanzt haben, was es wiederum begünstigt haben dürfte, dass die nachfolgenden Generationen ein immer blattähnlicheres Aussehen annahmen. Allein die Existenz von Insekten, die so aussehen, sagt uns etwas über die geistigen Zustände ihrer Fressfeinde: dass sie nämlich dazu tendieren, sie mit Blättern zu verwechseln, und dass sie kein Interesse daran haben, so etwas zu fressen.

In ähnlicher Weise ist die Bates'sche Mimikry, die wir bei manchen Fliegenarten beobachten, ein Hinweis auf die Assoziationen, zu denen Prädatoren in der Lage sind. Die Fliegen müssen, damit ihr Aussehen einen Vorteil bietet, nicht die *Absicht* haben, für Wespen gehalten zu werden. Es reicht, dass ihre Fressfeinde die Fähigkeit besitzen, eine Verbindung herzustellen zwischen den Vorstellungen von *gelb-schwarz-gestreift* und *giftig-pfui-bäh*. Die Fähigkeit zur Assoziation wäre dann der Selektionsdruck, der bei den Fliegen die Entwicklung der Bates'schen Mimikry begünstigt hat. So sagt uns dieser Abwehrmechanismus zwar nicht viel über den mentalen Zustand der Fliegen, sehr wohl aber über den ihrer Feinde.

Ebenso und unabhängig auch von der konkreten Evolution hinter der Thanatose verschafft uns dieses Verhalten einen Einblick in die Köpfe der Prädatoren. Die Thanatose zeigt uns, dass sie, aus welchen Gründen auch immer, nicht eben geneigt sind, Tiere zu fressen, die sie von vornherein als tot *begreifen*. Im Laufe der Evolutionsgeschichte hatten Opossums, die besonders gut ein totes Tier nachahmen und somit Räuber, die sie für tot hielten, täuschen konnten, größere Chancen, bis zur Fortpflanzung zu überleben, was zugleich ein Anreiz war, das Verhalten in den nachfolgenden Generationen weiter auszufeilen, wodurch es immer komplexer wurde. Jede Erklärung der Abwehrfunktion der Thanatose muss zwangsläufig ein Konzept vom Tod bei den überlisteten Feinden voraussetzen, denn nur ein solcher Selektionsdruck kann erklären, warum sich dieses Verhalten bei diesen Tieren auf ebendiese Weise ausgeprägt hat.

Allein die Existenz der Thanatose zeigt also, dass zumindest einige Prädatoren ein Konzept vom Tod haben und dass ihr Konzept ökologische Auswirkungen hat. Selbst wenn es sich »nur« in den Köpfen dieser Tiere abspielte, hätte es dennoch das Verhalten anderer Spezies geprägt.

Dass Thanatose auf ein Konzept vom Tod bei Prädatoren deutet, wird noch gestützt durch die Tatsache, dass die Abwehr nicht funktionieren würde bei spezialisierten Tierarten, denn die hätten eine geeignete Antwort entwickelt. Viel eher dürfen wir erwarten, dass sie bei Prädatoren funktioniert, die Generalisten sind und weder solchen Beutetieren oft begegnen noch ihren kleinen Trick schon kennen.[84] Damit er gegen Generalisten funktioniert, müssen diese Räuber aber eine Vorstellung vom Tod haben, einen Begriff, ein *Konzept*, nicht nur die Fähigkeit, auf bestimmte mit dem Tod verbundene konkrete Reize zu reagieren, ein Konzept eben, das die ganzheitlichen Merkmale des Todes einbezieht und sich auf verschiedene Spezies anwenden lässt. Nur mit einem solchen kann ein Räuber eine Beute, der er noch nie begegnet ist, für tot halten.

Die Verbreitung von Thanatose im Tierreich deutet ebenfalls darauf hin, wie gegenwärtig das Konzept vom Tod in der Natur sein muss. Wie wir gesehen haben, finden wir raffinierte Formen von Thanatose mindestens bei Amphibien, Reptilien, Vögeln und Säugetieren. Ihr ausgedehntes, wenn auch ungleich verteiltes Vorkommen im Baum des Lebens legt nahe, dass die Thanatose bei den verschiedenen Spezies, die sie kennen, durch konvergente Evolution entstanden ist. Da wir es hier mit Tierarten zu tun haben, die nicht eng miteinander verwandt sind, ist zu bezweifeln, dass sie die Thanatose von einem gemeinsamen Vorfahren geerbt haben; viel wahrscheinlicher ist, dass ähnliche Formen von Selektionsdruck in den unterschiedlichen Lebensräumen dazu geführt haben, dass sich dieses Verhalten bei den Tieren unabhängig voneinander entwickelt hat. Was ein weiteres Mal zeigt, dass das Konzept vom Tod keineswegs eine nur dem Menschen eigene Leistung ist, wir finden sie überall im Tierreich.

Schluss
DAS TIER, DAS DEN TOTEN BLUMEN BRACHTE

> Wir sind organische Materie und Elektrizität,
> verzehrbar, verwundbar, aufgelöst am Ende
> in der rätselhaften Physik des Universums.
> Menschsein heißt, ein Tier zu sein.
> *Melanie Challenger*

Es gibt ein Tier, das seine Toten begräbt, ihre Gräber mit schlichten Grabsteinen oder aufwendigen Mausoleen versieht und ihnen zu bestimmten Anlässen Blumen bringt.

Es gibt ein Tier, das seine Toten verbrennt, ihre Asche in Schmuckurnen fürs Wohnzimmer füllt oder sie voller Hingabe am Lieblingsort der Verstorbenen verstreut.

Es gibt ein Tier, das Trauer trägt und Gedenktage begeht; ein Tier, das der Meinung ist, dass man auch denen, die nicht mehr da sind, Recht oder Unrecht tun kann.

Es gibt ein Tier, das Gedichte, Theaterstücke, Lieder über den Tod schreibt, Romane, Geschichten, Essays; ein Tier mit tausend Wörtern, Symbolen und Metaphern, wenn die Rede ist von der Parze, dem Schnitter, dem Hinübergang.

Die Art, wie wir mit dem Tod umgehen, ist in vielerlei Hinsicht einzigartig, das wird niemand bestreiten. Im Laufe der Geschichte haben wir uns alle Mühe gegeben, diese Aspekte zu betonen und uns einzureden, dass wir das einzige Tier mit einem Bewusstsein von der Sterblichkeit sind. Aber so unbestritten unsere Einzigartigkeit auch sein mag, ist die Betonung doch Ausdruck unseres Anthropozentrismus. Wann immer wir zur Beantwortung der Frage, welche Spezies das Merkmal X besitzt, eine singuläre Eigenschaft des Menschen anführen, kommen wir erwartbar – ja unvermeidlich – zu dem Ergebnis, dass unsere Spezies die einzige ist. Würden wir also Praktiken, die ausschließlich dem Menschen eigen sind, als Indikator nehmen für ein Bewusstsein vom Tod, kämen wir logischerweise zu dem Schluss, dass nur wir Menschen über diese Fähigkeit verfügen.

Wollen wir aber die Frage nach der Verbreitung des Konzepts vom Tod in der Natur auf eine gerechte, ausgewogene und, wenn wir ehrlich sind, auch sehr viel interessantere Weise angehen, müssen wir, so mein Argument in diesem Buch, unseren intellektuellen und emotionalen Anthropozentrismus ablegen. So haben wir sehen können, dass es gewichtige Gründe gibt für die Annahme, dass wir bei weitem nicht das einzige Tier mit einem Bewusstsein von der Sterblichkeit sind.

Klar ist aber auch, dass wir das einzige Tier mit komplexen Bestattungsritualen und symbolischen Darstellungen des Todes sind – oder zumindest das einzige noch nicht ausgestorbene Tier, denn allem Anschein nach hatten auch die Neandertaler Rituale rund um den Tod. Spielt das eine Rolle? Kommt drauf an, wie anthropozentrisch wir in unserem Urteil sein wollen. Für uns haben all diese Rituale eine therapeutische, heilende Funktion; es sind Traditionen, die verbinden und Sinn stiften, deshalb sind sie auch so entscheidend. Für eine Ameise, der es nur darum geht, etwas nach Ölsäure Riechendes aus dem Nest zu entfernen, wären solche Aktivitäten eine absurde Zeitvergeudung. Und für einen Geier wäre die Tatsache, dass wir unsere Toten begraben oder verbrennen, vielleicht eine Verschwendung sondergleichen. Womöglich hätte ein Opossum auch Mitleid mit uns und unserer Unfähigkeit, uns auf der Stelle in eine leichenartige Version unserer selbst zu verwandeln. Dass die Rituale *für uns* so wichtig sind, rechtfertigt nicht, dass wir das Konzept vom Tod, auf dem sie beruhen, als den einzigen echten Ausdruck eines Bewusstseins von der Sterblichkeit betrachten.

Sehr wohl aber dürften wir das einzige Tier mit einer Vorstellung von der Unvermeidlichkeit und der Unvorhersagbarkeit des Todes sein. Hieße das, es gäbe eine abgrundtiefe Kluft zwischen unserem Konzept vom Tod und dem anderer Spezies? Eine solche Schlussfolgerung wäre meiner Meinung nach wenig plausibel, schließlich schenken die meisten von uns auf ihrem Weg durchs Leben dem Umstand kaum Beachtung, dass wir unvermeidlich sterben werden, dass *jeder Tag* der Tag unseres Todes sein kann. Allein der Gedanke ist so erschreckend, dass wir ihn in den Hinterkopf verbannen und lieber so tun, als wäre der Tod etwas, was anderen passiert, nicht uns.

Es fällt uns so schwer, unsere Sterblichkeit zu akzeptieren, dass wir den Tod zu einem Tabu gemacht haben. Es gehört sich nicht, dass eine Frau offen über ihre Fehlgeburt spricht. Gehört sich nicht, außerhalb des privatesten Bereichs zu trauern. Gehört sich nicht, zu sagen, dass jemand im Sterben liegt, auch wenn alle Welt weiß, dass er bald stirbt. Erzählt uns eine Frau mit ihren über neunzig Jahren, dass sie schon alles vorbereitet für den Tag, wenn sie geht, sagen wir: »Ach, sprich doch nicht von so was.« Vertraut uns jemand an, dass er eine unheilbare Krankheit hat, wissen wir nicht, was wir darauf antworten sollen. Selbst die Sätze, die wir uns zum Trost sagen, wenn eine Person gestorben ist (»Jetzt ruht sie in Frieden« und so weiter), klingen in diesem Zusammenhang allzu düster.

Auch sehen wir uns nicht gerne als die Prädatoren, die wir sind. Die toten Tiere, die wir Stadtmenschen des globalen Nordens verzehren, kommen in hygienischen Verpackungen, ohne einen Tropfen Blut und ordentlich in Stücke geschnitten, damit sie uns nicht zu sehr an das Tier erinnern, zu dem sie einmal gehörten. Die Schlachthöfe befinden sich an den Rändern der Städte, praktischerweise unseren Blicken entzogen. Wir essen Schinken, Salami, Koteletts, Würstchen, nicht die *Überreste* eines Tieres, das einmal gelebt hat, geatmet, gefühlt.

Wir Menschen verbergen den Tod, so gut wir können. Anders als für uns ist er für Tiere in freier Natur eine alltägliche Realität, die sich nicht vermeiden lässt. Obwohl sie keinen expliziten Begriff von der Unvermeidlichkeit und Unvorhersagbarkeit des Todes haben, leben sie diese Vorstellungen doch sehr viel klarer als wir. Für einen Löwen, der sterben wird, wenn er nicht tötet, oder eine Gazelle, die unter der ständigen Bedrohung lebt, gefressen zu werden, ist das Konzept vom Tod im Alltag wahrscheinlich sehr viel präsenter als für die meisten von uns.

Vergessen wir auch nicht, dass das vorliegende Buch von einem Menschen geschrieben wurde. Zwar habe ich mich bemüht, meine anthropozentrische Brille abzulegen, nur ist die Fähigkeit, in der Theorie über das Konzept vom Tod bei anderen Tieren zu sprechen, nicht unwesentlich eingeschränkt, was schlicht daher rührt, dass ich aus meinem Hirn eines *sapiens* nicht herauskann. Die Wahrscheinlichkeit dürfte groß sein, dass die Beziehung der Tiere zum Tod sensorische und semantische Dimensionen kennt, die wir uns nicht einmal vorstellen können, vielleicht auch gar nicht verstehen, und so haben sie auch keinen Eingang in das Buch gefunden. Würden wir annehmen, dass allein unser Konzept vom Tod einen semantischen Gehalt haben kann, den das Konzept anderer Spezies nicht umfasst, würden wir erneut in Anthropozentrismus verfallen.

Bei allen unbestreitbaren Unterschieden zwischen unserer Spezies und den anderen haben wir aber auch gesehen, dass es viel Gemeinsames gibt. Wir sind nicht das einzige Tier, das den Tod versteht, auch nicht das einzige, das trauert, nicht das einzige, das absichtlich oder zum Vergnügen tötet. Die Wissenschaft versucht seit langem, ein Merkmal zu finden, das uns definitiv von den übrigen Spezies trennt. Bisher sind alle Kandidaten durchgefallen. Weder der Gebrauch von Werkzeugen noch Kultur, Moral oder Rationalität sind allein dem Menschen eigen. Auch nicht das

Konzept vom Tod. Wir sind keine gesonderte Spezies. Wir sind nur ein weiteres Tier. Und als solches sind wir Körper, die bis zu einem bestimmten Punkt funktionieren, aber am Ende unwiderruflich zusammenbrechen. Schaffen wir es, uns mit unserem Tiersein zu versöhnen, versöhnen wir uns vielleicht auch mit unserer eigenen Sterblichkeit.

Dank

Mein Dank gilt Marcos de Miguel, meinem Verleger, der auf mich gebaut und mir die Freiheit gegeben hat, genau das Buch zu schreiben, das ich schreiben wollte.

Dem Österreichischen Wissenschaftsfonds FWF für die Finanzierung dieses Forschungsvorhabens im Rahmen der Projekte M2518-G32 und P31466-G32.

Beatriz Costo für die wunderbare Illustration auf dem Cover der spanischen Originalausgabe.

Mark Rowlands für sein Vorwort, das wie alles, was er schreibt, den Nagel auf den Kopf trifft.

Javier Miró für den Titel der spanischen Ausgabe (*La zarigüeya de Schrödinger*, Schrödingers Opossum), seinen stilistischen Rat und die Unterstützung in diesen letzten Jahren.

Pepo, Laura García-Portela und Laura Danón für ihr Testlesen, wodurch das Buch so viel besser geworden ist.

All denen, die mir auf die eine oder andere Weise auf meinem Weg eine große Stütze waren: Laura, Eike, Tomi, Flo, Mat, Mikex, Sara, Alice, Hannah, Susu, Julia, Asier, Cristian, Judith, Birte, meine Eltern und meine Brüder. Hab euch lieb.

Bildnachweis

1. © Monica Szczupider.
2. Die Bilder erschienen ursprünglich auf den Seiten 917 und 919 von E.J.C. van Leeuwen et al., »Chimpanzees' responses to the dead body of a 9-year-old group member«, *American Journal of Primatology* 78, Nr. 9 (2016), S. 914-922.
3. Das Bild erschien ursprünglich auf der Seite 6 von D.J. Povinelli und J. Vonk, »We don't need a microscope to explore the chimpanzee's mind«, *Mind and Language* 19, Nr. 1 (2004), S. 1-28.
4. Die Bilder sind Screenshots der Videos 2 und 3 im Begleitmaterial zu J.D. Negrey und K.E. Langergraber, »Corpse-directed play parenting by a sterile adult female chimpanzee«, *Primates* 61, Nr. 1 (2020), S. 29-34.
5. mauritius images / Nigel Dowsett / Alamy Stock Photos.
6. Das Bild erschien ursprünglich in A. Porter et al., »Mountain gorilla juvenile male Segasira with his mother Tuck's corpse.« doi.org/10.6084/m9.figshare.6198587
7. Das Bild erschien ursprünglich auf der Seite 96 von I. Douglas-Hamilton et al., »Behavioural reactions of elephants towards a dying and deceased matriarch«, *Applied Animal Behaviour Science* 100, Nr. 1-2 (2006), S. 87-102.
8. Die Fotos stammen von Arianna De Marco und erschienen ursprünglich auf der Seite 57 von A. De Marco, R. Cozzolino und B. Thierry, »Prolonged transport and cannibalism of mummified infant remains by a Tonkean macaque mother«, *Primates* 59, Nr. 1 (2018), S. 55-59.
9. Die Fotos stammen von Dora Biro und erschienen ursprünglich auf der Seite 246 von D. Biro, »Chimpanzee mothers carry the mummified remains of their dead infants: Three case reports from Bossou«, in: T. Matsuzawa, T. Humle und

Y. Sugiyama (Hrsg.), *The Chimpanzees of Bossou and Nimba* (Springer Japan, Primatology Monographs, 2011), S. 241-250.

10. Die Abbildungen erschienen ursprünglich auf der Seite 1313 von G. Vallortigara, L. Regolin und F. Marconato, »Visually inexperienced chicks exhibit spontaneous preference for biological motion patterns«, *PLOS Biology* 3, Nr. 7 (2005), S. e208.
11. Das Bild und die Illustration erschienen ursprünglich auf der Seite E510 von K.J. Park et al., »An unusual case of care-giving behavior in wild long-beaked common dolphins (Delphinus capensis) in the East Sea«, *Marine Mammal Science* 29, Nr. 4 (2012), S. E508–E514.
12. Das Foto stammt von Maël Leroux und erschien ursprünglich auf der Seite 4 von M. Leroux et al., »First observation of a chimpanzee with albinism in the wild: Social interactions and subsequent infanticide«, *American Journal of Primatology* (2021), S. e23305, DOI: 10.1002/ajp.23305.
13. © Sönke Scherzer.
14. Das Foto stammt von Miguel Ángel Gómez-Serrano und erschien ursprünglich auf der Seite 2 von M.A. Gómez-Serrano, »Broken wing display«, in: J. Vonk und T. Shackelford (Hrsg.), *Encyclopedia of Animal Cognition and Behavior* (Cham: Springer International, 2018), S. 1-3, DOI: 10.1007/978-3-319-47829-6_2007-2.
15. Das Bild erschien ursprünglich auf der Seite 1984 von L.F. Toledo, I. Sazima und C.F.B. Haddad, »Is it all death feigning? Case in anurans«, *Journal of Natural History* 44, Nr. 31-32 (2010), S. 1979-1988.
16. Die Fotos erschienen ursprünglich auf der Seite 125 von P.T. Gregory, L.A. Isaac und R.A. Griffiths, »Death feigning by grass snakes (Natrix natrix) in response to handling by human ›predators‹«, *Journal of Comparative Psychology* 121, Nr. 2 (2007), S. 123-129.

17. Das Bild erschien ursprünglich auf der Seite 1984 von L. F. Toledo, I. Sazima und C. F. B. Haddad, »Is it all death feigning? Case in anurans«, *Journal of Natural History* 44, Nr. 31-32 (2010), S. 1979-1988.
18. Die Bilder erschienen ursprünglich auf der Seite 1633 von A. Honma, S. Oku und T. Nishida, »Adaptive significance of death feigning posture as a specialized inducible defence against gape-limited predators«, *Proceedings of the Royal Society B: Biological Sciences* 273, Nr. 1594 (2006), S. 1631-1636.

Anmerkungen

Kapitel 1: Einführung.
DAS SCHWEIGEN DER SCHIMPANSEN

1 Zitiert in: C. Irvine, »Chimpanzees' grief caught on camera in Cameroon«, *The Telegraph*, 27. Oktober 2009. Verfügbar unter: https://www.telegraph.co.uk/news/earth/wildlife/6444909/Chimpanzees-grief-caught-on-camera-in-Cameroon.html. Im Buch übersetzt aus dem Englischen.

2 Siehe zum Beispiel Z. Reznikova und B. Ryabko, »Numerical competence in animals, with an insight from ants«, *Behaviour* 148, Nr. 4 (2011), S. 405-434; G. Melis und S. Monsó, »Are humans the only rational animals?«, *The Philosophical Quarterly* 74, Nr. 3 (2024), S. 844-864, verfügbar unter https://doi.org/10.1093/pq/pqad090; S. Monsó und K. Andrews, »Animal moral psychologies«, in: M. Vargas und J.M. Doris (Hrsg.), *The Oxford Handbook of Moral Psychology* (New York: Oxford University Press, 2022), S. 388-420; R. Moore, »Gricean communication and cognitive development«, *The Philosophical Quarterly* 67, Nr. 267 (2017), S. 303-326; C. Schuppli und C.P. van Schaik, »Animal cultures: how we've only seen the tip of the iceberg«, *Evolutionary Human Sciences* 1 (2019), S. e2, DOI:10.1017/ehs.2019.1.

Kapitel 2: DIE AMEISE, DIE IHRER EIGENEN BEERDIGUNG BEIWOHNTE

1 Das Experiment stammt von E. Nowbahari et al., »Ants, *Cataglyphis cursor*, use precisely directed rescue behavior to free entrapped relatives«, *PLoS ONE* 4, Nr. 8 (2009), S. e6573. Im Buch beziehe ich mich gelegentlich auf Experimente, die aus ethischer Sicht kritikwürdig sind. Um von dem Gedankengang nicht abzulenken, werde ich hierzu keine weiteren Anmerkungen machen, möchte aber festhalten, dass der Verweis auf eine bestimmte Studie nicht heißt, dass ich mit ihrer Methodik einverstanden bin.

2 E.O. Wilson, N.I. Durlach und L.M. Roth, »Chemical releaser of necrophoric behavior in ants«, *Psyche: A Journal of Entomology* 65, Nr. 4 (1958), S. 108-114.

3 Was auch für mich selbst gilt; siehe S. Monsó, »How to tell if animals can understand death«, *Erkenntnis* 87, Nr. 1 (2022), S. 117-136.

4 Q. Sun und X. Zhou, »Corpse management in social insects«, *International Journal of Biological Sciences* 9, Nr. 3 (2013), S. 313-321.

5 Q. Sun, K.F. Haynes und X. Zhou, »Managing the risks and rewards of death in eusocial insects«, *Philosophical Transactions of the Royal Society B: Biological Sciences* 373, Nr. 1754 (2018), 2017.0258.

6 In Bezug auf das Konzept vom Tod habe ich das Thema ausgearbeitet in: S. Monsó, »How to tell«, gestützt auf die Untersuchungen von C. Allen, »Animal concepts revisited: The use of self-monitoring as an empirical approach«, *Erkenntnis* 51, Nr. 1 (1999), S. 537-544; H.-J. Glock, »Animals, thoughts and concepts«, *Synthese* 123, Nr. 1 (2000), S. 35-64; A. Newen und A. Bartels, »Animal minds and the possession of concepts«, *Philosophical Psychology* 20, Nr. 3 (2007), S. 283-308.

7 D. Davidson, »Rational animals«, *Dialectica* 36, Nr. 4 (1982), S. 317-327. Ausgabe auf Deutsch: Donald Davidson, *Vernünftige Tiere*, übersetzt von Joachim Schulte (Frankfurt am Main: Suhrkamp Verlag, 2006).

8 Das Beispiel stammt ursprünglich aus: N. Malcolm, »Thoughtless brutes«, *Proceedings and Addresses of the American Philosophical Association* 46 (September 1973), S. 5-20.

9 Davidsons Argument wurde in zahllosen Texten kritisiert, so von J.R. Searle, »Animal minds«, *Midwest Studies in Philosophy* 19, Nr. 1 (1994), S. 206-219; Glock, »Animals, thoughts and concepts«; K. Andrews, »Interpreting autism: A critique of Davidson on thought and language«, *Philosophical Psychology* 15, Nr. 3 (2002), S. 317-332; A. Newen und A. Bartels, »Animal minds«; A. Diéguez, »Conceptual thinking in animals: Some reflections on language, concepts, and mind«, in: J. Martínez-Contreras und A. Ponce de León (Hrsg.), *Darwin's Evolving Legacy* (México: Siglo XXI und Universidad Veracruzana, 2011), S. 383-395; M. Rowlands und S. Monsó, »Animals as reflexive thinkers: The aponoian paradigm«, in: L. Kalof (Hrsg.) *The Oxford Handbook of Animal Studies* (Oxford: Oxford University Press, 2017), S. 319-341.

10 L. Andrews, »Animal cognition«, in: E.N. Zalta (Hrsg.) *The Stanford Encyclopedia of Philosophy*. Winter 2012. Verfügbar unter: http://plato.stanford.edu/archives/win2012/entries/cognition-animal/

11 Als exzellente philosophische Einführung in das Thema Tiere und ihr Geist empfehle ich das Buch von K. Andrews *The Animal Mind*, 2. Auflage (Abingdon, Oxon; New York: Routledge, 2020).

12 S.D. Preston und F.B.M. de Waal, »Empathy: Its ultimate and proximate bases«, *Behavioral and Brain Sciences* 25, Nr. 1 (2002), S. 1-20; M. Tomasello, *A Natural History of Human Morality* (Cambridge, MA: Harvard University Press, 2016).

13 J.P.J. Pinel, B.B. Gorzalka und F. Ladak, »Cadaverine and putrescine initiate the burial of dead conspecifics by rats«, *Physiology & Behavior* 27, Nr. 5 (1981), S. 819-824.

14 Pinel et al., »Cadaverine and putrescine«. Tatsächlich gab es bei diesem Experiment keine Kontrollgruppe, bei der die mit Cadaverin und Putrescin besprühten Ratten nicht betäubt waren, ich kann also nicht mit Sicherheit sagen, dass diese Stoffe bei einer nicht betäubten Ratte nicht einen Versuch ihrer Artgenossen auslösen würden, sie zu vergraben. Allerdings sind Ratten sehr viel klüger, als ihr verbreitetes Image nahelegen mag, weshalb der Mechanismus höchstwahrscheinlich nicht so starr ist wie bei der Nekrophorese der Ameisen. Eine Einführung in die soziale Intelligenz der Ratten gibt M.K. Schweinfurth, »The social life of Norway rats (Rattus norvegicus)«, *eLife* 9 (2020), S. e54020.

15 M. Yao et al., »The ancient chemistry of avoiding risks of predation and disease«, *Evolutionary Biology* 36, Nr. 3 (2009), S. 267-281; G.S. Prounis und W.M. Shields, »Necrophobic behavior in small mammals«, *Behavioural Processes* 94 (2013), S. 41-44.

16 A. Wisman und I. Shrira, »The smell of death: evidence that putrescine elicits threat management mechanisms«, *Frontiers in Psychology* 6 (2015), DOI: 10.3389/fpsyg.2015.01274.

17 E.J.C. van Leeuwen et al., »Chimpanzees' responses to the dead body of a 9-year-old group member«, *American Journal of Primatology* 78, Nr. 9 (2016), S. 914-922.

Kapitel 3: DIE WALMUTTER, DIE IHR BABY UM DIE HALBE WELT TRUG

1 A. Selk, »Update: Orca abandons body of her dead calf after a heartbreaking, weeks-long journey«, *Washington Post*, 12. August 2018. Verfügbar unter: https://www.washingtonpost.com/news/animalia/wp/2018/08/10/the-stunning-devastating-weeks-long-journey-of-an-orca-and-her-dead-calf/; L. Pulkkinen, »Grieving orca mother carries dead calf for days as killer whales fight for survival«, *The Guardian*, 27. Juli 2018. Verfügbar unter: http://www.theguardian.com/environment/2018/jul/27/orca-mother-carries-dead-baby-washington-canada; S. Darran, »Tour of grief is over for killer whale no longer carrying dead calf«, *CNN*, 13. August 2018. Verfügbar unter: https://www.cnn.com/2018/08/12/us/orca-whale-not-carrying-dead-baby-trnd/index.html

2 N. Wallington, »Tahlequah the orca – famous for carrying her dead

calf for 17 days – gives birth again«, *The Guardian*, 7. September 2020. Verfügbar unter: http://www.theguardian.com/environment/2020/sep/07/tahlequah-the-orca-famous-for-carrying-her-dead-calf-for-17-days-gives-birth-again
3 J. Howard, »The ›grieving‹ orca mother? Projecting emotions on animals is a sad mistake«, *The Guardian*, 14. August 2018. Verfügbar unter: http://www.theguardian.com/commentisfree/2018/aug/14/grieving-orca-mother-emotions-animals-mistake
4 D.J. Povinelli und T.J. Eddy, »What young chimpanzees know about seeing«, *Monographs of the Society for Research in Child Development* 61, Nr. 3 (1996), S. i–vi, 1-152.
5 B. Hare, »Can competitive paradigms increase the validity of experiments on primate social cognition?«, *Animal Cognition* 4, Nr. 3-4 (2001), S. 269-280.
6 B. Hare et al., »Chimpanzees know what conspecifics do and do not see«, *Animal Behaviour* 59, Nr. 4 (2000), S. 771-785.
7 J. Goodall, *The Chimpanzees of Gombe: Patterns of Behavior* (Cambridge, MA: Belknap Press, 1986).
8 V.K. Bentley-Condit und E.O. Smith, »Animal tool use: current definitions and an updated comprehensive catalog«, *Behaviour* 147, Nr. 2 (2010), S. 185-221; C. Brown, »Tool use in fishes«, *Fish and Fisheries* 13, Nr. 1 (2012), S. 105-115; J.K. Finn, T. Tregenza und M.D. Norman, »Defensive tool use in a coconut-carrying octopus«, *Current Biology* 19, Nr. 23 (2009), S. R1069–R1070; M. Krutzen et al., »Cultural transmission of tool use in bottlenose dolphins«, *Proceedings of the National Academy of Sciences* 102 (2005), S. 8939-8943; I. Maák et al., »Tool selection during foraging in two species of funnel ants«, *Animal Behaviour* 123 (2017), S. 207-216.
9 R.M. Seyfarth, D.L. Cheney und P. Marler, »Monkey responses to three different alarm calls: evidence of predator classification and semantic communication«, *Science* 210, Nr. 4471 (1980), S. 801-803.
10 Das Video ist verfügbar unter dem folgenden Link: http://www.youtube.com/watch?v=Hh84Oe8JxUQ
11 S. Messenger, »Why this video of a beluga whale ›playing‹ with children is actually very sad«, *The Dodo*, 22. August 2014. Verfügbar unter: https://www.thedodo.com/why-this-video-of-a-beluga-wha-685343078.html
12 A. Whiten und R.W. Byrne, »Tactical deception in primates«, *Behavioral and Brain Sciences* 11, Nr. 02 (1988), S. 233-244.
13 L.A. Bates et al., »Do elephants show empathy?«, *Journal of Consciousness Studies* 15, Nr. 10-11 (2008), S. 204-225.

14 C. Allen und M.D. Hauser, »Concept attribution in nonhuman animals: Theoretical and methodological problems in ascribing complex mental processes«, *Philosophy of Science* 58, Nr. 2 (1991), S. 221-240.

15 A. Gonçalves und D. Biro, »Comparative thanatology, an integrative approach: exploring sensory / cognitive aspects of death recognition in vertebrates and invertebrates«, *Philosophical Transactions of the Royal Society B: Biological Sciences* 373, Nr. 1754 (2018), 20170263.

16 Y. Sugiyama et al., »Carrying of dead infants by Japanese macaque (*Macaca fuscata*) mothers«, *Anthropological Science* 117, Nr. 2 (2009), S. 113-119.

17 K. Andrews und B. Huss, »Anthropomorphism, anthropectomy, and the null hypothesis«, *Biology and Philosophy* 29, Nr. 5 (2014), S. 711-729.

18 G.G. Gallup, »Chimpanzees: Self-recognition«, *Science* 167, Nr. 3914 (1970), S. 86-87.

19 D. Shillito, G.G. Gallup und B. Beck, »Factors affecting mirror behaviour in Western lowland gorillas, Gorilla gorilla«, *Animal Behaviour* 57, Nr. 5 (1999), S. 999-1004.

20 A. Horowitz, »Smelling themselves: Dogs investigate their own odours longer when modified in an ›olfactory mirror‹ test«, *Behavioural Processes* 143 (2017), S. 17-24.

21 M. Kohda et al., »If a fish can pass the mark test, what are the implications for consciousness and self-awareness testing in animals?«, *PLOS Biology* 17, Nr. 2 (2019), S. e3000021.

22 Die Unterscheidung zwischen intellektuellem und emotionalem Anthropozentrismus wurde ursprünglich ausgeführt in: S. Monsó und A.J. Osuna-Mascaró, »Death is common, so is understanding it: the concept of death in other species«, *Synthese* 199, Nr. 1 (2021), S. 2251-2275.

Kapitel 4: DIE SCHIMPANSIN, DIE MIT TOTEN ÄFFCHEN MAMA-PAPA-KIND SPIELTE

1 J.D. Negrey und K.E. Langergraber, »Corpse-directed play parenting by a sterile adult female chimpanzee«, *Primates* 61, Nr. 1 (2020), S. 29-34.

2 S.M. Kahlenberg und R.W. Wrangham, »Sex differences in chimpanzees' use of sticks as play objects resemble those of children«, *Current Biology* 20, Nr. 24 (2010), S. R1067–R1068.

3 S.F. Brosnan und J. Vonk, »Nonhuman primate responses to death«, in: T.K. Shackelford und V. Zeigler-Hill (Hrsg.), *Evolutionary Per-*

spectives on Death (Cham: Springer International, 2019), S. 77-107; A. Gonçalves und S. Carvalho, »Death among primates: a critical review of non-human primate interactions towards their dead and dying«, *Biological Reviews* 94, Nr. 4 (2019), S. 1502-1529.

4 Zitat von S. 58 aus: A. De Marco, R. Cozzolino und B. Thierry, »Prolonged transport and cannibalism of mummified infant remains by a Tonkean macaque mother«, *Primates* 59, Nr. 1 (2018), S. 55-59. Im Buch übersetzt aus dem Englischen.

5 Gonçalves und Carvalho, »Death among primates«.

6 R. Cigman, »Death, misfortune and species inequality«, *Philosophy and Public Affairs* 10, Nr. 1 (1981), S. 47-64.

7 B. E. Rollin, »Death, telos and euthanasia«, in: F. L. B. Meijboom und E. N. Stassen (Hrsg.), *The end of animal life: A start for ethical debate* (Wageningen: Wageningen Academic Publishers, 2015), S. 49-60.

8 C. Belshaw, »Death, pain, and animal life«, in: T. Višak und R. Garner (Hrsg.), *The Ethics of Killing Animals* (New York: Oxford University Press, 2015), S. 32-50.

9 B. Bradley, »Is death bad for a cow?«, in: T. Višak und R. Garner (Hrsg.), *The Ethics of Killing Animals* (New York: Oxford University Press, 2015), S. 51-64.

10 E. Harman, »The moral significance of animal pain and animal death«, in: T.L. Beauchamp und R.G. Frey (Hrsg.), *The Oxford Handbook of Animal Ethics* (New York: Oxford University Press, 2011), S. 726-737.

11 T. Regan, *The Case for Animal Rights*. Durchgesehene Ausgabe mit einem neuen Vorwort (Berkeley: University of California Press, 2004).

12 Zitiert aus: Cigman, »Death, misfortune«, S. 59. Im Buch übersetzt aus dem Englischen.

13 Zitiert aus: Regan, *The Case for Animal Rights*, S. 111. Im Buch übersetzt aus dem Englischen.

14 Zitiert aus: Rollin, »Death, telos«, S. 52. Im Buch übersetzt aus dem Englischen. Das Heidegger-Zitat hier aus: M. Heidegger, *Sein und Zeit*, elfte unveränderte Auflage (Tübingen: Max Niemeyer Verlag, 1967), S. 250.

15 V. Slaughter, »Young children's understanding of death«, *Australian Psychologist* 40, Nr. 3 (2005), S. 179-186.

16 M. de Unamuno, *Das tragische Lebensgefühl*, übersetzt von Robert Friese, (München: Meyer & Jessen Verlag, 1925), S. 49f.

17 Das Minimalkonzept vom Tod habe ich ursprünglich eingeführt in: S. Monsó, »How to tell if animals can understand death«, *Erkenntnis* 87, Nr. 1 (2022), S. 117-136.

18 Siehe Slaughter, »Young children's understanding«.
19 Brosnan und Vonk, »Nonhuman primate responses«; Gonçalves und Carvalho, »Death among primates«.
20 K. Andrews, »Chimpanzee mind reading: Don't stop believing«, *Philosophy Compass* 12, Nr. 1 (2017), S. e12394.
21 M. W. Speece und S. B. Brent, »Children's understanding of death: A review of three components of a death concept«, *Child Development* 55, Nr. 5 (1984), S. 1671-1686.
22 So als Merkmal für den Besitz von Konzepten vorgeschlagen von C. Allen, »Animal concepts revisited: The use of self-monitoring as an empirical approach«, *Erkenntnis* 51, Nr. 1 (1999), S. 537-544.

Kapitel 5: DER HUND, DER SEINEN MENSCHEN FÜR EINEN LECKERBISSEN HIELT

1 M. A. Rothschild und V. Schneider, »On the temporal onset of postmortem animal scavenging: ›Motivation‹ of the animal«, *Forensic Science International* 89, Nr. 1 (1997), S. 57-64.
2 T. Colard et al., »Specific patterns of canine scavenging in indoor settings«, *Journal of Forensic Sciences* 60, Nr. 2 (2015), S. 495-500.
3 Colard et al., »Specific patterns«.
4 D. S. Tuber et al., »Behavioral and glucocorticoid responses of adult domestic dogs (Canis familiaris) to companionship and social separation«, *Journal of Comparative Psychology* 110, Nr. 1 (1996), S. 103-108; H. Chijiiwa et al., »Dogs avoid people who behave negatively to their owner: third-party affective evaluation«, *Animal Behaviour* 106, Supplement C (2015), S. 123-127; J. V. Bourg, J. E Patterson und C. D. L. Wynne, »Pet dogs (Canis lupus familiaris) release their trapped and distressed owners: Individual variation and evidence of emotional contagion«, *PLOS ONE* 15, Nr. 4 (2020), S. e0231742.
5 J. Hughes und D. W. Macdonald, »A review of the interactions between free-roaming domestic dogs and wildlife«, *Biological Conservation* 157 (2013), S. 341-351.
6 Colard et al., »Specific patterns«.
7 J. Benz-Schwarzburg, S. Monsó und L. Huber, »How dogs perceive humans and how humans should treat their pet dogs: Linking cognition with ethics«, *Frontiers in Psychology* (2020), DOI: 10.3389/fpsyg.2020.584037.
8 E. Engelhaupt, »Would your dog eat you if you died? Get the facts«, *National Geographic*, 12. November 2017. Verfügbar unter: https://

www.nationalgeographic.co.uk/animals/would-your-dog-eat-you-if-you-died-get-facts

9 J.R. Anderson, A. Gillies und L.C. Lock, »Pan thanatology«, *Current Biology* 20, Nr. 8 (2010), S. R349–R351.

10 Zitiert aus Anderson et al., »Pan thanatology«, S. R350–R351. Im Buch übersetzt aus dem Englischen.

11 Eine hervorragende Analyse der menschlichen Trauer bietet M. Ratcliffe, »Grief and the unity of emotion«, *Midwest Studies in Philosophy* 41, Nr. 1 (2017), S. 154-174.

12 Eine Sammlung von Geschichten über Trauer bei Tieren finden wir in B.J. King, *How animals grieve* (Chicago: University of Chicago Press, 2013).

13 Zitiert aus: J. Goodall, *Through a Window: My Thirty Years with the Chimpanzees of Gombe* (Boston: Houghton Mifflin, 1990), S. 197. Hier im Buch zitiert aus: Jane Goodall, *Ein Herz für Schimpansen. Meine 30 Jahre am Gombe-Strom*, Deutsch von Ilse Strasmann (Reinbek: Rowohlt, 1991), S.225f.

14 A. Porter et al., »Behavioral responses around conspecific corpses in adult eastern gorillas (Gorilla beringei spp.)«, *PeerJ* 7 (2019), S. e6655.

15 Ein Video von Segasiras Verhalten ist zu sehen unter folgendem Link: https://figshare.com/articles/media/Mountain_gorilla_juvenile_male_Segasira_with_his_mother_Tuck_s_corpse_mp4/6198584

16 B. Yang, J.R. Anderson und B.-G. Li, »Tending a dying adult in a wild multi-level primate society«, *Current Biology* 26, Nr. 10 (2016), S. R403–R404.

17 I. Douglas-Hamilton et al., »Behavioural reactions of elephants towards a dying and deceased matriarch«, *Applied Animal Behaviour Science* 100, Nr. 1-2 (2006), S. 87-102.

18 Z. Muller, »The curious incident of the giraffe in the night time«, *SWARA* 10, Nr. 3 (2010), S. 40-44.

19 D. de Kort et al., »Collared peccary (Pecari tajacu) behavioral reactions toward a dead member of the herd«, *Ethology* 124, Nr. 2 (2018), S. 131-134.

20 Zitiert aus: King, *How Animals Grieve*, S. 28. Im Buch übersetzt aus dem Englischen.

21 King, *How Animals Grieve*, Kap. 1.

22 Für einen Überblick über das Tragen toter Jungtiere bei Primaten siehe C. Watson und T. Matsuzawa, »Behaviour of nonhuman primate mothers toward their dead infants: uncovering mechanisms«, *Philosophical Transactions of the Royal Society B: Biological Sciences* 373, Nr. 1754 (2018), 20170261; Das et al., »Deceased-infant carrying

in nonhuman anthropoids: Insights from systematic analysis and case studies of bonnet macaques (Macaca radiata) and lion-tailed macaques (Macaca silenus)«, *Journal of Comparative Psychology* 133, Nr. 2 (2019), S. 156-170.

23 R. Appleby, B. Smith und D. Jones, »Observations of a free-ranging adult female dingo (Canis dingo) and littermates' responses to the death of a pup«, *Behavioural Processes* 96, Supplement C (2013), S. 42-46.

24 Für einen systematischen Überblick über das Tragen toter Jungtiere bei Meeressäugern siehe M. A. L. V. Reggente et al., »Social relationships and death-related behaviour in aquatic mammals: a systematic review«, *Philosophical Transactions of the Royal Society B: Biological Sciences* 373, Nr. 1754 (2018), 20170260.

25 A. De Marco, R. Cozzolino und B. Thierry, »Prolonged transport and cannibalism of mummified infant remains by a Tonkean macaque mother«, *Primates* 59, Nr. 1 (2018), S. 55-59.

26 Watson und Matsuzawa, »Behaviour of nonhuman primate mothers«.

27 K. A. Cronin et al., »Behavioral response of a chimpanzee mother toward her dead infant«, *American Journal of Primatology* 73, Nr. 5 (2011), S. 415-421.

28 Watson und Matsuzawa, »Behaviour of nonhuman primate mothers«, S. 9.

29 M. A. L. Reggente et al., »Nurturant behavior toward dead conspecifics in free-ranging mammals: new records for odontocetes and a general review«, *Journal of Mammalogy* 97, Nr. 5 (2016), S. 1428-1434.

30 Y. Sugiyama et al., »Carrying of dead infants by Japanese macaque (*Macaca fuscata*) mothers«, *Anthropological Science* 117, Nr. 2 (2009), S. 113-119; D. Biro et al., »Chimpanzee mothers at Bossou, Guinea carry the mummified remains of their dead infants«, *Current Biology* 20, Nr. 8 (2010), S. R351–R352.

31 C. Kingdon et al., »The role of healthcare professionals in encouraging parents to see and hold their stillborn baby: A meta-synthesis of qualitative studies«, *PLOS ONE* 10, Nr. 7 (2015), S. e0130059.

32 Zitiert aus: A. Todorović, »My daughter came out. They handed her to me. She was dead«, *Aeon* (2016). Verfügbar unter: https://aeon.co/essays/my-daughter-came-out-they-handed-her-to-me-she-was-dead. Im Buch übersetzt aus dem Englischen.

33 R. S. C. Takeshita et al., »Changes in social behavior and fecal glucocorticoids in a Japanese macaque (Macaca fuscata) carrying her dead infant«, *Primates* 61, Nr. 1 (2020), S. 35-40.

Kapitel 6: DER ELEFANT, DER ELFENBEIN SAMMELTE

1 K. McComb, L. Baker und C. Moss, »African elephants show high levels of interest in the skulls and ivory of their own species«, *Biology Letters* 2, Nr. 1 (2006), S. 26-28.

2 McComb et al., »African elephants«.

3 J.H. Poole, »An exploration of a commonality between ourselves and elephants«, *Etica & Animali* 9, Nr. 98 (1998), S. 85-110.

4 McComb et al., »African elephants«.

5 McComb et al., »African elephants«; Poole, »An exploration«; J.H. Poole und P. Granli, »Signals, gestures, and behavior of African elephants«, in: C.J. Moss, H. Croze und P.C. Lee (Hrsg.), *The Amboseli Elephants: A Long-Term Perspective on a Long-Lived Mammal* (Chicago: University of Chicago Press, 2011), S. 109-124.

6 Die Heilige Dreifaltigkeit des Konzepts vom Tod wurde ursprünglich eingeführt in: S. Monsó und A.J. Osuna-Mascaró, »Death is common, so is understanding it: the concept of death in other species«, *Synthese* 199, Nr. 1 (2021), S. 2251-2275.

7 Für eine Einführung in die kommunikativen Fähigkeiten von Tieren siehe E. Meijer, *Animal Languages: The Secret Conversations of the Living World* (Cambridge, MA: MIT Press, 2020); T. Mustill, *How to Speak Whale: A Voyage into the Future of Animal Communication* (Townhead: William Collins, 2022).

8 J.R. Huntsinger, »Does emotion directly tune the scope of attention?«, *Current Directions in Psychological Science* 22, Nr. 4 (2013), S. 265-270; B. Zikopoulos und H. Barbas, »Pathways for emotions and attention converge on the thalamic reticular nucleus in primates«, *Journal of Neuroscience: The Official Journal of the Society for Neuroscience* 32, Nr. 15 (2012), S. 5338-5350.

9 Für einen Überblick über die kognitiven Fähigkeiten asiatischer und afrikanischer Elefanten siehe R.W. Byrneund und L.A. Bates, »Elephant cognition: What we know about what elephants know«, in: C.J. Moss, H. Croze und P.C. Lee (Hrsg.), *The Amboseli Elephants: A Long-Term Perspective on a Long-Lived Mammal* (Chicago: University of Chicago Press, 2011), S. 174-182.

10 C.J. Moss und P.C. Lee, »Female reproductive strategies: Individual life histories«, in: Moss, Croze und Lee (Hrsg.), *The Amboseli Elephants*, S. 187-204.

11 Moss und Lee, »Female reproductive strategies«.

12 Moss und Lee, »Female reproductive strategies«.
13 R. Appleby, B. Smith und D. Jones, »Observations of a free-ranging adult female dingo (Canis dingo) and littermates' responses to the death of a pup«, *Behavioural Processes* 96, Supplement C (2013), S. 42-46; G. Bearzi et al., »Whale and dolphin behavioural responses to dead conspecifics«, *Zoology* 128 (2018), S. 1-15; F. B. Bercovitch, »A comparative perspective on the evolution of mammalian reactions to dead conspecifics«, *Primates* 61, Nr. 1 (2020), S. 21-28; A. Gonçalves und D. Biro, »Comparative thanatology, an integrative approach: exploring sensory / cognitive aspects of death recognition in vertebrates and invertebrates«, *Philosophical Transactions of the Royal Society B: Biological Sciences* 373, Nr. 1754 (2018), 20170263.
14 Bearzi et al., »Whale and dolphin behavioural responses«.
15 Bercovitch, »A comparative perspective«.
16 S. Z. Goldenberg und G. Wittemyer, »Elephant behavior toward the dead: A review and insights from field observations«, *Primates* 61, Nr. 1 (2020), S. 119-128; A. K. Piel und F. A. Stewart, »Non-human animal responses towards the dead and death: A comparative approach to understanding the evolution of human mortuary practices«, in: C. Renfrew und M. J. Boyd (Hrsg.), *Death Rituals, Social Order and the Archaeology of Immortality in the Ancient World* (Cambridge: Cambridge University Press, 2015), S. 15-26.
17 R. W. Byrne und A. Whiten, *Machiavellian Intelligence: Social Expertise and the Evolution of Intellect in Monkeys, Apes, and Humans* (Oxford: Clarendon Press, 1988); A. Whiten und R. W. Byrne (Hrsg.), *Machiavellian Intelligence II: Extensions and Evaluations*, zweite Auflage (Cambridge: Cambridge University Press, 1997).
18 P. Godfrey-Smith, *Other Minds: The Octopus, the Sea, and the Deep Origins of Consciousness* (New York: Farrar, Straus and Giroux, 2016).
19 S. O'Donnell et al., »Distributed cognition and social brains: reductions in mushroom body investment accompanied the origins of sociality in wasps (Hymenoptera: Vespidae)«, *Proceedings of the Royal Society B: Biological Sciences* 282, Nr. 1810 (2015), 20150791.
20 Die meisten der folgenden Argumente wurden ursprünglich dargelegt in: Monsó und Osuna-Mascaró, »Death is common«. Einige wurden auch skizziert in: S. Monsó, »How to tell if animals can understand death«, *Erkenntnis* 87, Nr. 1 (2022), S. 117-136.
21 S. F. Brosnan und J. Vonk, »Nonhuman primate responses to death«, in: T. K. Shackelford und V. Zeigler-Hill (Hrsg.), *Evolutionary Perspectives on Death* (Cham: Springer International, 2019), S. 77-107;

B. E. Rollin, »Death, telos and euthanasia«, in: F. L. B. Meijboom und E. N. Stassen (Hrsg.), *The end of animal life: A start for ethical debate* (Wageningen: Wageningen Academic Publishers, 2015), S. 49-60.

22 Brosnan und Vonk, »Nonhuman primate responses«.

23 T. Nishida et al., »Demography, female life history, and reproductive profiles among the chimpanzees of Mahale«, *American Journal of Primatology* 59, Nr. 3 (2003), S. 99-121.

24 G. B. Schaller, *The Serengeti Lion: A Study of Predator-Prey Relations* (Chicago: University of Chicago Press, 1976).

25 K. E. Jørstad et al., »Atlantic cod – Gadus morhua« in: T. Svåsand (Hrsg.), *Genetic Impact of Aquaculture Activities on Native Populations* (2007), 10-16, S. 11. Verfügbar unter: http://genimpact.imr.no/__data/page/7650/atlantic_cod.pdf. Zitiert in: O. Horta, »Debunking the idyllic view of natural processes: Population dynamics and suffering in the wild«, *Telos: Revista Iberoamericana de Estudios Utilitaristas* 17, Nr. 1 (2010), S. 73-90.

26 R. Blake, »Cats perceive biological motion«, *Psychological Science* 4, Nr. 1 (1993), S. 54-57.

27 J. Brown et al., »Perception of biological motion in common marmosets (Callithrix jacchus): by females only«, *Animal Cognition* 13, Nr. 3 (2010), S. 555-564; T. Nakayasu und E. Watanabe, »Biological motion stimuli are attractive to medaka fish«, *Animal Cognition* 17, Nr. 3 (2014), S. 559-575; M. De Agrò et al., »Perception of biological motion by jumping spiders«, *PLOS Biology* 19, Nr. 7 (2021), S. e3001172.

28 G. Vallortigara, L. Regolin und F. Marconato, »Visually inexperienced chicks exhibit spontaneous preference for biological motion patterns«, *PLOS Biology* 3, Nr. 7 (2005), S. e208.

29 G. Vallortigara und L. Regolin, »Gravity bias in the interpretation of biological motion by inexperienced chicks«, *Current Biology* 16, Nr. 8 (2006), S. R279-280.

30 A. L. Greggor et al., »Wild jackdaws are wary of objects that violate expectations of animacy«, *Royal Society Open Science* 5, Nr. 10 (2018), 181070.

31 S. Tsutsumi et al., »Infant monkeys' concept of animacy: the role of eyes and fluffiness«, *Primates* 53, Nr. 2 (2012), S. 113-119.

32 S. Takagi et al., »There's no ball without noise: cats' prediction of an object from noise«, *Animal Cognition* 19, Nr. 5 (2016), S. 1043-1047.

33 A. Gonçalves und S. Carvalho, »Death among primates: a critical review of non-human primate interactions towards their dead and dying«, *Biological Reviews* 94, Nr. 4 (2019), S. 1502-1529.

34 F. Kano und J. Call, »Great apes generate goal-based action predictions: An eye-tracking study«, *Psychological Science* 25, Nr. 9 (2014), S. 1691-1698.
35 Z. Clay et al., »Bonobos (*Pan paniscus*) vocally protest against violations of social expectations«, *Journal of Comparative Psychology* 130, Nr. 1 (2016), S. 44-54.
36 S.F. Brosnan und F.B.M. de Waal, »Monkeys reject unequal pay«, *Nature* 425, Nr. 6955 (2003), S. 297-299.
37 K. Jensen, J. Call und M. Tomasello, »Chimpanzees are vengeful but not spiteful«, *Proceedings of the National Academy of Sciences* 104, Nr. 32 (2007), S. 13046-13050.
38 M.D. Hauser, »Costs of deception: cheaters are punished in rhesus monkeys (Macaca mulatta)«, *Proceedings of the National Academy of Sciences* 89, Nr. 24 (1992), S. 12137-12139.
39 I. Adachi, H. Kuwahata und K. Fujita, »Dogs recall their owner's face upon hearing the owner's voice«, *Animal Cognition* 10, Nr. 1 (2007), S. 17-21; S. Takagi et al., »Cats match voice and face: cross-modal representation of humans in cats (Felis catus)«, *Animal Cognition* 22, Nr. 5 (2019), S. 901-906.
40 J. Bräuer und D. Blasi, »Dogs display owner-specific expectations based on olfaction«, *Scientific Reports* 11, Nr. 1 (2021), S. 3291.
41 L. Proops, K. McComb und D. Reby, »Cross-modal individual recognition in domestic horses (Equus caballus)«, *Proceedings of the National Academy of Sciences* 106, Nr. 3 (2009), S. 947-951.
42 J.N. Bruck, S.F. Walmsley und V.M. Janik, »Cross-modal perception of identity by sound and taste in bottlenose dolphins«, *Science Advances* 8, Nr. 20 (2022), S. eabm7684.
43 M. Loconsole, G. Stancher und E. Versace, »Crossmodal association between visual and acoustic cues in a tortoise (Testudo hermanni)«, *Biology Letters* 19, Nr. 7 (2023), 20230265.
44 C. Solvi, S.G. Al-Khudhairy und L. Chittka, »Bumble bees display cross-modal object recognition between visual and tactile senses«, *Science* 367, Nr. 6480 (2020), S. 910-912.
45 K.J. Park et al., »An unusual case of care-giving behavior in wild long-beaked common dolphins (Delphinus capensis) in the East Sea«, *Marine Mammal Science* 29, Nr. 4 (2012), S. E508–E514.
46 S.E. Turner, L. Gould und D.A. Duffus, »Maternal behavior and infant congenital limb malformation in a free-ranging group of *Macaca fuscata* on Awaji Island, Japan«, *International Journal of Primatology* 26, Nr. 6 (2005), S. 1435-1457.
47 T. Matsumoto et al., »An observation of a severely disabled infant

chimpanzee in the wild and her interactions with her mother«, *Primates* 57, Nr. 1 (2016), S. 3-7.

48 C. Boesch und H. Boesch-Achermann, *The Chimpanzees of the Tai Forest: Behavioural Ecology and Evolution* (Oxford; New York: Oxford University Press, 2000); K. A. Cronin et al., »Behavioral response of a chimpanzee mother toward her dead infant«, *American Journal of Primatology* 73, Nr. 5 (2011), S. 415-421; A. De Marco, R. Cozzolino und B. Thierry, »Prolonged transport and cannibalism of mummified infant remains by a Tonkean macaque mother«, *Primates* 59, Nr. 1 (2018), S. 55-59; A. De Marco, R. Cozzolino und B. Thierry, »Responses to a dead companion in a captive group of tufted capuchins (Sapajus apella)«, *Primates* 61, Nr. 1 (2020), S. 111-117; P.J. Fashing et al., »Death among geladas (Theropithecus gelada): a broader perspective on mummified infants and primate thanatology«, *American Journal of Primatology* 73, Nr. 5 (2011), S. 405-409; J.D. Pruetz et al., »Intragroup lethal aggression in West African chimpanzees (Pan troglodytes verus): Inferred killing of a former alpha male at Fongoli, Senegal«, *International Journal of Primatology* 38, Nr. 1 (2017), S. 31-57; B. Yang, J.R. Anderson und B. G. Li, »Tending a dying adult in a wild multi-level primate society«, *Current Biology* 26, Nr. 10 (2016), S. R403–R404.

49 F.A. Stewart, A.K. Piel und R.C. O'Malley, »Responses of chimpanzees to a recently dead community member at Gombe National Park, Tanzania«, *American Journal of Primatology* 74, Nr. 1 (2012), S. 1-7.

50 Bearzi et al., »Whale and dolphin behavioural responses«.

51 C. Trapanese et al., »Prolonged care and cannibalism of infant corpse by relatives in semi-free-ranging capuchin monkeys«, *Primates* 61, Nr. 1 (2020), S. 41-47.

52 S.Z. Goldenberg und G. Wittemyer, »Elephant behavior toward the dead: A review and insights from field observations«, *Primates* 61, Nr. 1 (2020), S. 119-128.

53 Brosnan und Vonk, »Nonhuman primate responses«.

54 Für einen Überblick siehe T.R. Zentall, »Animals represent the past and the future«, *Evolutionary Psychology* 11, Nr. 3 (2013), S. 573-590.

55 N. S. Clayton und A. Dickinson, »Episodic-like memory during cache recovery by scrub jays«, *Nature* 395, Nr. 6699 (1998), S. 272-274.

56 C.R. Raby et al., »Planning for the future by western scrub-jays«, *Nature* 445, Nr. 7130 (2007), S. 919-921.

57 S.P.C. Correia, A. Dickinson und N.S. Clayton, »Western scrub-

jays anticipate future needs independently of their current motivational state«, *Current Biology* 17, Nr. 10 (2007), S. 856-861.
58 A. De Marco, R. Cozzolino und B. Thierry, »Coping with mortality: responses of monkeys and great apes to collapsed, inanimate and dead conspecifics«, *Ethology Ecology & Evolution* 34, Nr. 1 (2022), S. 1-50.
59 Gonçalves und Carvalho, »Death among primates«; Gonçalves und Biro, »Comparative thanatology«.
60 G. Teleki, »Group response to the accidental death of a chimpanzee in Gombe National Park, Tanzania«, *Folia Primatologica* 20, Nr. 2-3 (1973), S. 81-94.
61 M. Leroux et al., »First observation of a chimpanzee with albinism in the wild: Social interactions and subsequent infanticide«, *American Journal of Primatology* 84, Nr. 6 (2022), S. e23305.
62 Brosnan und Vonk, »Nonhuman primate responses«.
63 D.P. Watts, »Responses to dead and dying conspecifics and heterospecifics by wild mountain gorillas (Gorilla beringei beringei) and chimpanzees (Pan troglodytes schweinfurthii)«, *Primates* 61, Nr. 1 (2020), S. 55-68.
64 Zitiert aus: Watts, »Responses to dead and dying conspecifics«, S. 60-61. Im Buch übersetzt aus dem Englischen.
65 A. De Marco, R. Cozzolino und B. Thierry, »Responses to a dead companion in a captive group of tufted capuchins (Sapajus apella)«, *Primates* 61, Nr. 1 (2020), S. 111-117.
66 R. Moore, »There is a moral argument for keeping great apes in zoos«, *Aeon* (2017). Verfügbar unter: https://aeon.co/ideas/there-is-a-moral-argument-for-keeping-great-apes-in-zoos
67 Z. Goldsborough et al., »Do chimpanzees (Pan troglodytes) console a bereaved mother?«, *Primates* 61, Nr. 1 (2020), S. 93-102.
68 C. Allen und M.D. Hauser, »Concept attribution in nonhuman animals: Theoretical and methodological problems in ascribing complex mental processes«, *Philosophy of Science* 58, Nr. 2 (1991), S. 221-240.
69 K.N. Swift und J.M. Marzluff, »Wild American crows gather around their dead to learn about danger«, *Animal Behaviour* 109 (2015), S. 187-197.
70 G. Ohashi und T. Matsuzawa, »Deactivation of snares by wild chimpanzees«, *Primates* 52, Nr. 1 (2011), S. 1-5.
71 C. Crockford et al., »Wild chimpanzees inform ignorant group members of danger«, *Current Biology* 22, Nr. 2 (2012), S. 142-146.
72 K.J. Hockings, J.R. Anderson und T. Matsuzawa, »Road crossing in chimpanzees: A risky business«, *Current Biology* 16, Nr. 17 (2006), S. R668–R670.

73 I.R. Clark et al., »A preliminary analysis of wound care and other-regarding behavior in wild chimpanzees at Ngogo, Kibale National Park, Uganda«, *Primates* 62, Nr. 5 (2021), S. 697-702; Y. Sato, S. Hirata und F. Kano, »Spontaneous attention and psycho-physiological responses to others' injury in chimpanzees«, *Animal Cognition* 22, Nr. 5 (2019), S. 807-823.
74 H.F. Harlow, R.O. Dodsworth und M.K. Harlow, »Total social isolation in monkeys«, *Proceedings of the National Academy of Sciences of the United States of America* 54, Nr. 1 (1965), S. 90-97.
75 G.W. Kraemer und A.S. Clarke, »The behavioral neurobiology of self-injurious behavior in rhesus monkeys«, *Progress in Neuro-Psychopharmacology and Biological Psychiatry* 14 (1990), S. S141–S168.
76 I.H. Jones und B.M. Barraclough, »Auto-mutilation in animals and its relevance to self-injury in man«, *Acta Psychiatrica Scandinavica* 58, Nr. 1 (1978), S. 40-47.
77 S.M. McDonnell, »Practical review of self-mutilation in horses«, *Animal Reproduction Science* 107, Nr. 3 (2008), S. 219-228.
78 U.A. Luescher, D.B. McKeown und J. Halip, »Stereotypic or obsessive-compulsive disorders in dogs and cats«, *Veterinary Clinics of North America: Small Animal Practice* 21, Nr. 2 (1991), S. 401-413.
79 D. Peña-Guzmán, »Can nonhuman animals commit suicide?«, *Animal Sentience: An Interdisciplinary Journal on Animal Feeling* 2, Nr. 20 (2017), DOI: 10.51291/2377-7478.1201.
80 C. Riley, »The dolphin who loved me: the Nasa-funded project that went wrong«, *The Guardian* (2014). Verfügbar unter: http://www.theguardian.com/environment/2014/jun/08/the-dolphin-who-loved-me
81 Zitiert in: B.J. King, *How animals grieve* (Chicago: University of Chicago Press, 2013), S. 265. Im Buch übersetzt aus dem Englischen.
82 C. Rutz et al., »Using machine learning to decode animal communication«, *Science* 381, Nr. 6654 (2023), S. 152-155.

Kapitel 7: SCHRÖDINGERS OPOSSUM

1 Zitiert von A.L. Gardner, »Virginia opossum: Didelphis virginiana«, in: J.A. Chapman und G.A. Feldhamer (Hrsg.), *Wild mammals of North America* (Baltimore, MD: Johns Hopkins University Press, 1982), S. 6. Im Buch übersetzt aus dem Englischen.
2 E.N. Francq, »Behavioral aspects of feigned death in the opossum Didelphis marsupialis«, *The American Midland Naturalist* 81, Nr. 2

(1969), S. 556-568; F.W. Gabrielsen und E.N. Smith, »Physiological responses associated with feigned death in the American opossum«, *Acta Physiologica Scandinavica* 123, Nr. 4 (1985), S. 393-398.

3 Die Notwendigkeit, für ein Konzept vom Tod in der Natur Gewaltkontexte und interspezifische Beziehungen in den Blick zu nehmen, wurde zuvor dargelegt in: S. Monsó und A.J. Osuna-Mascaró, »Death is common, so is understanding it: the concept of death in other species«, *Synthese* 199, Nr. 1 (2021), S. 2251-2275.

4 J.M. Gómez et al., »The phylogenetic roots of human lethal violence«, *Nature* 538, Nr. 7624 (2016), S. 233-237.

5 A. Gonçalves und S. Carvalho, »Death among primates: a critical review of non-human primate interactions towards their dead and dying«, *Biological Reviews* 94, Nr. 4 (2019), S. 1502-1529.

6 Die Grade von Intentionalität mögen denen bekannt vorkommen, die mit Daniel Dennett vertraut sind (siehe D.C. Dennett, »Intentional systems in cognitive ethology: The ›Panglossian paradigm‹ defended«, *Behavioral and Brain Sciences* 6, Nr. 3, 1983, S. 343-355). Allerdings benutze ich den Begriff intentional hier schlicht im Sinne von *absichtlich* und beziehe mich nicht auf die *»aboutness«* mentaler Zustände. Daher spreche ich von *Graden* der Intentionalität und nicht von Stufen der Intentionalität à la Dennett. Bei allen mentalen Zuständen, die ich erörtere, gehe ich von einer Intentionalität der Stufe 1 aus.

7 Zitiert aus: F.B.M. de Waal, *Chimpanzee Politics: Power and Sex among Apes* (Baltimore, MD: The Johns Hopkins University Press, 2007), S. 211. Im Buch übersetzt aus dem Englischen.

8 S.S.K. Kaburu, S. Inoue und N.E. Newton-Fisher, »Death of the alpha: within-community lethal violence among chimpanzees of the Mahale Mountains National Park«, *American Journal of Primatology* 75, Nr. 8 (2013), S. 789-797.

9 Zitiert aus: Kaburu et al., »Death of the alpha«, S. 794. Im Buch übersetzt aus dem Englischen.

10 T. Nishida, »The death of Ntologi, the unparalleled leader of Mgroup«, *Pan Africa News* 3, Nr. 1 (1996), S. 9-11.

11 J. Grinnell, C. Packer und A.E. Pusey, »Cooperation in male lions: kinship, reciprocity or mutualism?«, *Animal Behaviour* 49, Nr. 1 (1995), S. 95-105.

12 D. Mech und L. Boitani, »Wolf social ecology«, in: D. Mech und L. Boitani (Hrsg.), *Wolves: Behavior, Ecology, and Conservation* (Chicago: University of Chicago Press, 2003), S. 1-34.

13 Zitiert aus: J. Gros-Louis, S. Perry und J.H. Manson, »Violent coali-

tionary attacks and intraspecific killing in wild white-faced capuchin monkeys (Cebus capucinus)«, *Primates* 44, Nr. 4 (2003), S. 341-346, Zitat auf S. 343. Im Buch übersetzt aus dem Englischen.

14 D.P. Watts et al., »Lethal intergroup aggression by chimpanzees in Kibale National Park, Uganda«, *American Journal of Primatology* 68, Nr. 2 (2006), S. 161-180.

15 D. Peterson und R. Wrangham, *Demonic Males: Apes and the Origins of Human Violence* (Boston: Mariner Books, 1997), S. 5f.

16 Zitiert aus: Peterson und Wrangham, *Demonic Males*, S. 14. Hier im Buch zitiert aus: Richard Wrangham und Dale Peterson, *Bruder Affe. Menschenaffen und die Ursprünge menschlicher Gewalt*, aus dem Englischen von Götz Ferdinand Kreibl (Kreuzlingen / München: Hugendubel, 2001), S. 21f.

17 Zitiert aus: Peterson und Wrangham, *Demonic Males*, S. 6. Deutsche Ausgabe S. 13.

18 A.K. Brown et al., »Infanticide by females is a leading source of juvenile mortality in a large social carnivore«, *American Naturalist* 198, Nr. 5 (2021), S. 642-652.

19 A.E. Lowe et al., »Intra-community infanticide in wild, eastern chimpanzees: a 24-year review«, *Primates* 61, Nr. 1 (2020), S. 69-82.

20 Im Weiteren beziehe ich mich auf folgende Untersuchungen: S.B. Hrdy, »Infanticide among animals: A review, classification, and examination of the implications for the reproductive strategies of females«, *Ethology and Sociobiology* 1, Nr. 1 (1979), S. 13-40; C. van Schaik, »Infanticide by male primates: the sexual selection hypothesis revisited«, in: C. van Schaik und C.H. Janson (Hrsg.), *Infanticide by Males and Its Implications* (Cambridge: Cambridge University Press, 2000), S. 27-60; M.F. Li, »Infanticide«, in: J. Vonk und T. Shackelford (Hrsg.), *Encyclopedia of Animal Cognition and Behavior* (Cham: Springer International, 2019), DOI: 10.1007/978-3-319-47829-6_573-2.

21 E.R. Vogel und A. Fuentes-Jiménez, »Rescue behavior in white-faced capuchin monkeys during an intergroup attack: support for the Infanticide Avoidance Hypothesis«, *American Journal of Primatology* 68, Nr. 10 (2006), S. 1012-1016.

22 Van Schaik, »Infanticide by male primates«.

23 Hrdy, »Infanticide among animals«.

24 D. Lukas und E. Huchard, »The evolution of infanticide by females in mammals«, *Philosophical Transactions of the Royal Society B: Biological Sciences* 374, Nr. 1780 (2019), 20180075.

25 Hrdy, »Infanticide among animals«.

26 H.M. Bruce, »An exteroceptive block to pregnancy in the mouse«, *Nature* 184, Nr. 4680 (1959), S. 105.

27 G. Perrigo, L. Belvin und F.S. vom Saal, »Time and sex in the male mouse: temporal regulation of infanticide and parental behavior«, *Chronobiology International* 9, Nr. 6 (1992), S. 421-433.

28 R.W. Elwood und D.S. Stolzenberg, »Flipping the parental switch: from killing to caring in male mammals«, *Animal Behaviour* 165 (2020), S. 133-142.

29 C. Rudolf von Rohr et al., »Chimpanzees' bystander reactions to infanticide«, *Human Nature* 26, Nr. 2 (2015), S. 143-160.

30 Zitiert aus: F.B.M. de Waal, »Natural normativity: The ›is‹ and ›ought‹ of animal behavior«, *Behaviour* 151, Nr. 2-3 (2014), S. 185-204. Zitat auf Seite 189. Im Buch übersetzt aus dem Englischen.

31 Van Schaik, »Infanticide by male primates«.

32 Hrdy, »Infanticide among animals«.

33 Zitiert aus: Van Schaik, »Infanticide by male primates«, S. 52. Im Buch übersetzt aus dem Englischen.

34 J.R. Towers et al., »Infanticide in a mammal-eating killer whale population«, *Scientific Reports* 8, Nr. 1 (2018), S. 1-8.

35 L.J.N. Brent et al., »Ecological knowledge, leadership, and the evolution of menopause in killer whales«, *Current Biology* 25, Nr. 6 (2015), S. 746-750.

36 Towers et al., »Infanticide«, S. 6. Im Buch übersetzt aus dem Englischen.

37 Lukas und Huchard, »The evolution of infanticide«.

38 Brown et al., »Infanticide by females«.

39 Zitiert aus: Hrdy, »Infanticide among animals«, S. 16. Im Buch übersetzt aus dem Englischen.

40 J. Böhm et al., »The Venus flytrap *Dionaea muscipula* counts prey-induced action potentials to induce sodium uptake«, *Current Biology* 26, Nr. 3 (2016), S. 286-295.

41 P. Calvo, »*Plantae*«, in: J. Vonk und T. Shackelford (Hrsg.), *Encyclopedia of Animal Cognition and Behavior* (Cham: Springer International, 2018), DOI: 10.1007/978-3-319-47829-6_1812-1. Für eine hervorragende Einführung in die Debatte über Kognition bei Pflanzen siehe auch P. Calvo und N. Lawrence, *Planta Sapiens: Unmasking Plant Intelligence* (London: The Bridge Street Press, 2022).

42 Ein Klick beweist es: https://youtu.be/sfSJP8avHWI.

43 Zitiert aus: M. Biben, »Predation and predatory play behaviour of domestic cats«, *Animal Behaviour* 27 (1979), S. 81-94. Zitat auf S. 86. Im Buch übersetzt aus dem Englischen.

44 Zitiert aus: Peterson und Wrangham, *Demonic Males*, S. 216. Hier im Buch zitiert aus: Wrangham und Peterson, *Bruder Affe*, S. 267.
45 Zitiert aus: S. H. Ferguson, J. W. Higdon und K. H. Westdal, »Prey items and predation behavior of killer whales (Orcinus orca) in Nunavut, Canada based on Inuit hunter interviews«, *Aquatic Biosystems* 8, Nr. 3 (2012). Zitat auf S. 7, 11. Im Buch übersetzt aus dem Englischen.
46 M. P. Cotter, D. Maldini und T. A. Jefferson, »›Porpicide‹ in California: Killing of harbor porpoises (Phocoena phocoena) by coastal bottlenose dolphins (Tursiops truncatus)«, *Marine Mammal Science* 28, Nr. 1 (2012), S. E1–E15.
47 G. B. Schaller, *The Serengeti Lion: A Study of Predator-Prey Relations* (Chicago: University of Chicago Press, 1976), S. 389.
48 S. A. Temple, »Do predators always capture substandard individuals disproportionately from prey populations?«, *Ecology* 68, Nr. 3 (1987), S. 669-674.
49 Temple, »Do predators«.
50 Biben, »Predation«.
51 Schaller, *The Serengeti Lion*.
52 Schaller, *The Serengeti Lion*.
53 Zitiert aus: Biben, »Predation«, S. 86. Im Buch übersetzt aus dem Englischen.
54 L. Crisler, »Observations of wolves hunting caribou«, *Journal of Mammalogy* 37, Nr. 3 (1956), S. 337-346.
55 A. V. Shubkina, A. S. Severtsov und K. V. Chepeleva, »Factors influencing the hunting success of the predator: A model with sighthounds«, *Biology Bulletin* 39, Nr. 1 (2012), S. 65-76.
56 C. E. Krumm et al., »Mountain lions prey selectively on prion-infected mule deer«, *Biology Letters* 6, Nr. 2 (2010), S. 209-211.
57 Zitiert aus: Schaller, *The Serengeti Lion*, S. 241. Im Buch übersetzt aus dem Englischen.
58 M. A. Gómez-Serrano, »Broken Wing Display«, in: J. Vonk und T. Shackelford (Hrsg.), *Encyclopedia of Animal Cognition and Behavior* (Cham: Springer International, 2018), DOI: 10.1007/978-3-319-47829-6_2007-2.
59 M. A. Gómez-Serrano und P. López-López, »Deceiving predators: linking distraction behavior with nest survival in a ground-nesting bird«, *Behavioral Ecology* 28, Nr. 1 (2017), S. 260-269.
60 C. Ristau, »Aspects of the cognitive ethology of an injury-feigning bird, the piping plover«, in: C. Ristau (Hrsg.), *Cognitive Ethology: The Minds of Other Animals* (Hove; Hillsdale, NJ: Lawrence Erlbaum Associates Publishers, 1991), S. 91-126.

61 Zitiert aus: Schaller, *The Serengeti Lion*, S. 387. Im Buch übersetzt aus dem Englischen.
62 F.B. Bercovitch, »A comparative perspective on the evolution of mammalian reactions to dead conspecifics«, *Primates* 61, Nr. 1 (2020), S. 21-28.
63 Schaller, *The Serengeti Lion*, S. 388.
64 Dieser Gedanke wurde zuerst formuliert in: Monsó und Osuna-Mascaró, »Death is common«.
65 J. Kalaf et al., »Sexual trauma is more strongly associated with tonic immobility than other types of trauma – A population based study«, *Journal of Affective Disorders* 215 (2017), S. 71-76.
66 H. Nishino, »Motor output characterizing thanatosis in the cricket Gryllus bimaculatus«, *Journal of Experimental Biology* 207, Nr. 22 (2004), S. 3899-3915.
67 H.H. Vogel Jr., »Observations on social behavior in turkey vultures«, *Auk* 67, Nr. 2 (1950), S. 210-216.
68 P.T. Gregory, L.A. Isaac und R.A. Griffiths, »Death feigning by grass snakes (*Natrix natrix*) in response to handling by human ›predators‹«, *Journal of Comparative Psychology* 121, Nr. 2 (2007), S. 123-129.
69 G.M. Burghardt, »Cognitive ethology and critical anthropomorphism: A snake with two heads and hognose snakes that play dead«, in: *Cognitive Ethology: The Minds of Other Animals* (Hove; Hillsale, NJ: Lawrence Erlbaum Associates Publishers, 1991), S. 53-90.
70 Hier folge ich der Untersuchung von B. Rojas und E. Burdfield-Steel, »Predator defense«, in: J. Vonk und T. Shackelford (Hrsg.), *Encyclopedia of Animal Cognition and Behavior* (Cham: Springer International, 2017), DOI: 10.1007/978-3-319-47829-6_708-1.
71 L.F. Toledo, I. Sazima und C.F.B. Haddad, »Is it all death feigning? Case in anurans«, *Journal of Natural History* 44, Nr. 31-32 (2010), S. 1979-1988.; T. Miyatake et al., »Tonically immobilized selfish prey can survive by sacrificing others«, *Proceedings of the Royal Society B: Biological Sciences* 276, Nr. 1668 (2009), S. 2763-2767.
72 S.M. Rogers und S.J. Simpson, »Thanatosis«, *Current Biology* 24, Nr. 21 (2014), S. R1031–R1033.
73 D.L. Cassill, K. Vo und B. Becker, »Young fire ant workers feign death and survive aggressive neighbors«, *Naturwissenschaften* 95, Nr. 7 (2008), S. 617-624.
74 Toledo et al., »Is it all death feigning?«
75 A. Honma, S. Oku und T. Nishida, »Adaptive significance of death feigning posture as a specialized inducible defence against gape-lim-

ited predators«, *Proceedings of the Royal Society B: Biological Sciences* 273, Nr. 1594 (2006), S. 1631-1636.

76 R.K. Humphreys und G.D. Ruxton, »A review of thanatosis (death feigning) as an anti-predator behaviour«, *Behavioral Ecology and Sociobiology* 72, Nr. 22 (2018), DOI: 10.1007/s00265-017-2436-8.

77 J.R. Anderson, H. Yeow und S. Hirata, »Putrescine – a chemical cue of death – is aversive to chimpanzees«, *Behavioural Processes* 193 (2021), S. 104538.

78 Rojas und Burdfield-Steel, »Predator defense«; Honma et al., »Adaptive significance«.

79 Honma et al., »Adaptive significance«.

80 Gregory et al., »Death feigning by grass snakes«.

81 Humphreys und Ruxton, »A review of thanatosis«.

82 J. Skelhorn, »Avoiding death by feigning death«, *Current Biology* 28, Nr. 19 (2018), S. R1135–R1136.

83 Gregory et al., »Death feigning by grass snakes«; Burghardt, »Cognitive ethology«; Humphreys und Ruxton, »A review of thanatosis«.

84 Humphreys und Ruxton, »A review of thanatosis«.